模拟系统小型作业型机器人研究

张忠林　李立全　李伟生　著

哈爾濱工程大學出版社
Harbin Engineering University Press

内容简介

本书是作者根据多年在岩石开挖作业系统领域的研究撰写而成的。本书系统研究了模拟系统用小型作业型机器人，在内容安排上，既包含机器人的结构及其控制设计与研发，又体现国内外相关设计方法体系的新发展、新成果。全书共分4章，主要包括物理模拟试验系统加载装置、模拟系统用小型侧壁钻孔机器人、模拟系统用小型锚杆推进机器人、模拟系统用小型喷浆机器人。

本书可作为机器人专业教师的教学参考书，也可供机器人研发人员和相关工程技术人员参考。

图书在版编目(CIP)数据

模拟系统小型作业型机器人研究/张忠林，李立全，李伟生著. —哈尔滨：哈尔滨工程大学出版社，2022.9
ISBN 978-7-5661-3668-8

Ⅰ.①模… Ⅱ.①张… ②李… ③李… Ⅲ.①小型机器人-研究 Ⅳ.①TP242

中国版本图书馆 CIP 数据核字(2022)第187076号

模拟系统小型作业型机器人研究
MONI XITONG XIAOXING ZUOYEXING JIQIREN YANJIU

选题策划 刘凯元
责任编辑 李 暖
封面设计 李海波

出版发行 哈尔滨工程大学出版社
社　　址 哈尔滨市南岗区南通大街145号
邮政编码 150001
发行电话 0451-82519328
传　　真 0451-82519699
经　　销 新华书店
印　　刷 哈尔滨午阳印刷有限公司
开　　本 787 mm×1 092 mm 1/16
印　　张 14.75
字　　数 376千字
版　　次 2022年9月第1版
印　　次 2022年9月第1次印刷
定　　价 79.00元
http://www.hrbeupress.com
E-mail:heupress@hrbeu.edu.cn

前　言

随着我国“南水北调”和“西电东输”等工程的开工，资源开发和基础工程建设得到蓬勃发展，大量深埋长大隧洞（隧道、巷道）工程相继出现。这些工程的规模和技术难度均为世界所罕见。仅在水利水电工程领域，我国就有 20 多个世界级的大型水利水电工程正在或即将兴建，拟建的深长隧（巷）道，长径比达到 600 ~ 1 000，国际公认采用岩石隧道掘进机（TBM）施工，经济技术优势显著。同时深埋长大隧道难以分段多头掘进，受工期、造价、环保要求制约，TBM 几乎是唯一选择。随着开挖的岩石孔洞深度增加，地应力也呈指数倍数增长，因此在进行深部开挖工程中出现岩爆等动力灾害的概率将会变大，工程事故的危害性也会显著增高。例如红透山铜矿开采深度已超 1 km，2002 年前在巷道内偶尔发生岩爆现象，而后随着埋深的加深岩爆发生得越来越频繁，仅 2008 年就达到 20 余次。TBM 开挖时一旦发生岩爆，不但会给施工带来巨大的麻烦，也会造成设备和财产的重大损失。因此，岩爆灾害预防和预测是深部巷道/隧道工程安全建设中亟须解决的重要问题，探索和开发能够合理反映岩爆的复杂形成原因和再现岩爆演化过程的研究手段是目前深部巷道/隧道岩爆机制研究首先需要突破的关键技术难题。岩爆物理模拟试验建立在合理的岩石相似材料配比的基础上，该试验的目的是开发实验室岩爆物理模拟试验系统，从而实现对 TBM 开挖真实地质模型全过程的相似模拟，包括从岩石加载、TBM 开挖、锚杆支护、喷浆防护、岩石应力场变化到发生岩爆的全过程。物理模拟试验系统针对实际的开挖掘进，缩比成实验室的小型开挖形式，在实验室环境下，尽可能全面反映岩爆的主要影响因素和实际作业条件，对深入揭示深部巷道/隧道不同类型岩爆的形成机制、影响因素和演化规律，以及推动深部巷道/隧道岩爆、深部岩体力学研究的实验平台和重大装备建设都具有重大的科学意义和价值。

本书系统介绍了深部岩石物理模拟岩石加载系统功能、特性和加载技术，并研发了用于模型系统系列的小型机器人装置，旨在使读者熟悉相关领域技术前沿、开阔思维、拓宽知识面，培养其创新意识和工程实践能力。

第 1 章概括介绍了深部岩石物理模拟系统的功能应用，设计了一种用于模拟岩石开挖试验用的全断面加载试验装置，细致地阐述了深部岩石加载装置的主要关键结构。

第 2 章介绍了模拟系统用小型侧壁钻孔机器人的组成、适应于全断面加载装置的小型侧壁钻孔机器人装置，并完成了小型侧壁钻孔机器人的相关设计实验。

第 3 章介绍了模拟系统用小型锚杆推进机器人的功能和设计，构建了机器人的结构模型并进行了运动学分析，制定了机器人运动控制策略，完成了锚杆推进机器人实验，实现了锚杆入孔推进过程。

第 4 章介绍了模拟系统用小型喷浆机器人的设计与实现，制定连续喷涂和定点喷涂工序，研究了喷浆机器人的喷枪参数对涂层的影响，搭建实验平台，进行了喷浆机器人的实验，验证了喷浆机器人的性能。

本书主要由张忠林、李立全、李伟生撰写，其中第 1 章、第 2 章由张忠林撰写；第 3 章 3.1 ~3.3，第 4 章 4.1 ~4.2，4.4 ~4.6 由李立全撰写；第 3 章 3.4 和第 4 章 4.3 由李伟生撰写。此外，参与撰写的人员还有周雪鹏、洪维、王博、吴志强、刘强、刘易、韩瑞琦、任鹏举、王凯业等，他们为本书撰写提供了大量的素材。全书由张忠林负责统稿和定稿。

本书选例具体、科学合理，是本着贯彻“质量工程”精神，落实高校“创新推动、打造品牌”人才培养战略，整体内容适应新世纪的创新型、应用型人才需求而撰写的，与高校研究型大学培养目标相吻合。

由于作者水平有限，书中难免有不足和疏漏之处，恳切希望广大读者提出宝贵意见，以利于完善。

著　者

2022 年 7 月

目　　录

第1章 物理模拟试验系统加载装置

本章简要叙述物理模拟试验系统的功能应用，设计了一种用于模拟岩石开挖试验的全断面加载试验装置。深部岩石加载装置是物理模拟试验系统的重要组成部分，其作用是在实验室环境下，测量模拟真实开挖状态的岩石模型应力场，为深部掘进开挖动力灾害预测和预报提供理论指导。

1.1 物理模拟试验系统组成

随着我国“南水北调”和“西电东输”等工程的开工，资源开发和基础工程建设得到蓬勃发展，大量深埋长大隧洞（隧道、巷道）工程相继出现。这些工程的规模和技术难度均为世界所罕见。仅在水利水电工程领域，我国就有20多个世界级的大型水利水电工程正在或即将兴建，它们大多位于西部地形和地质条件极端复杂的高山峡谷地区，形成了数量众多的深埋长大水工隧洞，如锦屏二级水电站建7条单洞长约17 km、最大埋深超过2 500 m的隧洞；南水北调西线一期工程全长260 km，其中隧道长244 km，占全长的93.8%，单洞最长73 km，最大埋深达1 100 m。可以预见，随着基础工程建设和资源开发逐步深化，我国将会出现越来越多的深埋长大隧洞工程。

拟建的深长隧（巷）道，长径比达到600～1 000，国际公认采用岩石隧道掘进机（TBM）施工，经济技术优势显著：掘进速度为钻爆法掘进速度的3～10倍，工效高，工期短；开挖扰动小，及时全断面封闭支护，衬砌受力合理，有利于稳定；辅助支洞开挖少，造价低，有利于生态环境保护。同时深埋长大隧道难以分段多头掘进，受工期、造价、环保要求制约，TBM几乎是唯一选择。

随着开挖的岩石孔洞深度增加，地应力也呈指数倍数增长，因此在进行深部开挖工程中出现岩爆等动力灾害的概率将会变大，工程事故的危害性也会显著增高。例如红透山铜矿开采深度已超1 km，2002年前在巷道内偶尔发生岩爆现象，而后随着埋深的加深，岩爆发生越来越频繁，仅2008年就达到20余次。TBM开挖时一旦发生岩爆，不但会给施工带来巨大的麻烦，也会造成设备和财产的重大损失。因此，岩爆灾害预防和预测是深部巷道/隧道工程安全建设中急需解决的重要问题，探索和开发能够合理反映岩爆的复杂形成原因和再现岩爆演化过程的研究手段是目前深部巷道/隧道岩爆机制研究首先需要突破的关键技术难题。岩爆物理模拟试验系统便应运而生。

岩爆物理模拟试验建立在合理的岩石相似材料配比的基础上，该试验的目的是开发实验室岩爆物理模拟试验系统,从而实现对TBM开挖真实地质模型全过程的相似模拟,包括从岩石加载、TBM开挖、锚杆支护、喷浆防护、岩石应力场变化到发生岩爆的全过程。深部巷道/隧道动力灾害物理模拟试验系统组成如图1-1所示:加载系统(模拟深部应力环境);开挖系统(模拟TBM掘进技术);支护作业系统(模拟打锚杆支护技术);监测和控制系统。物理模拟试验系统针对实际的开挖掘进,缩比成实验室的小型掘进形式,在实验室环境下,尽可能全面反映岩爆的主要影响因素和实际作业条件,对深入揭示深部巷道/隧道不同类型岩爆的形成机制、影响因素和演化规律,以及推进深部巷道/隧道岩爆、深部岩体力学研究的实验平台和重大装备建设都具有重大的科学意义和价值。

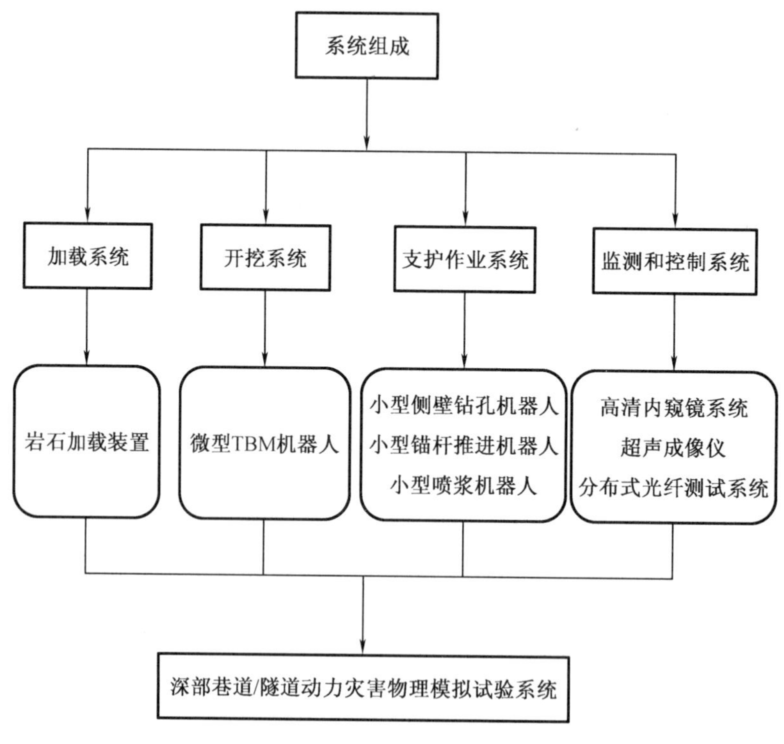

图1-1　物理模拟试验系统组成

1.2　加载装置的国内外研究现状分析

近年来,国内外的装备制造业在航空、航天、水下等相关领域有着空前发展。液压机作为装备制造业的基本设备之一,在需要压力加载功能的场合应用非常广泛。国内外的液压机发展没有较大的差距,在液压系统与结构设计方面都较为成熟。加载装置需要设计出许多具有复杂受力环境的结构件以满足机械、建筑等相关领域的需求。为保证构件在实际应用中的可靠性,需要相应的加载装置对其进行多维力试验。与此同时,随着计算机技术的兴起，数值模拟计算也是非常好的研究方法。在水利、采矿、地质、铁道等领域，数值模拟计算尚有很大的发展空间，在进行相关性能研究时，仍然需要采用模型试验方法。这种方法需要加载装置为模型提供各种所需要的力载荷，从而使试验环境的设置更贴近实际情况，得到的结果更为真实准确和可靠。因此，通常情况下还可以采用多维力动静组合加载的方式，所以对多维力动静组合加载装置的开发研制同样具有重要的意义。

国内外许多研究学者和相关企业都在研究与分析如何提高加载系统的加载能力、控制性能及加载精度。国外的代表性加载系统如图 1－2 所示。

(a1) (a2) (a3) (a4)

(a)美国美特斯公司加载系统和疲劳试验机

(b)加利福尼亚大学分校系统 (c)意大利帕维亚大学系统 (d)伊利诺伊大学分校系统

(e)美国天氏欧森公司试验机

图 1－2 国外的代表性加载系统

美国美特斯公司是一家国际化的公司，是全球最大的位移传感器和力学性能测试、模拟系统的制造商，它的产品的性能与精度非常高。在加载装置方面，美特斯公司的技术走在国际前沿，图 1－2(a)为美特斯公司研制的单自由度加载系统和两种多自由度加载系统及疲劳试验机。图 1－2(b)(c)的加载系统能为目标提供两个方向的载荷施加。在水平方向上安装了两套液压作动器，且液压作动器与加载平台之间呈一定角度，能使液压作动器具有更快的速度响应加载；在垂直方向上安装了四套液压作动器，这些液压作动器为目标提供垂直方向的加载力。

从代表性的加载系统结构中可以看出,加载系统的主体结构形式为三梁四柱型、总体框架型和局部框架型,多以液压加载方式为主,主要用于为岩石模型提供加载力,实现在实验室环境下准确模拟深部岩石的初始应力场。因此可以通过对深部岩石的受力状况进行分析,提出加载装置的功能需求。再根据设计要求,完成深部岩石加载装置的总体设计。总体设计主要包括框架、上料机构、预紧机构、加载机构的设计。

1.3 深部岩石加载装置的总体结构设计

深部岩石加载装置是深部巷道/隧道物理模拟试验系统最重要的组成部分之一,主要用于为岩石模型提供加载力,实现在实验室环境下准确模拟深部岩石的初始应力场。本章根据要求对深部岩石加载装置的本体结构及加载方案进行设计,同时完成预紧方案的选择,进而完成加载装置的整体设计。

1.3.1 加载系统的设计要求

通过深部岩石的受力状况可以知道:深部岩石受到6个方向的静载荷与动载荷共同作用,而对设计的加载装置采用框架式结构,只需在3个方向上施加静载荷和动载荷,由于反作用力,即可实现深部岩石初始应力场的模拟。由加载装置的使用要求可知,其设计参数见表1-1。

表1-1 设计参数表

参数名称	数值	参数名称	数值
静力加载方向个数	3	动力扰动单元最大冲击载荷	100 t
每个方向最大静载荷	3 200 t	动力扰动单元振动频率	≤10 Hz
动力扰动单元方向数	3	岩石模型尺寸(长×宽×高)	1 m×1 m×1 m
动力扰动单元扰动方向			

1.3.2 加载系统的总体布置

加载系统总体布置如图1-3所示。

加载装置的总体布置可以分为工作间和操作间,两个作业间可通过视频进行操作控制,完成整体试验。选定的加载装置为排缸式加载装置。在实际中,人处于操作间,可完成对工作间内所有设备的自动化控制,同时通过角落的4个摄像头对设备实现可视化管理。

工作间规模为10 m×8 m×7 m,操作间规模为5.5 m×8 m×7 m。在操作间中,人可以通过操作台调动龙门吊工作,将岩石模型运送到运输车上;另外,还可以通过操作台完成加载装置加载工况、钻孔机器人的钻孔工况等控制。

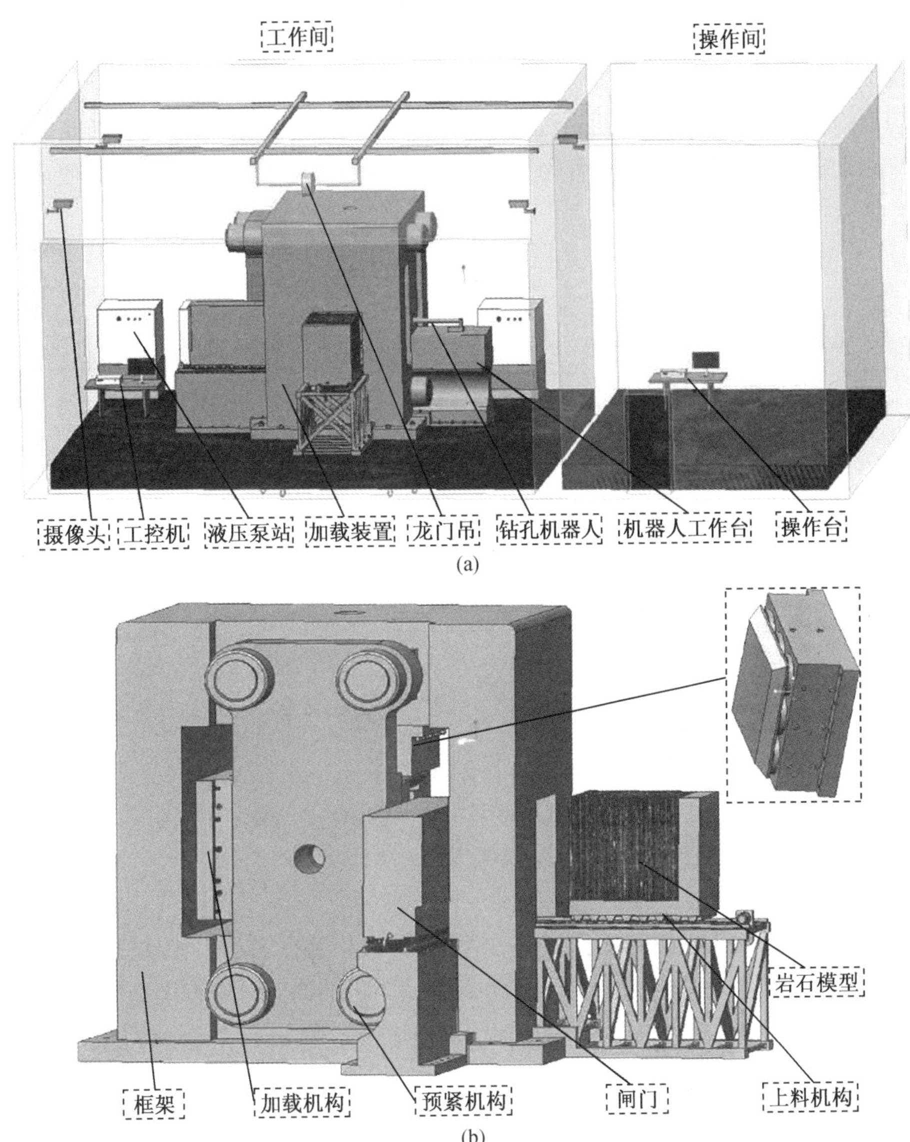

图1-3 加载系统总体布置

深部岩石加载装置用于为岩石模型施加深部岩石的初始应力场。岩石模型规模为1 m×1 m×1 m,施加的工作载荷为三个方向,每个方向施加3 200 t静载荷和100 t动载荷。这要求加载装置具有足够大的加载空间来放置岩石模型和加载机构,从而准确模拟深部岩石的初始应力场。加载装置由框架、上料机构、加载机构、预紧机构四个部分组成。并且,深部岩石加载装置是由外框架、立板、立柱通过拉杆和螺母预紧机构组成的封闭式框架结构,框架承受加载过程中施加的全部工作载荷。

1.3.3 加载系统上料机构设计

上料机构具有两个步骤:一是岩石模型运输到指定加载位置(加载台),二是闸门关闭,约束岩石模型在上料方向上的自由度。因此,上料机构具有两个功能:岩石模型准确运输到加载台上和闸门关闭功能。

由图1-4可见,上料机构在运输过程中不用考虑多级传动,操作简单。需要注意的是,上料装置在上料时要保证整个运输车置于轨道上,且对岩石模型的上料非常方便。

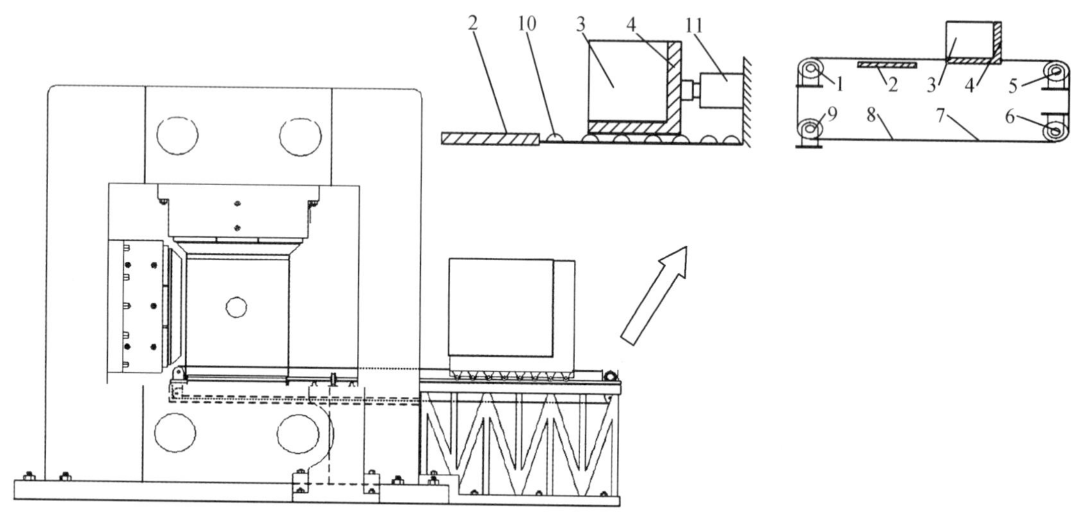

1—滑轮1;2—加载台;3—岩石模型;4—运输车;5—链轮1;6—链轮2;
7—链条;8—拉索;9—滑轮2;10—辊道;11—液压缸。

图1-4 加载系统上料机构

运输车拖着岩石模型放置于矩形实心方管上,要想让其在轨道上移动需要克服运输车与方管之间的滚动摩擦力。岩石模型容重为26.5~30 kN/m^3,则岩石模型重力$F_{岩}$不超过3.0×10^4 N;对于运输车,结合运输车的尺寸与材料,经计算得到车重力$F_{车}$不超过4.0×10^4 N。

滚动摩擦力为

$$F_{滚}=\mu(F_{岩}+F_{车}) \tag{1-1}$$

其中,μ为滚动摩擦系数。

对于钢制车轮-钢轨,$\mu=0.05$。

滑轮中滑轮的轴承与链条要承受的工作载荷既要大于滚动摩擦力,又要在轴承与链条的承重范围内。

对于轨道轮而言,轨道轮承受运输车及其上的岩石模型的全部重力。则轨道轮的选型要求为

$$nF_{单}\geqslant F_{车}+F_{岩} \tag{1-2}$$

其中，n 为轨道轮个数；$F_{单}$ 为单个轨道轮的轴承承重。

这样轨道轮最大承载的重力可求，并满足设计的要求。关于闸门设计，移动轨道与运输车设计相同，采用同样的轨道轮，计算后满足设计要求。

1.3.4 加载机构设计

加载机构旨在为岩石模型提供所需要的加载力。准确可靠地施加预定的加载力是装置设计的核心部分之一，采用液压加载方式。

深部岩石加载装置，要求单方向上实现 3 200 t 的静力加载，用于模拟初始的应力场条件。对于液压缸静力加载主要采用单个液压缸加载和多个液压缸均布加载的加载方式。单个液压缸加载，即用一个液压缸提供 3 200 t 的静力加载，这种加载方式的优点是：能准确地对模型试件施加预定的高应力，为了得到这么大的加载力，需要液压缸的尺寸足够大，造成整个加载装置的框架体积特别庞大，制作成本大大增加。大的加载能力虽然能满足大载荷试验的要求，但是庞大的加载装置不利于安全操作，也会带来较高的能耗。所以，亦采用多个液压缸均布加载，通过在每个加载方向上平行布置多个相同的液压缸，采用组合式加载方式，每个液压缸对模型表面单独施加载荷，从而在试验表面形成“均布载荷”。这种加载方法的优点是：在保证足够的加载力的前提下，能大幅度减小加载装置的尺寸，易于加工、制造和安装。

采用排缸式组合设计，其液压缸布置如图 1－5 所示，尺寸见表 1－2，以这样的参数设计的液压为 8 个，每个液压缸提供了 400 t 的静力加载。

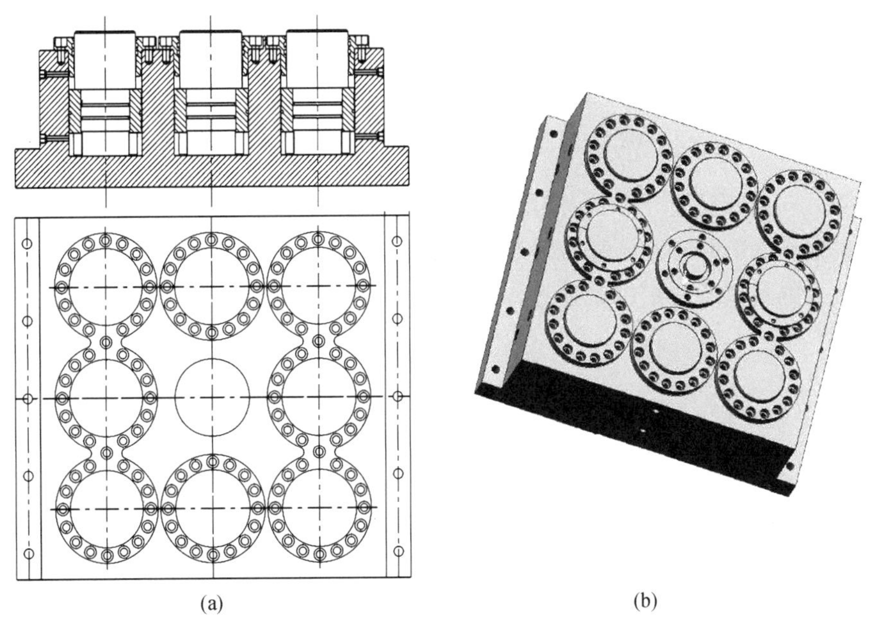

图 1－5 排缸设计布置

表 1－2　排缸尺寸表

名称	尺寸/mm
液压缸组长	1 600
液压缸组宽	1 400
液压缸组高	605

单个液压缸需要提供至少 400 t 的力，所以负载很大，属于重型机械，故初选液压缸的工作压力为 58 MPa。

液压缸尺寸的计算：

$$D=\sqrt{\frac{4F}{\pi P}} \tag{1－3}$$

在实际设计中，单只油缸在工作压力下提供推力 409 t，8 只油缸共计推力 3 272 t，计算得 $D=0.299\ 7$ m，选取标准缸直径 $D=300$ mm。

静力加载缸的行程取 $s=50$ mm，缸筒材料选用合金钢 35CrMo，其抗拉强度 $\sigma_b=1\ 000$ MPa，屈服极限 $\sigma_s=850$ MPa，缸筒壁厚选用 $\delta=120$ mm，进行强度校核，采用厚壁缸筒校核，公式如下：

$$\delta \geqslant \frac{D}{2}\left(\sqrt{\frac{[\sigma]+0.4P_{max}}{[\sigma]-1.3P_{max}}}-1\right) \tag{1－4}$$

经计算得到 $\delta \geqslant 50.76$ mm，液压缸壁厚尺寸符合设计要求，则缸筒外径为 $D_1=D+2\delta=540$ mm，$[\sigma]$ 为缸筒材料许用应力，取 $[\sigma]=200$ MPa。

液压缸工作压力校核计算，对于液压缸的额定工作压力，只有当其在极限值允许的范围内时，才能保证其工作的安全。校核计算如下：

$$p_n=58\ \text{MPa} \leqslant 0.35 \times \frac{\sigma_s(D_1^2-D^2)}{D_1^2}\ \text{MPa}=205.7\ \text{MPa}$$

由计算可知：额定工作压力在极限值允许的范围内，壁厚尺寸符合设计要求。液压缸活塞杆的表面质量影响着液压缸密封装置和导向铜套的磨损及寿命，因此，活塞杆的表面必须具有良好的粗糙度和足够的硬度。最终，选用 40 Cr 来制造活塞杆，液压缸参数见表 1－3。

表 1－3　液压缸参数表

参数名称	数值
内径	300 mm
行程	50 mm
活塞杆直径	250 mm
最大工作压力	409 t
最大液体压力	58 MPa

动载荷液压缸选型设计:为了满足加载装置对动载荷液压缸的要求,选用神领科技公司的电液伺服作动器中的单出杆作动器,型号为 S1 - 100 - 5 - 01 - F - A - F。其参数见表 1 - 4。

表 1 - 4 动载荷液压缸参数表

参数名称	数值
频率	7 Hz
额定工作压力	210 bar①
额定出力标准	1 000 kN/100 t
缸体固定方式	法兰式
行程	50 mm

注:1 bar = 0.1 MPa。

液压缸采用“多个液压缸均布加载”的静力加载方式,液压排缸群的柱塞直接施力到岩石模型的加载方式具有的局限如下:一是由于加工精度和误差等,很难保证每个液压缸的出力完全相同,这会导致施加在模型试件上的载荷不均匀;二是如果让液压缸柱塞直接与岩石试件相接触,那么会导致在进行加载的过程中,液压缸的柱塞会陷进模型试件中,影响试件的变形,同时,在加载面上也会造成不必要的摩擦力,对准确模拟深部岩石受力产生影响;三是每个液压缸与模型试件接触后,会造成在液压缸处产生局部应力集中,无法达到预定的初始应力场,影响试验的准确性。为了将上述影响降到最低,需要设计一个加载平板作为加载液压缸与岩石试件中间的均衡部件。即将加载平板与液压缸柱塞连接到一起,8 个静力加载缸的力集中施加在平板上,从而施加给岩石模型,如图 1 - 6 所示。由图 1 - 6 可知,加载平板位于液压缸整体的中心,即加载平板不会受到偏心载荷的影响,可以将岩石模型所需要的加载力统一施加给加载平板,再作用到岩石模型上,克服液压缸群的柱塞直接施力到岩石模型的加载方式所带来的不均衡影响。加载平板与柱塞的连接采用刚性连接。液压缸群布置了 8 个静力加载缸,将位于动力加载缸两侧相对称的 2 个静力加载缸的柱塞与加载平板加固到一起,完成加载平板与液压缸的连接。考虑到在进行静力加载过程中,由于活塞杆的伸出速度达不到完全同步,则液压缸柱塞与加载平板的连接方式采用如下设计:液压缸柱塞头端在嵌入加载平板内部时,要保证柱塞深入加载平板内部的部分与连接孔之间的尺寸配合间留有适当的间隙,以应对静力加载缸伸出速度不同步的影响。当加载平板与岩石模型接触后,接触面会产生很大的摩擦力,影响施加在模型试件上的预应力,为了实现初始应力场的准确模拟,需要进行界面减摩措施的设计。常见的界面减摩措施就是降低接触面间的摩擦系数或者减少正压力,采用由聚四氟乙烯片和紫铜片及固体减摩材料(如石墨或者氧化锆)组成的减摩垫片来解决问题。

1.3.5 机架预紧机构设计

采用拉杆 - 螺母预紧机构能让加载装置的立板与机架紧固地连接在一起,形成一个封闭的刚性受力框架,同时在拉杆内产生预应力,让装置具有更高的整体刚度,使加载装置更加平稳地运行,最终提高产品的质量。在加载装置工作过程中,采用此种预应力预紧,能使拉杆具有更高的疲劳强度和更长的疲劳寿命，拉杆的应力波动幅度也能得到有效的降低。加载装置的预应力组合机架由拉杆、螺母、立板、立柱、框架组成。拉杆-螺母预紧机构的预紧力将立板、立柱与框架紧紧地组合在一起。采用拉杆-螺母预紧机构，拉杆的强度应满足：

$$\sigma = \frac{F}{16\pi r^2} \leqslant [\sigma] \tag{1-5}$$

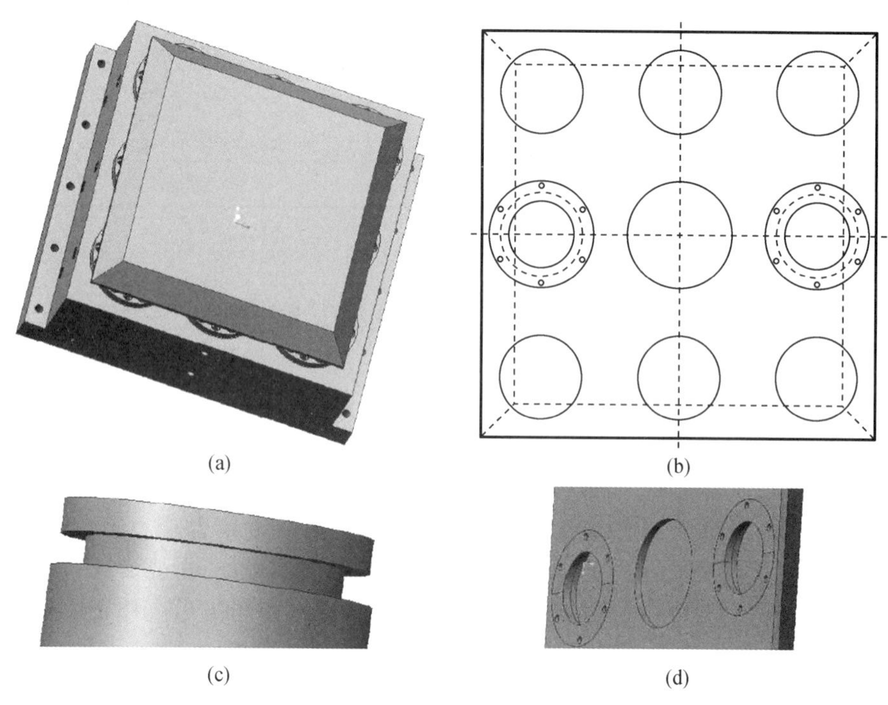

(a) (b) (c) (d)

图1-6　排缸与加载板连接图

立柱的材料选用20MnV铸钢，此种材料不仅具有较好的强度与韧性，而且相对于其他材料而言，更加便宜；拉杆的材料选用18MnMoNb，其许用应力为$[\sigma]=170$ MPa。由式(1-5)计算得到$r \geqslant 122.42$ mm，取$r=200$ mm。其效果如图1-7所示。

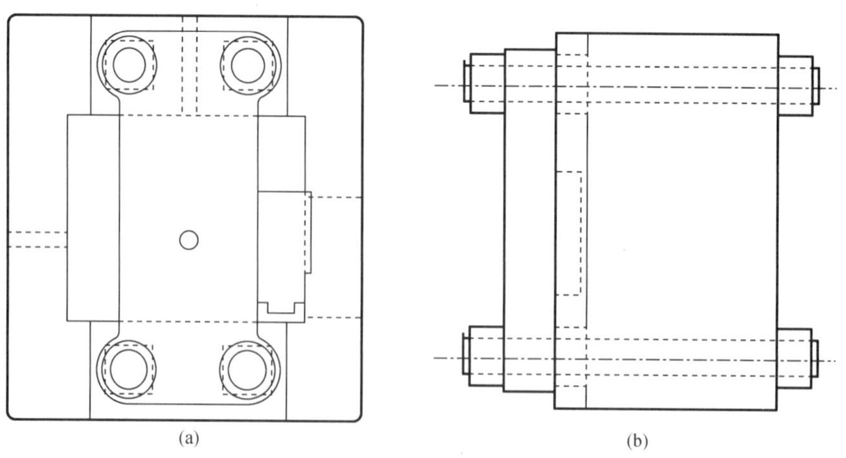

(a) (b)

图1-7　螺母预紧效果

深部岩石加载装置通过立柱－螺母预紧机构将立板与外框架组合为整机机架，立柱主要承受拉力与弯矩的组合作用。在对深部岩石进行加载工作时，首先应保证立板与框架之间没有间隙，保持紧密接触状态。整体性研究的任务就是确定在这个状况下的相关参数，增强连接的可靠性和紧密性，防止加载装置工作后立板与框架之间出现缝隙，保证加载的准确性、可靠性。当立板受到液压缸对其施加的反作用力时，容易与外框架产生分离，即开缝现象，这会对加载装置整体产生很大的冲击，影响加载装置的稳定性。

深部岩石加载装置在加载过程中产生的开缝现象包括平移性开缝和弯曲性开缝。如果在加载装置进行工作后，忽略加载过程中立板和杆子的弯曲变形，那么这时候可以认为承载后的立板将会平行左移，当立板与立柱脱离时，即可认为发生了平移开缝现象，这种隐患必须消除。

如图1－8所示，定义无量纲开缝系数α为在加载装置进行加载工况后，立板与立柱之间的缝隙高度h与缝隙长度l的比值，即$\alpha = h/l$。立板发生弯曲开缝时，立板受到预紧力和工作载荷的共同作用，此时若立板与立柱之间的缝隙高度h与缝隙长度l的比值刚好为零，则立柱受到的预紧力便是临界预紧力。此时，在立柱内侧内角处不存在轴向压应力，即$\alpha = 0$。

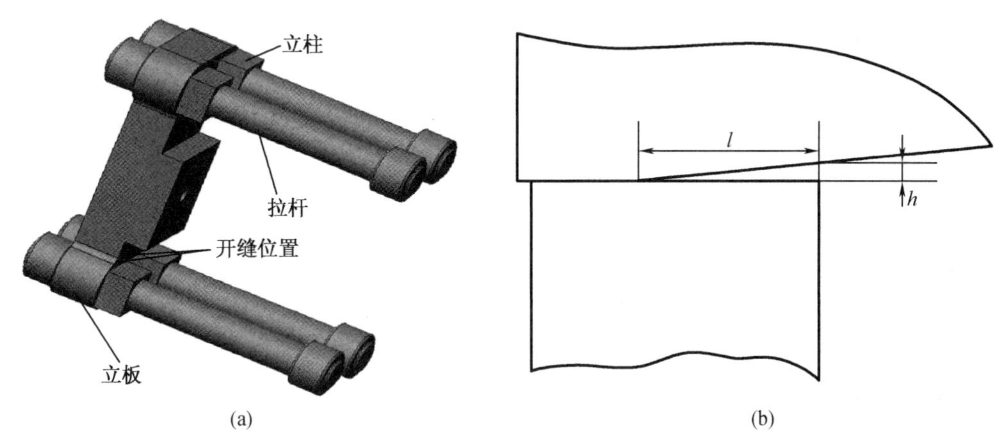

图1－8　可能开缝示意图

在加载工况下，加载装置整体为对称结构。取加载装置的1/2建立平面框架模型，假设加载装置各个部分所受的力均为集中力；假设加载装置外框架右端刚度无穷大，即不考虑外框架右端的弯曲变形；假设拉杆不会受到弯矩的作用，只承受拉力。则加载装置机架受力图如图1－9所示。

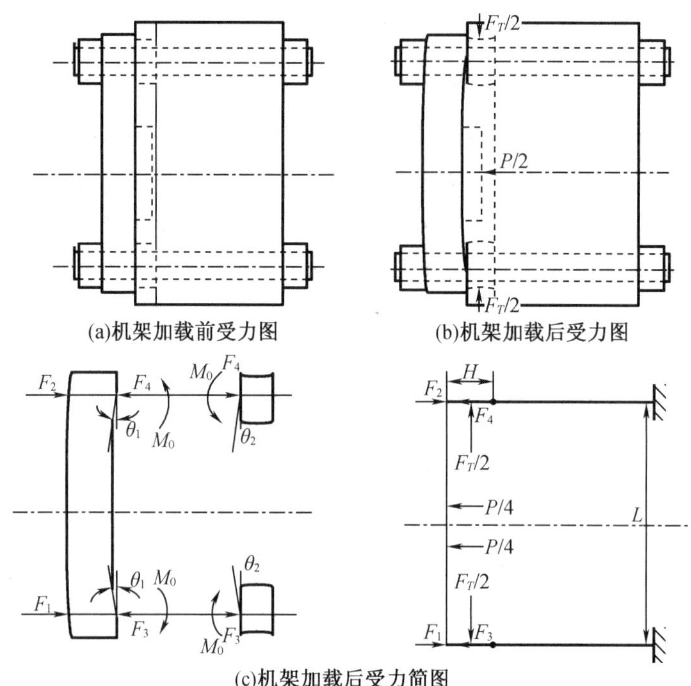

图 1－9　机架受力图

根据受力平衡，加载装置水平方向的合力为零，建立如下方程：

$$(F_1 - F_3) + (F_2 - F_4) = \frac{P}{2} \tag{1-6}$$

式中　F_1——在额定工作载荷下，1 号螺杆所受到的拉力；

F_2——在额定工作载荷下，2 号螺杆所受到的拉力；

F_3——立板左侧所受到的压力；

F_4——立板右侧所受到的压力；

P——加载装置的工作载荷。

临界开缝条件为 $\alpha=0$，在立柱内侧内角处不存在轴向压应力。由图 1－9 可以知道压应力由弯曲应力与压缩应力叠加而成。具体的开缝判断条件为

$$\sigma_0 = \frac{M_0}{W_0} - \frac{F_3}{A_1} = 0 \tag{1-7}$$

式中　σ_0——开缝位置处的轴向压应力；

M_0——立柱在立板作用下受到的弯矩；

W_0——立柱的抗弯截面模量；

A_1——立柱的横截面积。

当加载装置的立板处于临界开缝状态时，加载装置仍保持整体性。此时，预紧机构各部分之间的变形是相互协调的。立柱上端面与立柱内侧处的转角相等，即 $\theta_1 = \theta_2$，在加载装置进行加载工作后，在变形过程中，有立柱的压缩回弹量 Δl_1 ＝ 拉杆的再伸长量 Δl_2。由力学知识，结合图中参数得

$$\Delta l_1 = \frac{(Q_p - F_3)H}{EA_1} \text{和} \ \Delta l_2 = \frac{(F_1 - Q_p)H_1}{EA_2}$$

式中 Q_p——预紧力；

H——立柱的高度；

H_1——立板左侧到外框架右侧的距离；

EA_1——立柱的拉压刚度(A_1 为立柱的横截面积)；

EA_2——拉杆的拉压刚度(A_2 为拉杆的横截面积)。

于是有

$$\frac{(Q_p - F_3)H}{EA_1} = \frac{(F_1 - Q_p)H_1}{EA_2} \tag{1-8}$$

由式(1-8)可以得出

$$F_1 - F_3 = \left(1 + \frac{EA_2 H}{EA_1 H_1}\right)(Q_p - F_3) \tag{1-9}$$

联立式(1-6)和式(1-9)得到

$$\left(1 + \frac{EA_2 H}{EA_1 H_1}\right)(Q_p - F_3) = \frac{P}{4}$$

进一步变形，得到

$$Q_p = \frac{P}{4\left(1 + \dfrac{EA_2 H}{EA_1 H_1}\right)} + F_3 \tag{1-10}$$

联立式(1-7)和式(1-10)，得到

$$Q_p = \frac{P}{4\left(1 + \dfrac{EA_2 H}{EA_1 H_1}\right)} + \frac{M_0 A_1}{W_0} \tag{1-11}$$

再由受力图，经计算得到弯矩 M_z 为

$$M_z = \frac{P}{4} \times \frac{a\left(4a + \dfrac{EI_1}{EI_2}H\right)}{4L + \dfrac{EI_1}{EI_2}H} \tag{1-12}$$

式中 EI_1——立板的抗弯刚度；

EI_2——立柱的抗弯刚度；

L——两立柱之间的距离；

a——液压缸群的等效作用距离。

则立柱在立板作用下受到的弯矩 M_0为

$$M_0 = \frac{P}{4}a + M_z = \frac{P}{4}a + \frac{P}{4} \times \frac{a\left(4a + \dfrac{EI_1}{EI_2}H\right)}{4L + \dfrac{EI_1}{EI_2}H} = \frac{P(La - a^2)}{4L + \dfrac{EI_1}{EI_2}H} \tag{1-13}$$

联立式(1-11)和式(1-13)，得出

$$Q_p = P \times \left[\frac{1}{4\left(1 + \frac{EA_2H}{EA_1H_1}\right)} + \frac{La - a^2}{4L + \frac{EI_1}{EI_2}H} \times \frac{A_1}{W_0} \right] \tag{1-14}$$

由式(1－14)可知，在给定确定的中心载荷作用下，深部岩石加载装置的外框架在考虑弯曲开缝现象时，预紧力 Q_p受到立柱的高度 H、立柱的抗弯截面模量 W_0、拉杆与立柱的拉压刚度比 EA_2/EA_1、两立柱之间的距离 L、立柱的横截面积 A_1、立板与立柱的抗弯刚度比 EI_1/EI_2的影响。将数据代入式(1－14)得到 $Q_p = 14.08$ MN，在 14.08 MN 的临界预紧力作用下，立板与框架之间不会出现弯曲开缝现象，立板不会与外框架脱离。

1.4 深部岩石加载装置分析

由于加载装置框架承受的静力非常大，因此装置设计的重点便在于所设计的加载装置是否具有足够的强度与刚度。有限元法中的静态有限元分析可对结构进行相当准确的几何描述，其分析结果可反映结构的应力、应变分布，从而大大提高结构分析的精度。利用静态有限元分析，可以校核加载装置各部件的强度和刚度，并根据分析结果进行结构优化设计。

1.4.1 加载装置有限元静力学模型的建立

在工程问题有限元分析中，不管模型本身是什么样子，在分析中都需要对其进行适当的理想化处理和简化。建立合理的模型可以使分析变得事半功倍。在对深部岩石加载装置整体模型进行简化的过程中，要保证其主要力学性能不会发生改变，保留其起到主导作用的结构。为了保证能够真实地反映深部岩石加载装置的受力情况，需要对其结构进行适当的简化：

(1)假设加载装置是一线性定常系统，忽略阻尼的影响；

(2)加载装置的闸门与外框架之间没有运动上的干涉，因此，在对加载装置进行有限元分析的过程中，可以忽略闸门底部的移动机构；

(3)加载装置的上料台处于外框架外部，不会对加载装置的强度、刚度产生影响，在进行有限元分析时，予以忽略；

(4)加载装置内部的液压缸群在进行分析时等效为集中力，不考虑具体结构；

(5)假设加载装置的密度分布均匀，材料是各向同性，并且是完全弹性体。

PRO/E 软件主要用于三维建模，同时还具有 CAE 分析模块，但它在分析计算方面的能力与专业的分析软件比起来还稍有不足。ANSYS Workbench 是一款大型的、优秀的有限元分析软件，虽然它有自己的建模模块，但其建模功能有限，在多数情况下需要从其他 CAD 软件中导入几何体。结合 PRO/E 和 ANSYS Workbench 的优点，在 PRO/E 中建立实体几何模型，然后再导入 ANSYS Workbench 中进行分析计算，最终高效地解决工程实际问题。

导入模型后对加载装置进行网格划分前，首先要分析装置的结构，进行单元的选取。

由于装置是框架式结构，为了更能反映装置在受力后的实际状况，因此采用三维实体单元来描述装置的结构。在本书中，可以对单元的边长给予确定值，这样划分出的网格就比较均匀；同时还可以增加网格的密度，使模型受力更为贴近装置的实际受力。分析深部岩石加载装置框架的尺寸，整个外框架大部分为大尺寸结构并且外框架结构不是规则对称的，为了便于划分非规则模型的网格，选用 Solid187 四面体单元，采用 Smart size 功能进行网格划分。最小网格大小为 10，节点总数为 40 505，单元数为 17 592。

深部岩石加载装置各部分所使用的材料是不一样的，对于外框架而言，采用材料为 Q345 – A，模型材料特性为各向同性；对于预紧机构的拉杆和螺母而言，采用的材料为 45#钢，模型材料特性为各向同性。Q345 – A 与 45#钢的力学性能见表 1 – 5 和表 1 – 6。

表 1 – 5　Q345 – A 力学性能表

弹性模量 E	泊松比 λ	密度 ρ	抗拉强度 σ_b	屈服极限 σ_s
2.12×10^{11} Pa	0.28	7.85 g/cm^3	470 ~ 630 MPa	345 MPa

表 1 – 6　45#钢力学性能表

弹性模量 E	泊松比 λ	密度 ρ	抗拉强度 σ_b	屈服极限 σ_s
2.1×10^{11} Pa	0.31	7.85 g/cm^3	600 MPa	355 MPa

1.4.2　加载装置有限元模型约束与求解

在进行有限元分析过程中，为了保证分析结果的准确性，必须确保工作载荷施加准确。首先建立物理模型，如图 1 – 10 所示。

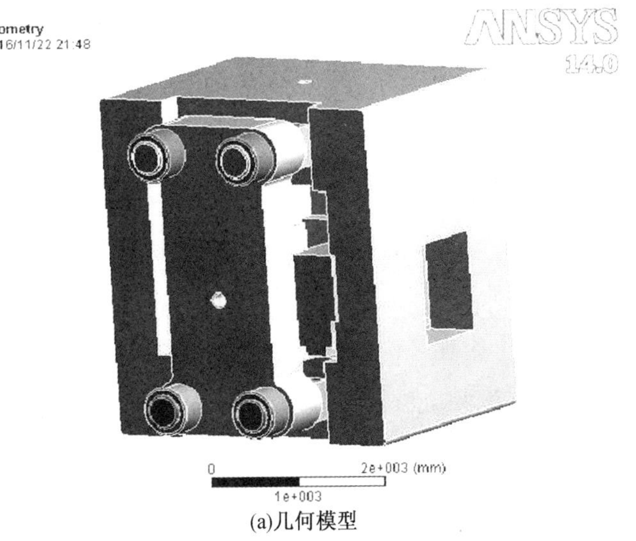

(a)几何模型

图 1 – 10　物理模型建立

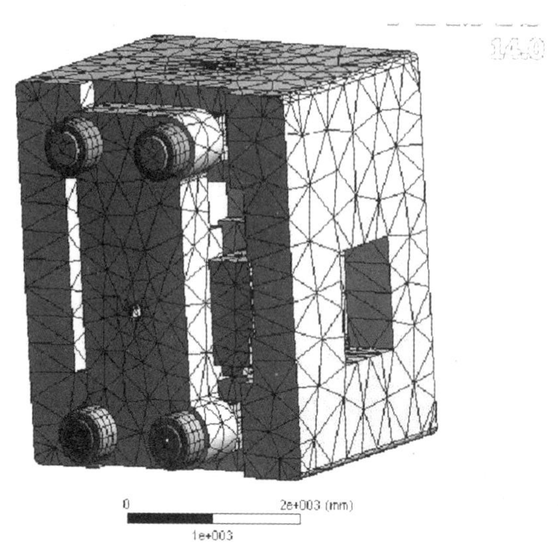

Sizing	
Use Advanced Size Function	Off
Relevance Center	Coarse
Element Size	Default
Initial Size Seed	Active Assembly
Smoothing	Medium
Transition	Fast
Span Angle Center	Coarse
Minimum Edge Length	10.0 mm
Inflation	
Use Automatic Inflation	None
Inflation Option	Smooth Transition
Transition Ratio	0.272
Maximum Layers	5
Growth Rate	1.2
Inflation Algorithm	Pre
View Advanced Options	No
Defeaturing	
Pinch Tolerance	Please Define
Generate Pinch on Refresh	No
Automatic Mesh Based Defeaturing	On
Defeaturing Tolerance	Default
Statistics	
Nodes	40605
Elements	17592
Mesh Metric	None

(b)网格划分及网格参数

图 1 -10(续)

根据深部岩石加载装置的工作原理可知:为了实现对岩石模型力环境的模拟,需要在岩石模型的三个方向上施加 3 200 t 的力,即需要将液压缸群安装在加载装置框架内部的上面、左面,以及立板的内侧。在深部岩石加载装置工作过程中,安装在框架内部的液压缸群以均布力的形式作用在岩石模型上,而外框架和立板则承受液压缸群的反作用力,力的大小为 32 MN。在 X 方向上,为了准确模拟对加载台的力,需要考虑岩石模型质量的影响。模型材料容重为 26.5 ~30 kN/m^3,岩石模型尺寸参数为 1 000 mm ×1 000 mm ×1 000 mm,则模型质量为 3 t,在 X 方向上,向下的力为 32.03 MN。加载装置通过拉杆 - 螺母预紧机构将立板与外框架各分层固连在一起,在其工作后,立板与加载装置的框架、外框架各分层之间都不会分离,保证加载装置在 Z 方向上加载的准确性。对预紧机构而言:拉杆内存在一定的预紧力。对于预紧力,临界预紧力为 14.08 MN 时,立板与框架间不会产生弯曲开缝现象,此处预紧力施加的要求是立板不会与外框架分离即可,由此,选用预紧力为 10 MN 进行分析。由加载装置的结构与工作状况知道:加载装置与地面接触支撑面为主要约束区域,实行六自由度完全约束,在 X、Y、Z 三方向上位移为 0;立板与框架通过拉杆 - 螺母预紧机构连接,在右侧螺母作用面上施加 Z 向的位移约束,如图 1 - 11 所示。

求解后可以获得应力云图和变形云图,分析如下。

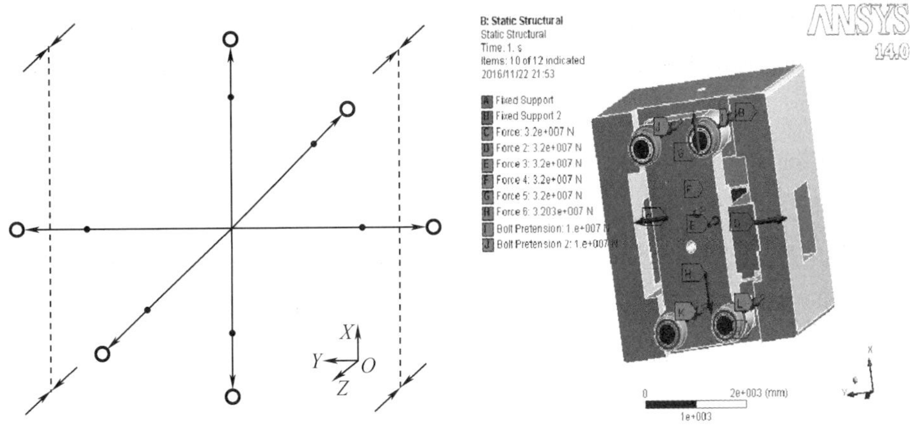

图 1-11　加载约束图

1. 预紧的合理性分析

深部岩石加载装置的组合式机身主要包括立板、框架本体、拉杆、立柱。拉杆-螺母预紧机构必须提供足够的预紧力来保证各个接触面之间不产生脱离现象。选用预紧力为10 MN，对立板与立柱接触处的情况进行分析，验证立板与立柱是否发生脱离现象。立板与框架接触处的应力分布状态如图 1-12 所示。

从图 1-12 中可以明显看到立柱承受应力状态。即在加载装置工作过程中立板与立柱面之间没有产生脱离现象，两者之间保持良好的接触状态。由此可见，所选用的预紧力10 MN符合设计要求。

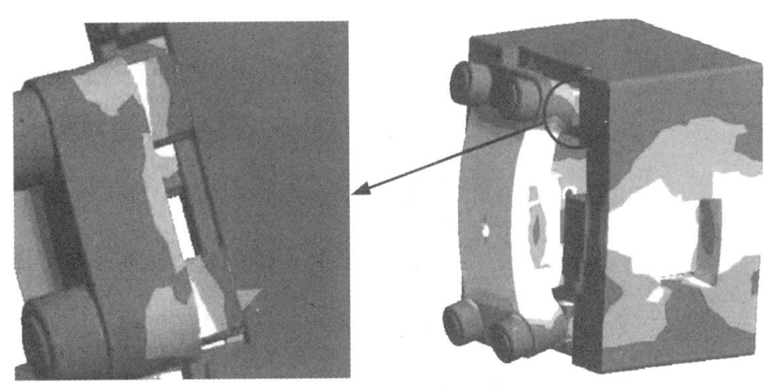

图 1-12　立板与框架接触处应力分布状态

2. 整体外框架结果分析

在加载装置的工作过程中，外框架的变形情况直接决定了装置工作的性能和寿命，影响对岩石模型初始应力场模拟的准确性。深部岩石加载装置整体外框架变形云图如图 1-13 所示。

由计算结果可知，当加载装置处于静力加载工作状态时，整体外框架在 X 方向上的位移最大值位于拉杆最顶端处，其值为 0.98 mm。加载装置整体在 Y 方向上的位移最大值位于框架右侧液压缸加载处闸门的顶部,大小为0.92 mm。加载装置整体在 Z 方向上的位移最大值位于立板液压缸加载处的中心截面上,其值为1.68 mm。装置的变形位移应满足式(1-15):

$$[f] \leqslant (0.002 \sim 0.005) \times P \tag{1-15}$$

式中 $[f]$——变形许用值,mm;

P——加载装置工作压力,t。

将工作压力 $P=3\ 200$ t 代入式(1-15),得到 $[f]=6.40$ mm,可见,加载装置在三个方向上的最大变形位移均小于许用值,即加载装置外框架的刚度符合设计要求。

整体外框架等效应力云图如图1-14所示。

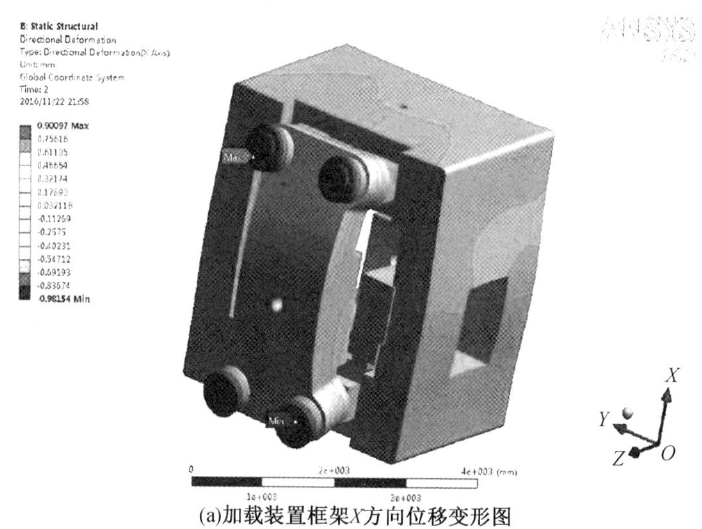

(a)加载装置框架 X 方向位移变形图

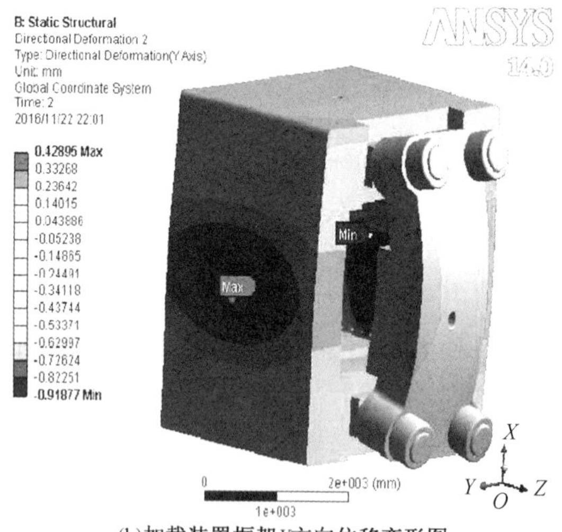

(b)加载装置框架 Y 方向位移变形图

图1-13 整体外框架变形云图

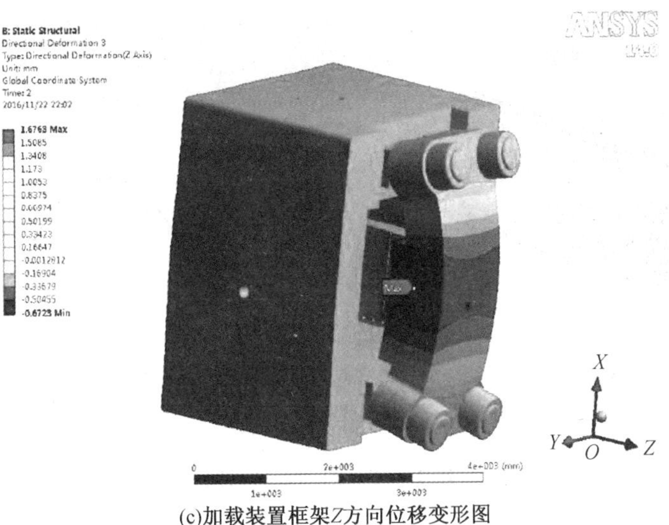

(c)加载装置框架Z方向位移变形图

图 1－13(续)

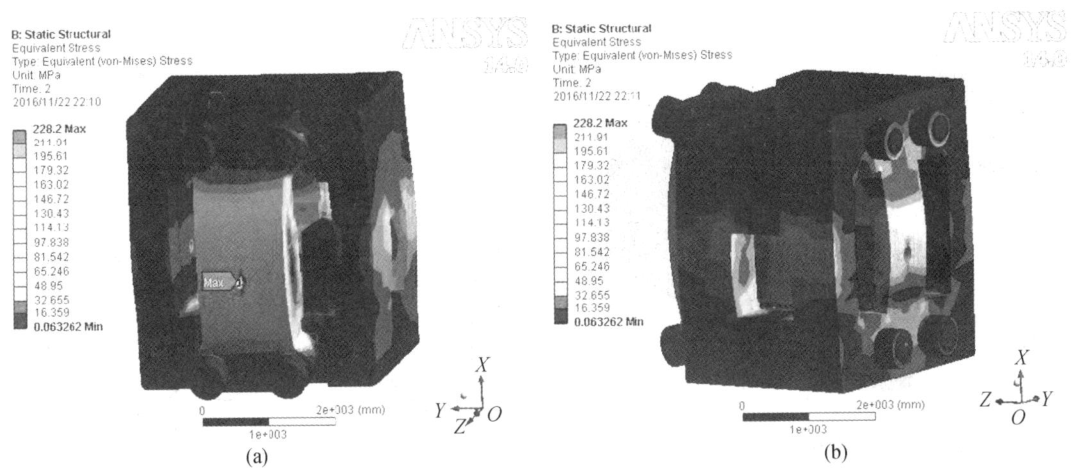

(a) (b)

图 1－14 整体外框架等效应力云图

在图 1－14 中,等效应力最大值位于立板中心孔处,其值为 228.2 MPa。加载装置整体的等效应力是均匀分布的。对于大的外框架,应力为 0.063 262～97.838 MPa;对于立板,应力大部分为 48.95～130.43 MPa,均低于其材料的屈服极限,加载装置框架整体的强度都在材料允许的强度范围内。

3. 加载装置闸门的结果分析

闸门是加载装置重要的组成部分。强度与刚度应符合设计要求。

闸门变形云图如图 1－15 所示。由图 1－15 可知,闸门最大变形值为 0.932 9 mm,钢结构梁,挠度不应该大于跨度的 1/400,闸门的跨度为 2 855 mm,则允许的挠度上限为 7.137 5 mm。最大变形值 0.932 9 mm＜7.137 5 mm,则闸门的刚度符合设计要求。

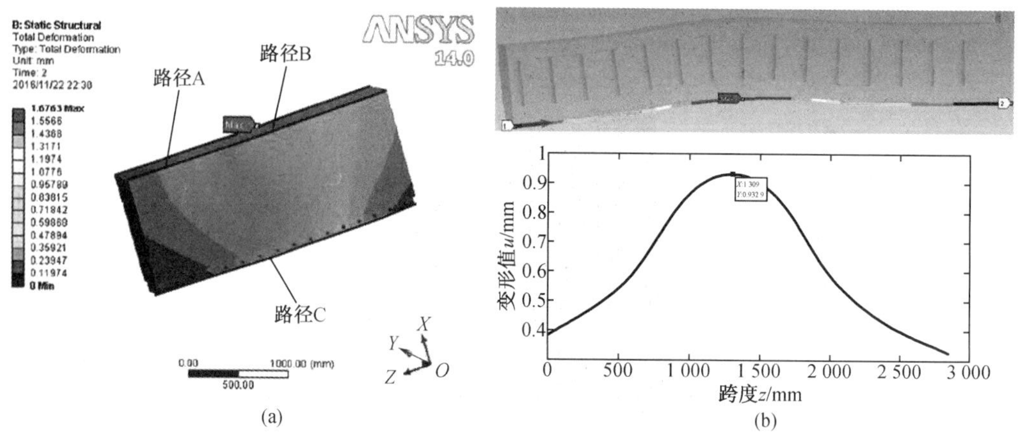

图 1 – 15　闸门变形云图

闸门应力云图如图 1 – 16 所示，闸门最大等效应力为 129.6 MPa，在材料的许用范围内，闸门的强度符合设计要求。

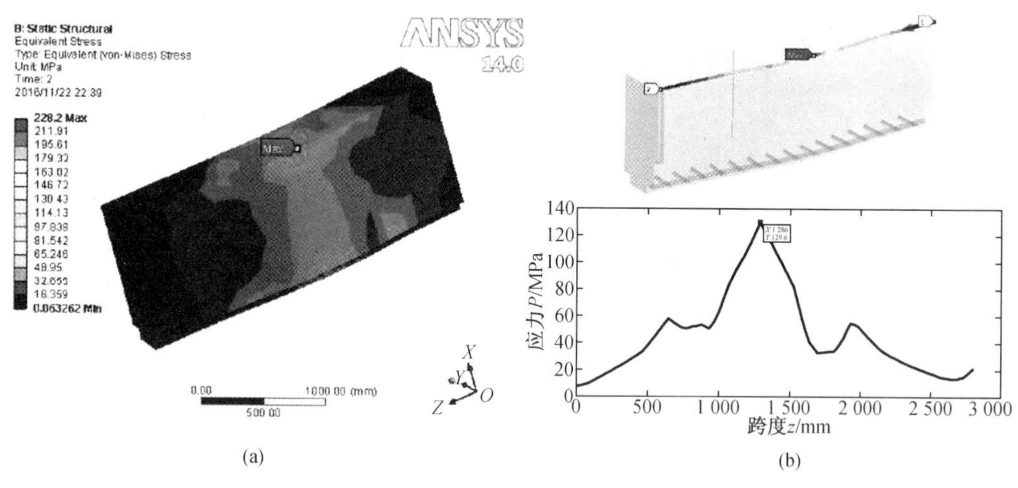

图 1 – 16　闸门应力云图

1.4.3　加载装置动力学模型的建立

为了准确模拟深部岩石的初始应力场，岩石模型除了受到静力加载外，还受到冲击载荷的作用。为完善对深部岩石加载装置的结构设计，需要对加载装置进行动力学分析，确定它的固有频率和振型。通过对装置进行冲击分析，了解装置的框架在冲击载荷作用下的挠度特性与疲劳特性；通过对装置进行冲击仿真，了解框架在冲击载荷作用下的应力与位移。对加载装置的模态分析、加载装置的瞬态动力学分析、装置在冲击载荷作用下的挠度分析，可以获得加载装置在循环冲击载荷下的变形特性。

加载装置的模态分析包括有限元模型、施加边界条件、模态提取和观察分析结果等几部分。对于加载装置而言,低阶频率的振型对装置的影响程度大于高阶频率的振型,因为在低阶频率的时候,装置的机械结构更容易与外界环境产生耦合现象。下面我们以框架前6阶为例来说明振型对加载装置工作状况的影响,并进行装置的振动特性分析。各阶模态频率值见表1-7。

表1-7 框架前6阶模态固有频率值

阶次	频率值/Hz
1阶	79.456
2阶	137.89
3阶	161.69
4阶	164.14
5阶	187.55
6阶	202.26

图1-17为前6阶模态振型云图,表示加载装置框架结构的振动特性。1阶振型的特点是加载装置沿Y方向左右摆动,振幅从下往上逐渐增大。框架底部与地面通过地脚螺栓连接,该振型使框架底部和地脚产生很大的应力。2阶振型的特点是加载装置沿X方向局部上下摆动。3阶振型的特点是整体框架围绕Y轴扭转,拉杆-螺母预紧机构往复扭转(偏向左),地脚螺栓的扭矩和剪力增大。4阶振型与3阶振型的相似,不同之处在于振动方向相反,即4阶振型为偏向右方向的往复扭转。5阶振型的特点是整体围绕X轴扭转,扭转部位主要是位于框架上部与下部的拉杆-螺母预紧机构。6阶振型的特点是立板沿Z方向前后摆动。

当加载装置为岩石模型提供冲击载荷时,冲击频率为$H_f = 7$ Hz,远远小于框架的固有频率79.456 Hz,所以加载装置在进行加载工况时,框架不会与冲击缸发生共振现象,加载装置能够正常工作,说明加载装置设计符合要求。

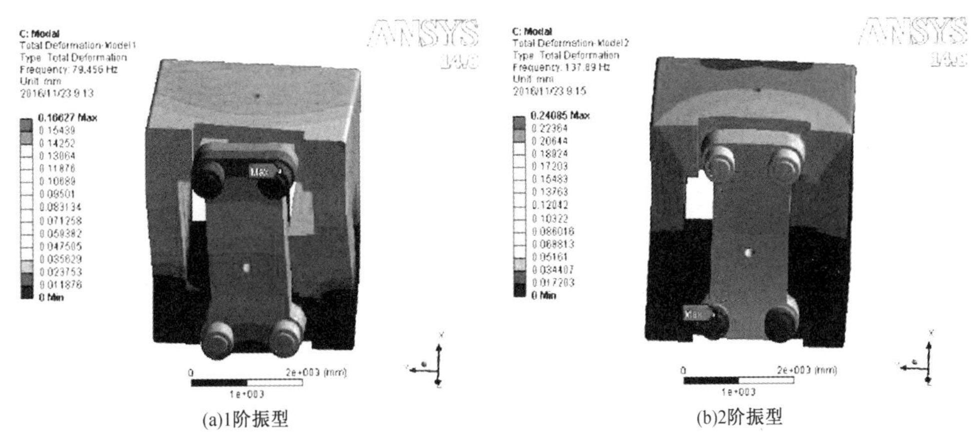

(a)1阶振型 (b)2阶振型

图1-17 前6阶模态振型云图

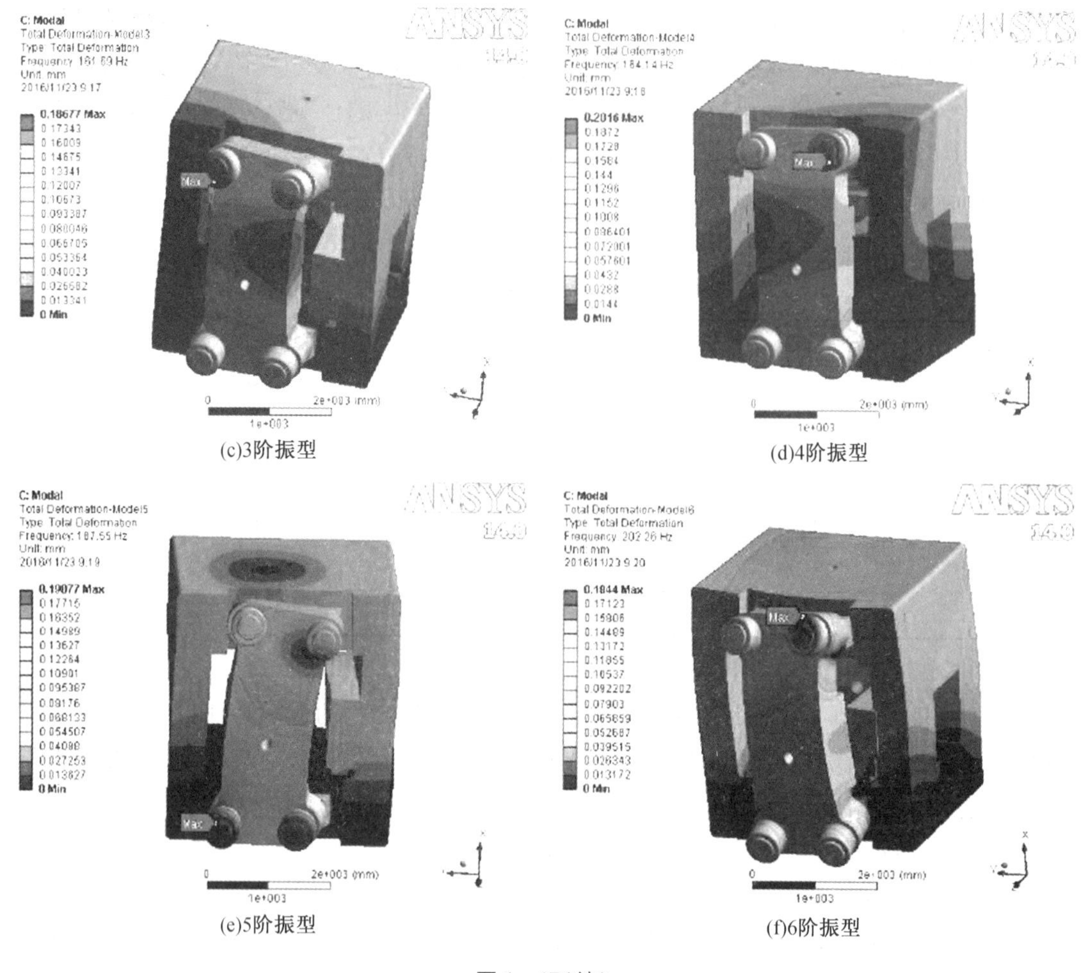

图 1-17(续)

在深部岩石加载装置运行过程中，需要为其提供往复循环的冲击力，这对加载装置框架的强度与刚度产生很大影响，运行过程中，影响整个加载装置的工作稳定性。为了满足设计要求，需要用到有限元瞬态动力学分析。对于往复循环的冲击载荷，它可以使反作用到加载装置框架上的力在短时间内发生很大的变化，在变力作用下，框架整体会发生不均匀的应变，内部的质点也将以不同的速度移动，对框架产生影响。在周期频率为 7 Hz 的冲击下，可以得到加载装置框架受到的应变和应力大小，在 ANSYS Workbench 中，瞬态分析用载荷步定义加载历程。最大冲击频率是 7 Hz，则周期为 1/7 = 0.143 s，冲击时取接触作用时间为 0.001 s。因此，在一个完整的冲击内，对应 0.143 s 为 0 t 作用时间；0.001 s 为 100 t 作用时间。在对加载装置进行瞬态分析时，取 10 次冲击进行分析，即 20 个载荷步。

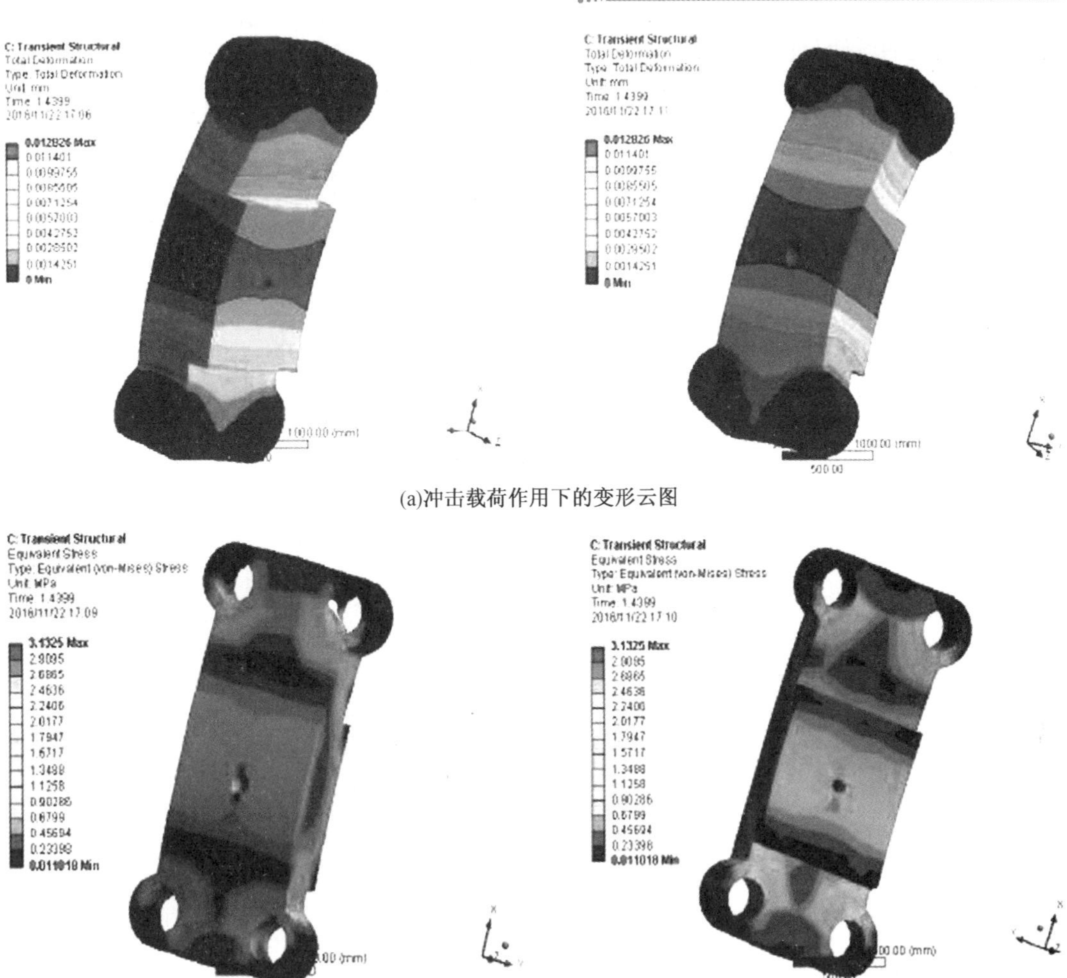

(a)冲击载荷作用下的变形云图

(b)冲击载荷作用下的等效应力云图

图 1-18 冲击特性云图

立板在 100 t 冲击载荷作用下,最大等效应力为 3.13 MPa,远远低于材料的强度极限。对比立板在静态压力下的分析结果可以发现:在冲击载荷作用下立板的变形与等效应力相对于在 3 200 t 静载荷作用下立板的变形与等效应力来说很小,因此,在对装置进行强度、刚度校核时以静态变形分析为主,可以将装置的安全系数取稍高一点,从而满足动载荷对装置的设计要求。

1.5 深部岩石加载液压控制设计

传感器选型和液压控制系统设计可以为负载提供恒定的力和扭矩。在深部岩石加载系统中,8 个液压缸群组和 1 个冲击液压缸组成一个整体加载部分。8 个液压缸分别提供 400 t 的静加载力,中间的液压缸提供 100 t 的动载荷。根据装置工作原理和工作流程,完成液压伺服系统的设计与仿真分析。对于液压伺服系统的设计思路是:第一部分面向于独立的6个静力加载缸,采用独立的液压系统进行控制;第二部分面向于与加载盖板连接在一起的两个静力加载缸,对这两个缸的液压控制系统考虑它们的同步控制。对整体液压系统进行设计时,考虑通过伺服阀实现对流量的精确控制,以实现加载力的准确性。液压系统整体设计原理图如图1-19所示。

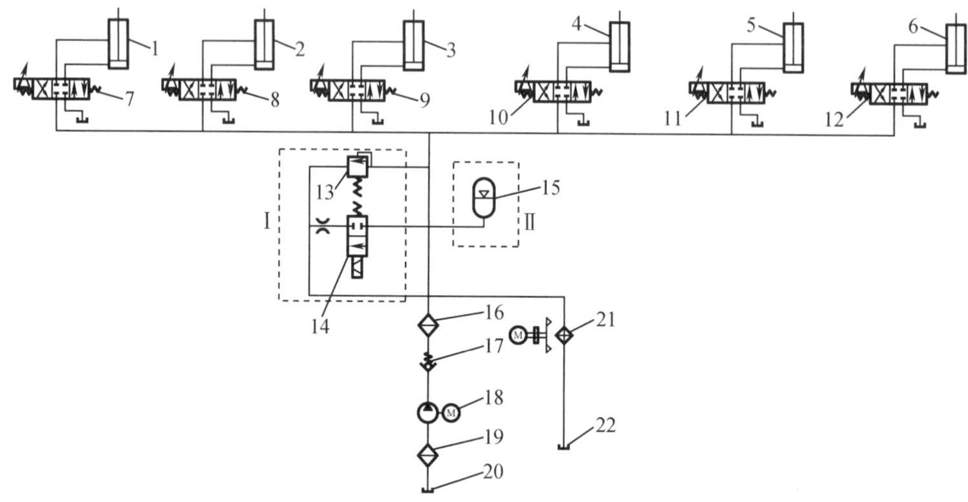

1,2,3,4,5,6—液压缸;7,8,9,10,11,12—伺服阀;13—溢流阀;14—电磁开关阀;15—蓄能器;16—进油管路过滤器;17—单向阀;18—电机和油泵;19—粗过滤器;20,22—油箱;21—冷却器。

图1-19 液压系统原理图

采用三位四通伺服控制阀(图1-20)对液压缸进行同步加载控制,为描述伺服阀控制液压缸动态特性,建立系统的传递函数。系统开环传递函数为

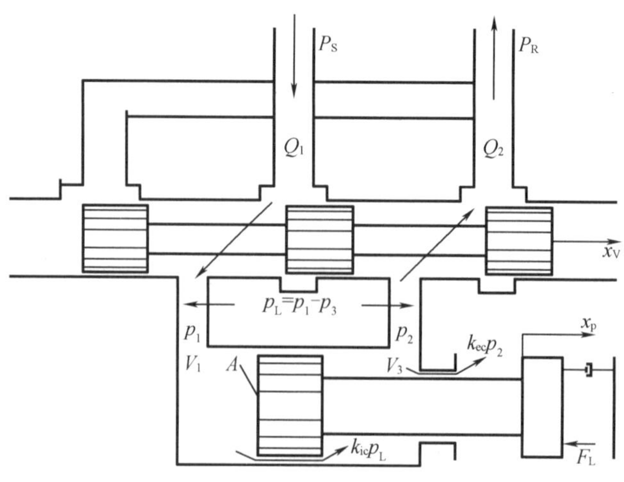

图1-20 三位四通伺服控制阀

$$G(s)H(s)=\frac{K_aK_{SV}/A_p}{s\left(\frac{s^2}{\omega_h^2}+\frac{2\xi_h}{\omega_h}s+1\right)\times\left(\frac{s^2}{\omega_{SV}^2}+\frac{2\xi_{SV}}{\omega_{SV}}s+1\right)} \tag{1-16}$$

式中 K_a——稳态误差系数；

K_{SV}——滑阀增益；

A_p——活塞杆端有效面积；

ω_h——固有频率；

ω_{SV}——相频；

ξ_h——阻尼比；

ξ_{SV}——阻尼。

将实际数值代入式(1-16)后，获得的系统传递函数为

$$G(s)H(s)=\frac{K_aK_{SV}/A_p}{s\left(\frac{s^2}{1\ 366^2}+\frac{2\times 0.09}{1\ 366}s+1\right)\times\left(\frac{s^2}{650^2}+\frac{2\times 0.5}{650}s+1\right)} \tag{1-17}$$

开环系统的 bode 图如图 1-21 所示，可以看出，系统处于稳定状态。

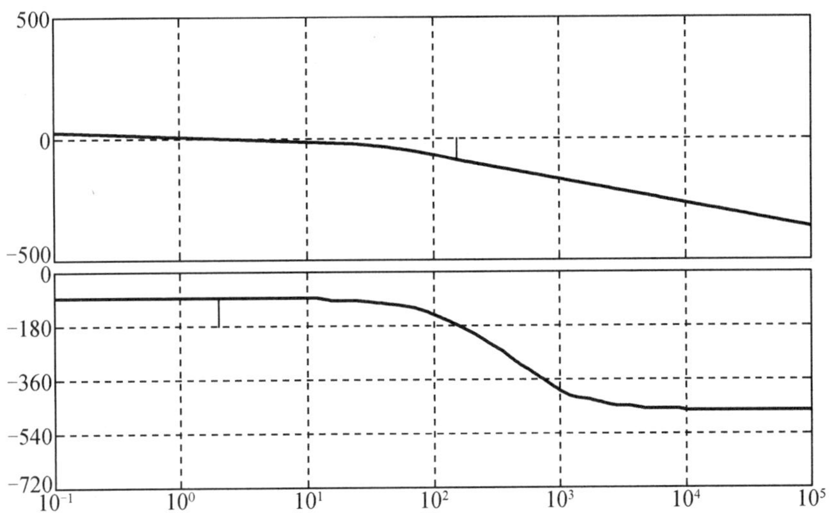

图 1-21 开环系统的 bode 图

从图 1-22 中可以看出：主动缸与从动缸同步一段时间后不再同步，系统处于发散状态。

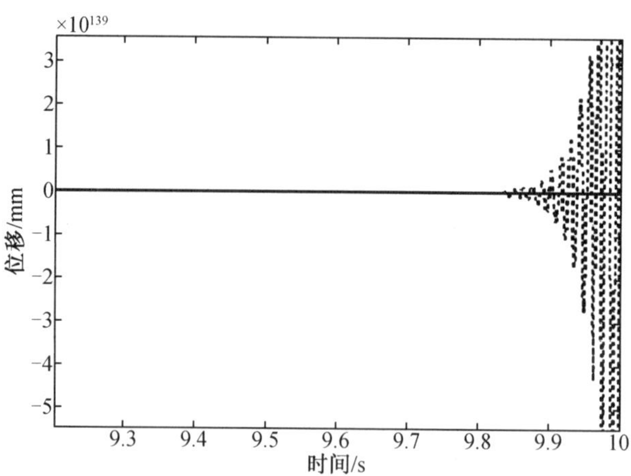

图 1－22　未调整前系统仿真图

第2章　模拟系统用小型侧壁钻孔机器人

岩石隧洞工程包括开挖、侧壁钻孔、打锚杆、喷浆等施工。在隧道和巷道的开挖和维护过程中,由于地质条件的复杂性,岩爆等动力灾害已成为制约深部巷道工程安全施工的关键问题。为了尽量减少岩爆的可能性和危害,除了采取积极的预防措施外,通常还需要强大的施工技术支撑,以确保施工安全。常用的支撑方法是在喷砂后立即将钢纤维或塑料纤维混凝土喷射到拱和侧壁上,然后加入地脚螺栓和钢网,如有必要,可以竖立钢拱并设置先进的螺栓用于支撑。为从理论上预测深部隧道开挖过程中岩石应力空间状态变化,分析和研究岩爆等机理及其灾害,实现岩爆预警,需研制出适应于全断面加载装置的小型侧壁钻孔机器人等试验装置和设备,在实验室条件下,模拟实际开挖过程中岩爆的发生时间、地点等规律性,为深部隧洞安全施工提供理论依据。本章重点讲述小型侧壁钻孔机器人的功能应用和设计,研发用于模拟岩石侧壁钻孔机器人的设备,并完成相关的机器人钻孔试验,可为锚杆推进打下基础。

2.1　小型侧壁钻孔机器人组成

小型侧壁钻孔机器人布置在岩石模拟系统加载装置的侧面(图2-1),在承力框架中心开个通孔,作为小型作业型机器人的工作通道,利于小型侧壁钻孔机器人工作。

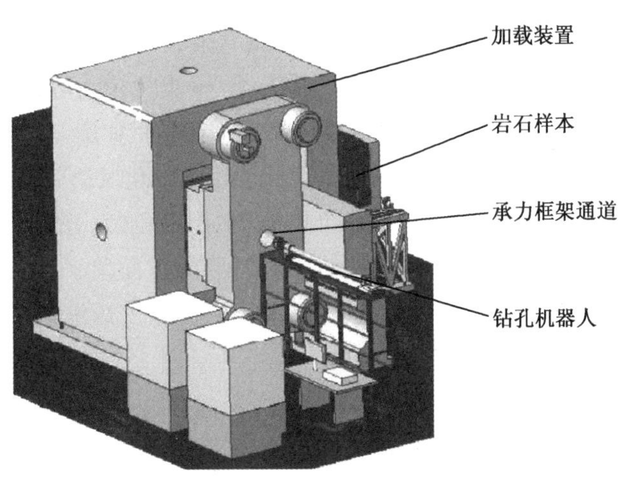

图2-1　钻孔机器人布置图

按照小型侧壁钻孔机器人的工作原理,小型侧壁钻孔机器人主体(图 2 -2)包括钻孔机构组件、支撑组件、预留支护部件、辅助前行走组件、轴向推进行走机构、径向旋转机构、径向旋转驱动电机、行走驱动电机八个部分,整体还有控制系统和安装连接支架部分,控制系统负责控制轴向进给驱动、径向旋转驱动和钻孔机构中钻头的旋转钻进驱动。

1—钻孔机构组件;2—支撑组件;3—预留支护部件;4—辅助前行走组件;
5—轴向推进行走机构;6—径向旋转机构;7—径向旋转驱动电机;8—行走驱动电机。

图 2 -2 小型侧壁钻孔机器人组成

2.2 小型钻孔机器人国内外相关研究现状分析

国外在锚杆钻机的研制和应用方面起步较早,并逐渐将锚杆钻机应用于煤矿开采、隧道掘进等工程领域。目前以液压和气动为动力的锚杆钻机是国外的主流产品。我国锚杆钻机的研制已经起步,同时,锚杆支护技术在我国得到大力推广及应用。我国通过引进国外锚杆钻机进行再创新研究,已经形成了气、液、电三大系列。其中具有代表性的锚杆钻机有以下几种类型。

1. 气动锚杆钻机

图 2 -3(a)是由澳大利亚研制的支腿式锚杆钻机,其推进支腿主要由玻璃纤维和碳素纤维制成,在保证足够强度的同时减轻整机的质量。按驱动装置,其主要分为柱塞发动机式和齿轮发动机式两种。其具有动力源多样、质量小、输出扭矩大等特点,现在仍然是工程中较为常用的单体锚杆钻机。MQT 系列气动手持式锚杆钻机如图 2 -3(b)所示,该类锚杆钻机开发于 20 世纪 80 年代,已经在国内得到广泛应用。宣化风动工具厂 100B 系列锚杆钻机如图 2 -3(c)所示,该类钻机结构简单、价格低、钻孔直径大,但需配备大型空气压缩设备,且噪声较大,能源利用率较低。由于造价相对较低、操作简单,气动锚杆钻机仍是隧道、巷道锚杆支护钻孔作业的主流设备。因此,开发新型配套空气压缩设备、提高能源利用率、进行噪声控制,是该类锚杆钻机的发展方向。

2. 液压锚杆钻机

液压锚杆钻机也存在相似的支腿形式,驱动装置为摆线液压发动机,以矿物油为工作介质。从 20 世纪 90 年代末期开始,国内外各大公司将研发方向转向功能多样化的液压锚杆钻机,并向远程遥控、可视化、故障检测和自适应方向发展,如图 2 -3(d)和图 2 -3(e)所示。液压锚杆钻机能够通过远程无线遥控实现行走、定位等功能，具有较高的工作效率；功能完善，可实现钻、装、运、巷道修形等功能；钻孔效率高：双三角液压平动钻臂，定位可靠，钻孔效率高；钻孔范围大：能够在 35 m^3 空间内一次定位完成全断面钻孔，最大孔深可达 2.6 m。

3. 电动锚杆钻机

如图 2－3(f)所示的 MDTJ 矿用系列电动锚杆钻机仅适用于硬度较低的煤矿岩石，其电机输出特性较弱，且对电气部分的可靠性及防水性能要求较高。

(a)澳大利亚支腿式锚杆钻机

(b)MQT系列持式锚杆钻机

(c)宣化风动工具厂100B系列锚杆钻机

(d)意大利ROC T15

(e)三一重工钻机

(f)MDTJ矿用系列电动锚杆钻机

(g)Boltec MC台车式锚杆钻机

(h)Atlas Simba E6-W深孔液压采矿凿岩车

(i)湖南SWMD 150型多功能锚杆钻机

(j)徐工TZ系列液压凿岩台车

图 2－3　国内外代表性锚杆钻机

4. 多功能锚杆钻机

功能集成度高、自动化程度高的台车式锚杆钻装机(图 2－3(g)(h)(i)(j))在大型工程中得到广泛应用。此类锚杆钻车既能完成钻孔任务,又能安装锚杆,实现了锚杆支护的钻插一体化,简化了作业过程,钻机配备了具有自动打孔功能的钻机控制系统(RCS),不仅提高了精度和速度,还可提供防卡钎保护功能,提高了经济效益;并配备了 MBU 锚杆单元用于机械化安装锚杆,是集安装、更换、存储于一体的全自动锚杆存储装置。Boltec MC 台车式锚杆钻机将定位、钻孔与锚固功能集成为一体。Atlas Simba E6－W 深孔液压采矿凿岩车,可以快速完成现场定位和精准布孔;独特的液压动力锤可以大幅提升钻孔精度。该钻机适应性较强,可以根据性能、钻孔质量和经济要求来满足客户的要求,既可以人工操作,也可以实现远程遥控操作。湖南 SWMD 150 型多功能锚杆钻机,可实现顶驱冲击、钻杆自行装卸、直控及遥控操作,以及搭载辅助配置。徐工 TZ 系列液压凿岩台车,三臂可同时钻孔凿岩作业,覆盖范围大。

综上所述,国内外锚杆钻机将向精度高、功能集成度高、自动化程度高、可视化程度高的方向发展。小型侧壁钻孔机器人可以借鉴国内钻机的功能,实现在实验室环境下,对岩石侧壁钻进的作业,为小型的锚杆施工做准备。由于环境模拟实验室空间小,钻孔作业比较困难,同时实验室的钻孔直径也比较小,故选择电机驱动。

2.3 小型侧壁钻孔机器人总体结构设计

深部岩石加载装置是深部巷道/隧道物理模拟试验系统最重要的组成部分之一,主要用于为岩石模型提供加载力,实现在实验室环境中准确模拟深部岩石的初始应力场。

2.3.1 小型侧壁钻孔机器人的设计要求

小型侧壁钻孔机器人的钻进工作,要求在直径 200 mm 的岩孔壁径向打孔,定位要准确,钻孔过程要稳定,并且要实现半自动化和可视化操控。如图 2－4 所示,机器人沿着隧道轴线前进,在隧道周向任意角度钻锚杆孔,为后续的锚杆插入做准备,具体要求指标见表 2－1。

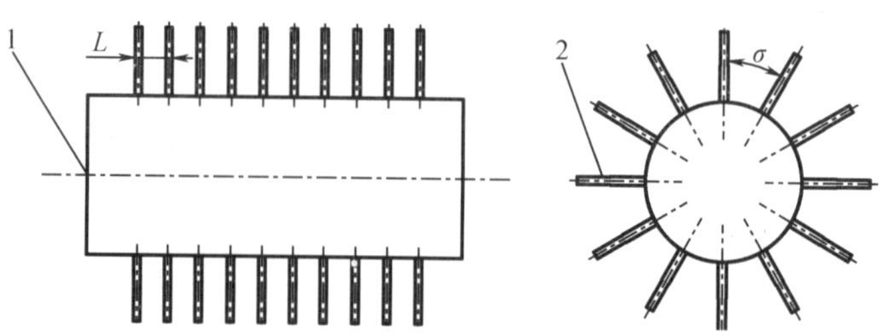

1—隧道轴线;2—锚杆孔。

图 2－4 技术要求示意图

表2-1　钻孔机器人技术要求

属性	数值
钻头直径 ϕ/mm	2 ~ 6
角度 σ/(°)	0 ~ 360
锚孔间距 L/mm	15 ~ 20
钻孔深度 H/mm	90

基于钻孔机器人的技术要求，通过对比国内外的钻孔机构，结合隧道岩孔壁的尺寸和岩石的特性，要求设计出一套能够在隧道内壁任意位置钻孔的机械装置。由于钻孔深度较深，且孔的直径很小，又是在小孔径岩孔内壁钻孔，针对这些特殊性，对其定位误差和钻孔稳定性要求较高，因此，研究隧道支护钻孔机器人的结构设计的同时，对其定位误差和钻孔过程的稳定性进行分析，利用得到的数据进行钻孔机器人关键部位优化。钻孔机器人因其工作环境空间狭小，所钻锚杆孔细长，而在现实工况中，岩石的粗糙度未知，并且起伏不平，因此要求整个结构具有一定的适应能力。

2.3.2　小型侧壁钻孔机器人的结构设计

在满足机器人工况的前提下，结合相关技术要求，在关键结构的设计中，应该考虑以下几点：

(1)岩孔直径仅为200 mm，钻孔机器人的径向尺寸受到限制，深度达到2 m（承力框架通道1 m + 岩孔深度1 m），如何实现轴向行走及定位；

(2)在轴向行走的同时，还要进行周向360°钻孔，主轴采用何种形式能同时实现直线运动和旋转运动；

(3)钻孔深度要达到90 mm，如何实现径向进给及转速匹配，分别采用何种驱动方式；

(4)由于钻孔机器人主轴较长，选用何种行走机构和支撑机构。

选用直径为2 ~ 6 mm的硬质合金钻头钻削，为保障试验安全，在确定机器人能够完成钻孔支护任务之前，初步选择石膏作为试验材料。在验证机器人的平稳性后选择人造岩石、人造大理石作为试验材料；而钻头直径分别为3 mm、4 mm、6 mm。三种试验材料中的石膏及人造岩石，根据材料的力学性能的相似性及实际经验选择切削速度及进给量。

钻孔机器人所需要钻进的工作表面圆柱面属于对称圆弧凹面，即不规则表面。经过初步选择及计算后得到三种材料对应的参考进给量及切削速度为石膏 f_1 = 0.05 mm/r，v_1 = 30 m/min；人造岩石 f_1 = 0.03 mm/r，v_1 = 25 m/min；人造大理石 f_1 = 0.02 mm/r，v_1 = 6 m/min。

1. 轴向行走及径向进给机构选型设计

常用直线运动机构及附件包括丝杠螺母副、齿轮齿条、曲柄滑块、滑动汽缸等。由于钻孔机器人的有效行程至少为2 m，滑动汽缸行程受限，故被排除。直线导轨通常与丝杠螺母副、齿轮齿条配合使用，起到支撑和导向的作用。对比丝杠螺母副和齿轮齿条二者的特点可以发现:行程方面,齿轮齿条传动行程可实现无限长度对接延续,丝杠螺母副水平传动时,当支承跨距达到一定距离后,要考虑临界转速和自重下垂变形,所以传动长度不可过大,故二者皆可满足 2 m 的有效行程。精度方面,丝杠螺母副的传动精度要高于齿轮齿条。承载能力方面,齿轮齿条传动承载能力要高于丝杠螺母副,钻孔机器人质量约为 100 kg,由于存在其他支撑机构,故二者均有足够的承载能力。其他方面,若加工和装配精度不够高,齿轮齿条传动磨损和噪声就会较大,且齿轮齿条不能实现自锁,还需其他自锁机构,使结构更加复杂。综合以上四点,在能够实现技术要求的前提下,丝杠螺母副传动精度更高,可靠性更好,故轴向行走机构采用水平安装,丝杠转动 - 螺母移动型丝杠螺母副,步进电机通过联轴器直接与丝杠连接,如图 2 - 5 所示。

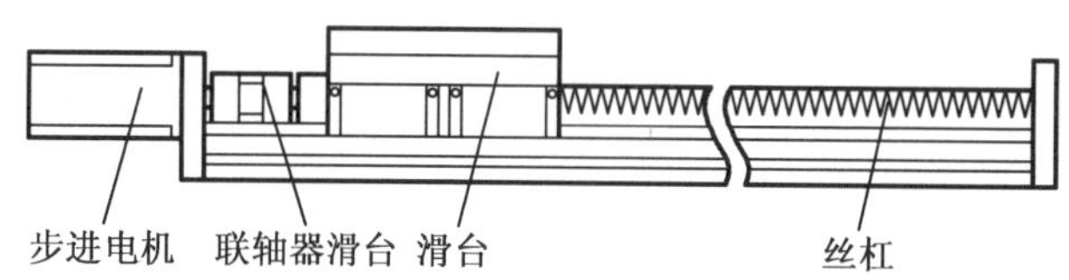

图 2 - 5　轴向行走机构

2. 径向进给及钻头机构

径向进给机构无论是在行程还是在承载能力方面都远小于轴向行走机构,且对于精度也有一定的要求,故径向进给机构也采用丝杠螺母副。考虑径向尺寸限制,步进电机与丝杠并排布置,采用一级减速齿轮传动,采用相同的方式对直流无刷电机和钻头部分进行布置,如图 2 - 6 所示。

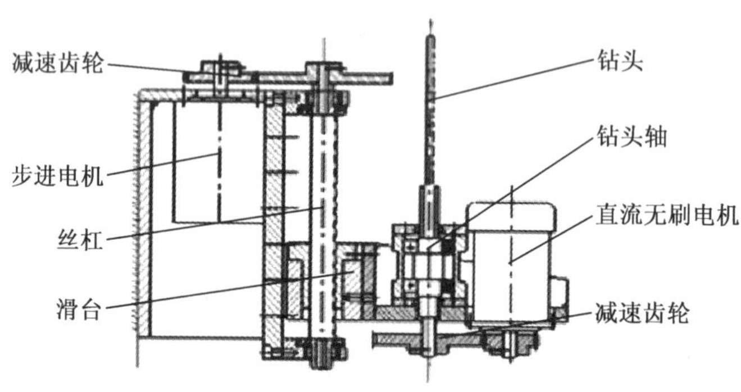

图 2 - 6　径向进给机构

3. 移动支撑机构设计

在进行钻孔作业之前,需要进行定位,由轴向行走运动和周向旋转运动两个动作完成。因此,需要设计一种行走机构将移动和支撑结合起来,以满足运动要求。行走机构一般分为主动式和被动式两种,两种方式各有利弊。主动式行走机构将动力直接与轮子或履带相连,具有行程大、自主性强的优点,但其负载能力较小,定位精度较难保证。而被动式行走机构将动力置于外部,依靠驱动丝杠滑台实现轴向行走运动,轮子随机身同步运动,仅起到支撑的作用。丝杠滑台定位精度较高，承载能力较大，但行程受限，不宜过长。钻孔机器人对定位精度有要求较高，丝杠完全可以满足2 m的行程要求，且自重以及在钻孔过程中的径向力负载较大。综合以上几点考虑，选择被动式行走机构。被动式行走机构有以下两种方案可供参考选择：一是牛眼轮式，二是单向轮式。对比上述方案可以发现，轮轴一体式和分离式主要的区别就在于在主轴旋转过程中，轮子是否随之转动。其中，轮轴一体式中的牛眼轮会与岩孔内壁直接发生摩擦，且无法润滑；轮轴分离式中由于轴承的存在，单向轮无须旋转，摩擦仅发生在轴承内部。金属与岩石的摩擦系数为0.3~0.4，角接触球轴承的摩擦系数仅为0.001 2~0.002，远小于金属与岩石的摩擦系数。因此，选择轮轴分离式移动支撑方案可大幅度减小用于克服主轴旋转摩擦负载所需的扭矩，为主轴旋转电机的选型提供更多选择，减轻钻孔机器人质量，降低成本。综上，选择轮轴分离式移动支撑，如图2-7所示。

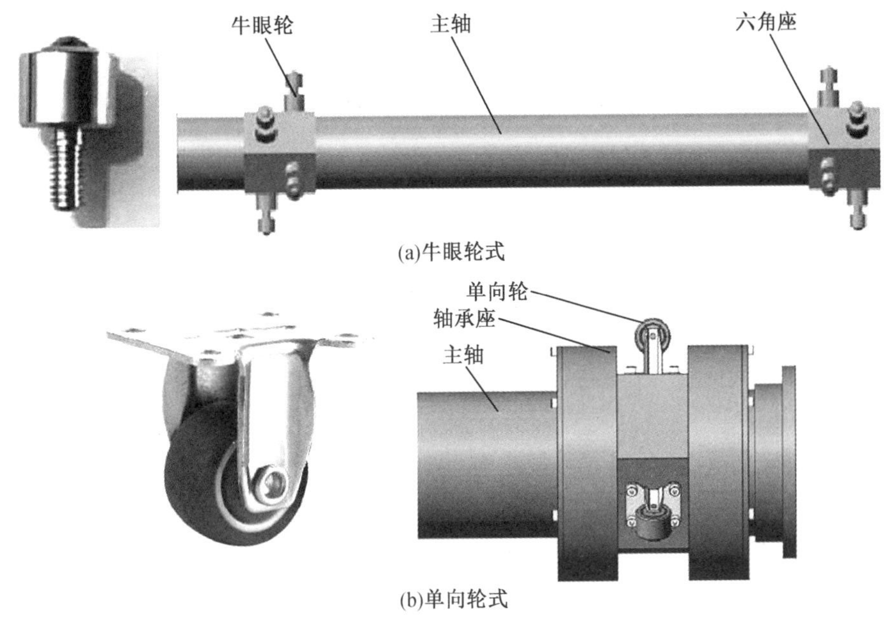

(a)牛眼轮式

(b)单向轮式

图2-7　移动机构设计

综合岩孔侧壁钻孔机器人的工况及各关键部分的结构设计，给出整体设计及其整机的三维模型，如图2-8所示。

4. 轴向行走电机选型设计

岩孔侧壁钻孔机器人各零件的主要材料为不锈钢，经估算，主轴及其附件质量约为38 kg，钻头部分质量约为12 kg。固定支撑的存在是为了提高主轴的刚度，防止主轴产生较大变形影响钻孔质量，以及起到导向的作用，此时固定支撑为多余约束，固定支撑竖直方向的支反力为多余约束力，因此主轴处于超静定状态。由此可得出主轴竖直方向的受力情况，如图2-9所示，下标a、b、c分别表示滑台支撑、固定支撑及移动支撑位置。

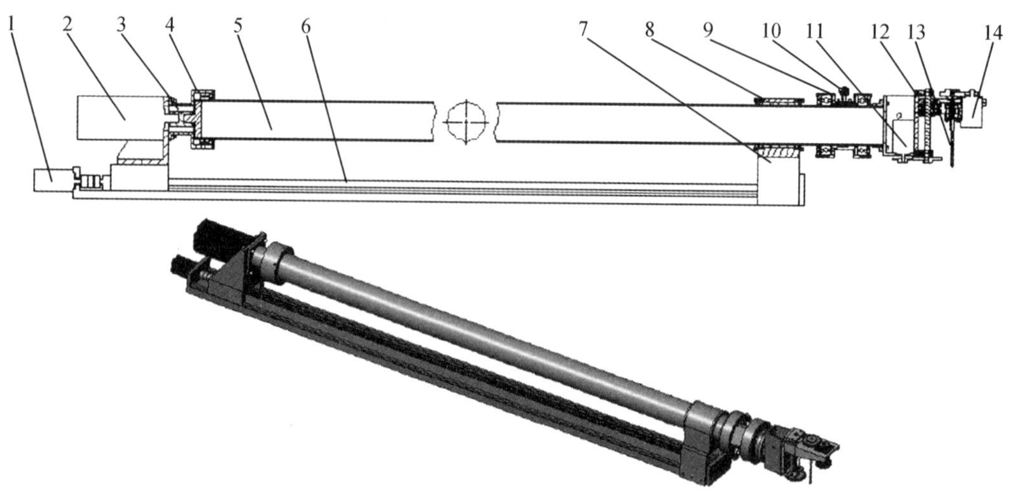

1—轴向行走电机;2—旋转电机;3—联轴器;4—滑台轴承座;5—主轴;6—轴向行走丝杠;7—固定支撑架;8—四氟乙烯套;9—移动轴承座;10—单向轮;11—径向进给电机;12—径向进给丝杠;13—钻头;14—钻头电机。

图 2－8　小型侧壁钻孔机器人结构图

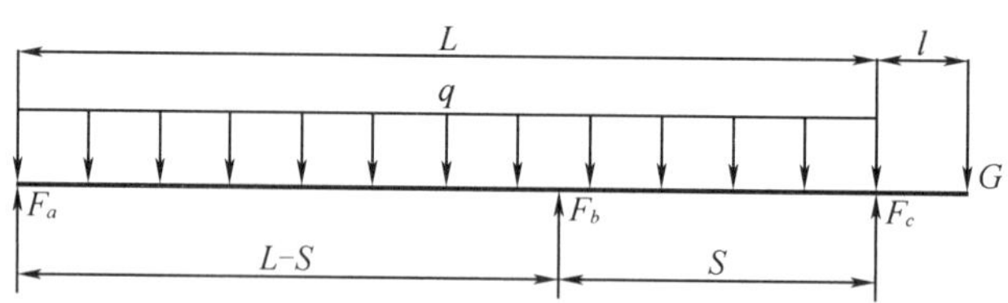

图 2－9　主轴竖直方向受力图

在进行轴向行走运动时,竖直方向受到钻头部分的重力、机身的重力,以及滑台支撑、固定支撑、移动支撑三个支反力。可以将主轴视为一根梁,利用工程中较为常见的叠加法计算简单载荷作用下梁的位移,列出力平衡方程。

竖直方向的力平衡方程为

$$F_a + F_b + F_c = qL + G$$

$$\sum M_a = 0 : q\frac{L^2}{2} + G(L + l) - F_b S - F_c L = 0$$

$$\sum f_b = 0 : \frac{qL^3}{24EI} - \frac{F_b S(L - S)(L + S)}{6EIL} - \frac{GLl}{3EI} = 0$$

$$\sum M_c = 0 : F_a L + F_b(L - S) + Gl - q\frac{L^2}{2} = 0 \tag{2-1}$$

式中　M_a——滑台支撑处的弯矩;

f_b——固定支撑处竖直方向的挠度;

M_c——移动支撑处的弯矩;

F_a——滑台支撑处的支反力,N;

F_b——固定支撑处的支反力,N;

F_c——移动支撑处的支反力,N;

E——主轴的弹性模量，取 210 GPa；

I——主轴的惯性矩，$I=\dfrac{\pi(D^4-d^4)}{64}$，$D$ 为主轴外径，d 为主轴内径；

G——钻头部分重力，取 120 N；

q——主轴及附件重力分布力，取 160 N/m；

L——主轴长，取 2.4 m；

S——移动支撑与固定支撑间的距离，$0.2\ \text{m}\leqslant S\leqslant 2.24\ \text{m}$；

l——钻头部分质心与移动支撑间的距离，取 0.25 m。

由上式推出

$$F_b=\frac{qL^4-8GL^2l}{4S(L^2-S^2)}=\frac{3\ 926.016}{4S(5.76-S^2)}F_a=179.5-\frac{2.4-S}{2.4}$$

$$F_b=179.5-\frac{1\ 635.84}{4S^2+9.6S}$$

$$F_c=324.5-\frac{S}{2.4}F_b=324.5-\frac{1\ 635.84}{23.04-4S^2}$$

由此可得出各支撑位置的支反力 F_a、F_b、F_c 和移动支撑与固定支撑间的距离 S 之间的关系曲线，如图 2-10 所示。

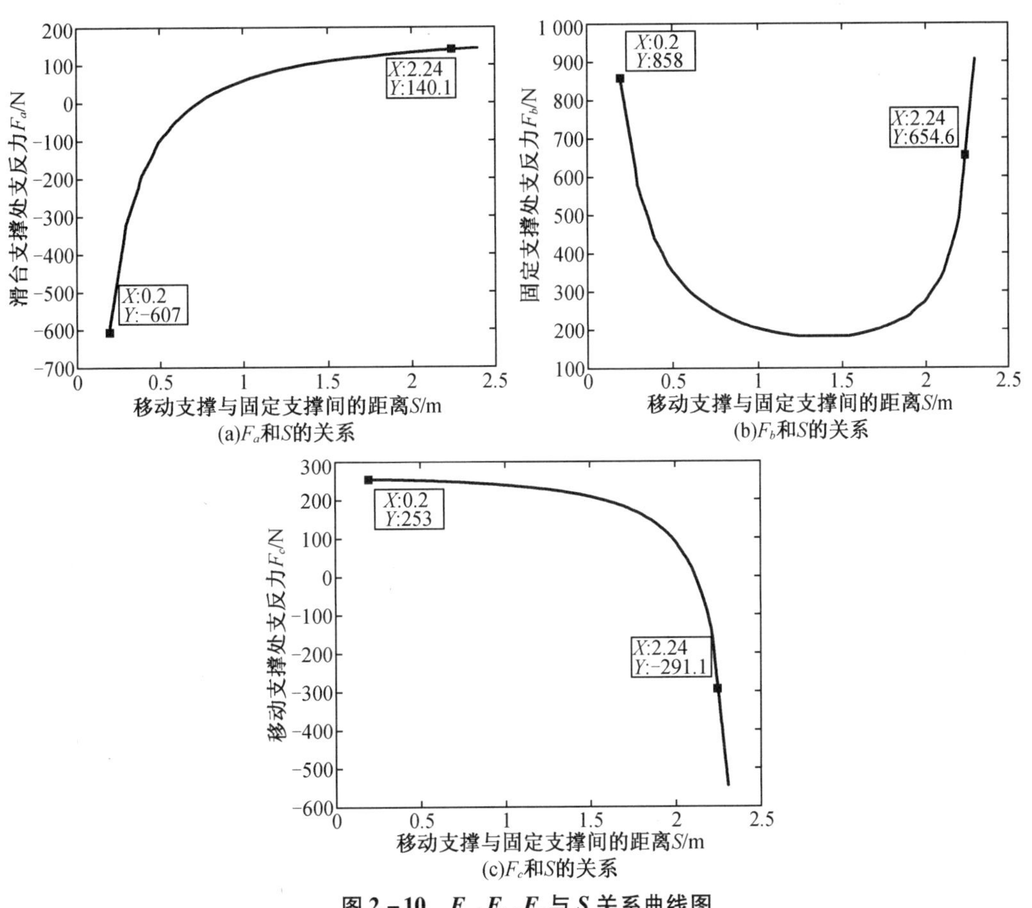

(a)F_a和S的关系

(b)F_b和S的关系

(c)F_c和S的关系

图 2-10 F_a、F_b、F_c与 S 关系曲线图

由图 2－10(a)可以看出，进给至终止位置时，滑台支撑处方向向上的支反力最大，为 $F_{a\max}=140.1$ N，轴向行走丝杠滑轨摩擦负载 F_{w1} 为

$$F_{w1}=\mu_1(F_a+G_m) \tag{2-2}$$

式中　F_{w1}——滑轨摩擦负载；

G_m——主轴旋转电机、电机架及滑台重力，取 240 N；

μ_1——直线轴承摩擦系数，取 0.05。

由图 2－10(b)可以看出，处于初始位置时，固定支撑处的支反力最大，$F_{b\max}=858$ N。在加工和装配过程中，滑台支撑轴承座和固定支撑轴承座的同轴度会存在微小的误差，这是不可避免的，但对主轴造成的影响是不可忽视的，同轴度误差产生的阻力需要加以考虑，假设滑台支撑轴承座和固定支撑轴承座在水平方向存在 0.05 mm 的误差，则主轴在水平方向的受力如图 2－11 所示。

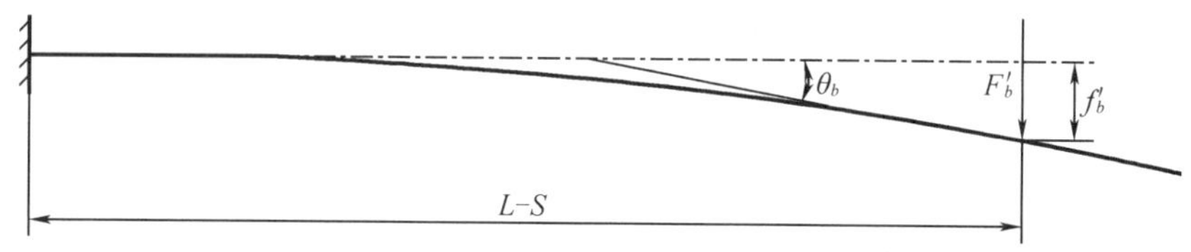

图 2－11　固定支撑水平受力

此时，主轴在 $L-S$ 处受到固定支撑轴承座的水平压力 F，发生 $f_b=0.05$ mm 的变形，根据简单载荷作用下梁的位移可得

$$f'_b=\frac{F'_b(L-S)^3}{3EI} \tag{2-3}$$

$$\theta_b=\frac{F'_b(L-S)^2}{2EI} \tag{2-4}$$

式中　F'_b——固定支撑处的水平压力，N。

从图 2－12(a)可以看出，轴向行走至移动支撑与固定支撑间的距离大于 2 m 后，水平方向的压力急剧增大，进给至最终位置时，固定支撑处的水平压力最大，$F'_{b\max}=5\ 685$ N。得出固定支撑处的压力与 S 的关系曲线如图 2－12(b)所示，从图中可以看出，轴向行走至最终位置时，固定支撑处的压力最大，$F''_{b\max}=5\ 739$ N。

由式(2－4)中可知，进给至最终位置时，$\theta_b=4.686\times10^{-4}$，压力沿主轴方向的分力为 $F''_{b\max}\sin\theta_b$ 可忽略不计，$F''_{b\max}$ 可近似为接触面的正压力 $F''_{b\max}\cos\theta_b$，故主轴与固定支撑的摩擦负载 F_{w2} 为

$$F_{w2}=\mu_2F''_b$$

式中　μ_2——聚四氟乙烯套摩擦系数，取 0.05；

F''_b——固定支撑处的压力；

F_{w2}——固定支撑摩擦负载。

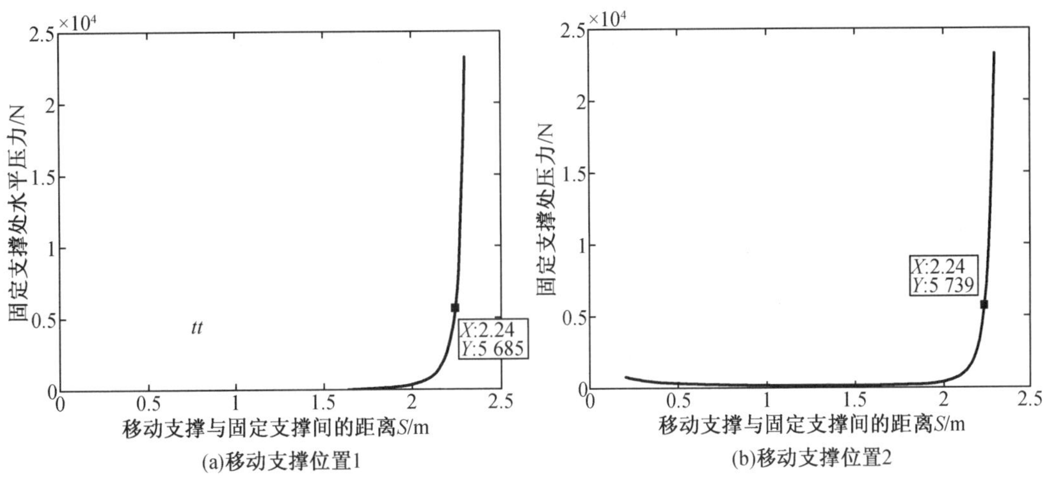

图 2-12 固定支撑处水平压力与 S 关系曲线图

进给至终止位置时，移动支撑的支反力最大，$F_{cmax}=291.1$ N。由于岩孔内壁较为粗糙，选用的单向轮为钢制轮毂外附着一层 3 mm 厚的橡胶，查阅手册可知，其与实心橡胶轮胎和泥土路面滚动摩擦相似，摩擦系数为 0.22 ~ 0.3，所以在进给过程中，移动支撑与岩孔内壁的摩擦负载 F_{w3} 为

$$F_{w3}=\mu_3 F_c$$

式中 μ_3——岩孔滚动摩擦系数，取 0.3。

可得进给过程中的摩擦负载 F_w 与 S 的关系，如图 2-13 所示。

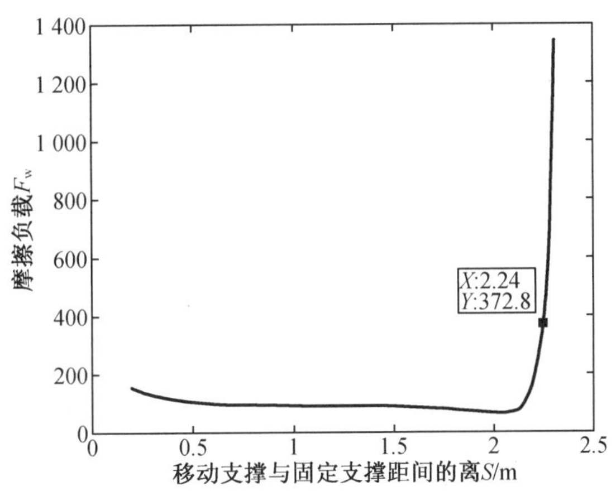

图 2-13 F_w 与 S 关系曲线图

可以看出，轴向行走至移动支撑与固定支撑距离大于 2 m 后，摩擦负载急剧增大，轴向行走的定位不仅关系到钻孔位置的准确性，同时还关系到轴向行走过程及主轴旋转的负载变化情况，故必须保证足够的定位精度。在匀速进给过程中，将各负载最大值折算到电机轴上，轴向行走至任意位置，电机的负载力矩均能满足要求，电机轴上的负载力矩 T_m 为

$$\boldsymbol{T}_m=\frac{1}{i}\frac{s}{2\pi}(F_w+G_m) \tag{2-5}$$

式中 i——传动比，取 1；

s——轴向行走丝杠导程，$s = np$，n 为丝杠线数，取 2，p 为螺距，取 0.005 m；

F_w——摩擦负载，$F_w = F_{w1} + F_{w2} + F_{w3}$。

轴向行走电机轴转速 n 为

$$n = i\frac{v}{s}$$

式中 v——轴向行走最大线速度，取 0.025 m/s。

在轴向行走电机启动过程中，负载质量最大为 $m_1 = (F_{amax} + G_m)/g = 38$ kg，则折算到电机轴上的负载惯量 J_1 为

$$J_1 = m_1\left(\frac{s}{2\pi}\right)^2$$

将轴向行走丝杠近似为直径 $d = 20$ mm，长 $l = 2$ m 的不锈钢圆柱体，其转动惯量 $J_2 = 2.48 \times 10^{-4}$ kg·m²，则轴向行走电机的启动力矩 T_a 为

$$T_a = (J_1 + J_2)\frac{n \cdot 2\pi}{60t_a}$$

式中 t_a——加速时间，取 0.1 s。

故轴向行走步进电机所需总力矩 T 为

$$T = T_m + T_a = 0.98\ \text{N} \cdot \text{m}$$

通过查阅步进电机说明书，J－5718HB4401 步进电机的矩频特性如图 2－14 所示，在电机转速达到 150 r/min 时，其扭矩约为 1.9 N·m，大于 $T = 0.98$ N·m，满足此工况下的使用要求。

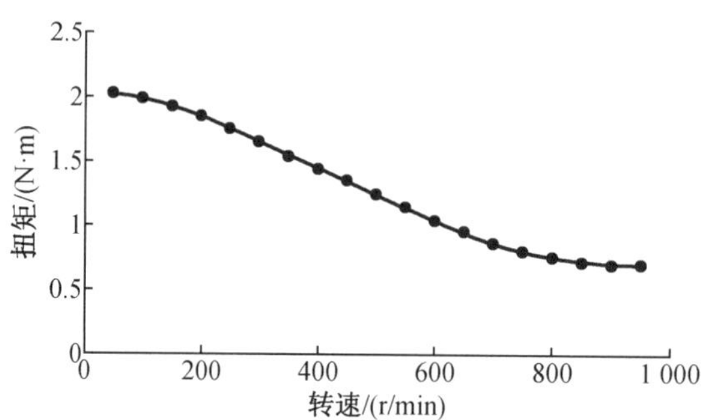

图 2－14　J－5718HB4401 步进电机转速—扭矩图

5. 旋转电机选型设计

旋转电机扭矩主要用于提供主轴的启动力矩，克服主轴与滑台支撑、移动支撑结构中滚动轴承和固定支撑结构中聚四氟乙烯套的滑动摩擦力矩，以及主轴、各支撑结构在加工装配过程中同轴度的误差产生的阻力。

滚动轴承摩擦力矩 Harris 经验计算公式如下：

$$M = f_1 P d_m + 1.42 \times 10^{-5} f_0 (rn)^{\frac{2}{3}} d_m^3 \tag{2-6}$$

式中 M——摩擦力矩，N·mm；

f_1——轴承载荷及形式系数，取 0.6×10^{-3}；

P——轴承当量载荷，N；

d_m——钢球中心圆直径，取 140 mm；

f_0——润滑方式系数，取 0.3×10^{-2}；

r——润滑油的运动黏度，取 60 mm²/s；

n——轴承转速，取 1 r/s。

根据式(2-6)计算得

$$M_1=f_1F_{a\max}d_m+1.42\times10^{-5}f_0(rn)^{\frac{2}{3}}d_m^3=52.8\ \text{N}\cdot\text{mm}$$

$$M_2=F_{w2}\cdot\frac{d}{2}=14\ 347.5\ \text{N}\cdot\text{mm}$$

$$M_3=f_1F_{c\max}d_m+1.42\times10^{-5}f_0(rn)^{\frac{2}{3}}d_m^3=26.3\ \text{N}\cdot\text{mm}$$

$$M_{摩}=M_1+M_2+M_3=14.45\ \text{N}\cdot\text{m}$$

式中　M_1——滑台支撑滚动轴承摩擦力矩，N·mm；

M_2——固定支撑滑动摩擦力矩，N·mm；

M_3——移动支撑滚动轴承摩擦力矩，N·mm；

$M_{摩}$——总摩擦力矩，N·m。

轴向行走至任意位置，摩擦力矩都不会大于 $M_{摩}$。主轴工作时转速为 60 r/min，由于每次转过的角度较小，用时较短，所以令主轴启动 0.1 s 后达到指定转速，启动力矩 $M_{启}$ 为

$$M_{启}=J\beta \tag{2-7}$$

式中　J——主轴及头部转动惯量，取 0.21 kg·m²；

β——角加速度，取 20π rad/s²。

主轴旋转所需力矩 $M_{转}$ 为

$$M_{转}=M_{摩}+M_{启} \tag{2-8}$$

由步进电机说明书及 130BYG350C 步进电机的矩频特性曲线（图 2-15）可知，在转速低于 200 r/min 时，输出扭矩接近其保持扭矩，高于 200 r/min 时，输出扭矩迅速减小。故主轴以 60 r/min 工作转速旋转时，步进电机扭矩约为 35 N·m，大于 $M_{转}$=27.64 N·m，满足此工况下的使用要求。

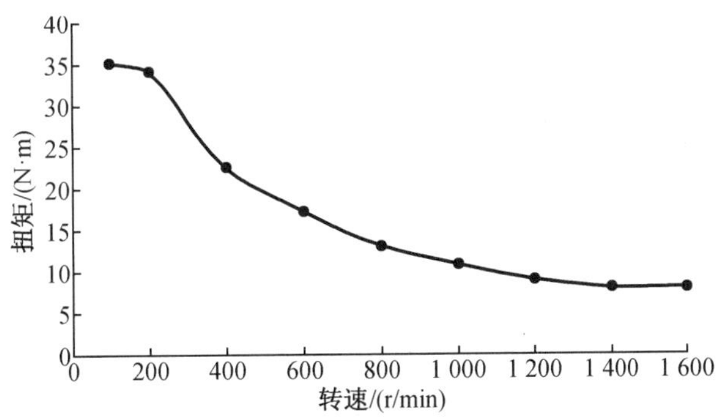

图 2-15　130BYG350C 步进电机的矩频特性曲线

6. 径向进给电机选型设计

旋转电机参数关系到钻头的转速和扭矩，径向进给电机和丝杠关系到钻头的径向进给量，影响钻削的稳定性，关系到钻头的使用寿命以及钻孔的质量和效率。钻头转速和进给量选取过小，会增加钻孔时间，降低钻孔效率；钻头转速和进给量选取过大，会加剧钻头的磨损，甚至造成钻头折断。由于没有冷却系统，切削用量的选取更要谨慎，小型钻孔设备钻头直径要小，转速要快，进给量要小，否则容易折断钻头。一旦发生钻头折断，由于钻孔位置和工作环境的限制，很难将钻头取出，不仅会影响某一个孔的钻削，而且可能会阻碍钻孔机器人的轴向行走，严重影响工作效率，增加试验成本。

对钻头旋转电机进行选型，需要考虑钻削材料的切削速度，见表 2－2。

表 2－2　非金属材料的切削速度

钻削材料	切削速度/(m/min)
硬质纤维	80～150
热固性纤维	60～90
玻璃纤维复合材料	198
塑料	30～60
贝壳	30～60
软大理石	20～50
硬大理石	4.5～7.5

根据表 2－2，切削速度取 25 m/min。钻头旋转电机的转速 n 为

$$n=\frac{1\ 000v}{\pi d} \tag{2-9}$$

式中　v——切削速度，取 25 m/min；

d——钻头直径，取 6 mm。

综合考虑岩孔的空间尺寸限制，钻头旋转电机与钻头无法采用多级齿轮传动，且传动比不宜过大，预设传动比 $i_1=2$，$n=1\ 327$ r/min，则钻头旋转电机转速约为 2 650 r/min。钻头旋转电机参数见表 2－3。

表 2－3　钻头旋转电机参数

电机型号	额定转速/(r/min)	额定扭矩/(N·m)	额定电压/V	额定功率/W
57BL70－336	3 000	0.4	36	145

钻头切削扭矩 M 计算公式如下：

$$M=9.81C_M d^2 f^{0.8} k_M \tag{2-10}$$

式中　C_M——钻削扭矩系数，取 0.021；

f——每转进给量，mm/r；

k_M——修正系数，取0.75。

由表2-3可知

$$M = M' i_1 / S \tag{2-11}$$

式中　M'——钻头旋转电机额定扭矩，取0.4 N·m；

S——安全系数，取1.6。

将式(2-11)代入式(2-10)可得

$$f = \left(\frac{M' i_1 / S}{9.81 C_M d^2 k_M}\right)^{\frac{1}{0.8}} \tag{2-12}$$

钻头最大进给量 $V_{\max}$ 为

$$V_{\max} = nf \tag{2-13}$$

查阅相关电机说明书可知，57BL70-336步进电机在转速约为50 r/min时，扭矩最大，达到额定扭矩。此时丝杠导程 P_h 为

$$P_h \geqslant V_{\max} i_2 / n_f \tag{2-14}$$

式中　i_2——电机到丝杠的传动比，取2；

n_f——扭矩最大时的电机转速，取50 r/min。

在钻孔过程中，岩体承受切削力的同时，钻头也会承受反作用力，轴向力(反作用力) F 为

$$F = 9.81 C_F d f^{0.8} k_F \tag{2-15}$$

式中　F——钻头承受的轴向力，N；

C_F——钻削轴向力系数，取42.7；

k_F——修正系数，取0.75。

丝杠滑台及其各部件的重力 $G_1 = 42$ N，丝杠承受的最大轴向力 $F_{\max}$ 为

$$F_{\max} = F + G_1 = 211.4 \text{ N}$$

丝杠额定动载荷 C_{am} 为

$$C_{am} = \frac{f_w F_{\max} (60 n_f L_h)^{\frac{1}{3}}}{100 f_a f_c} \tag{2-16}$$

式中　f_w——载荷性质系数，取1.5；

L_h——预期工作寿命，取7 500 h；

f_a——精度系数，取0.9；

f_c——可靠系数，取0.62。

根据上述计算结果及常用丝杠型号，选出丝杠型号，见表2-4。

表2-4　丝杠参数

丝杠型号	公称直径/mm	丝杠导程/mm	额定动载荷/N
SFU1604-3	16	4	4 350

已知丝杠上的负载及运动参数，考虑空间结构，采用与轴向行走运动电机选型相似的方法即可对径向进给电机进项选型，最终选择 J－5718HB5402 步进电机，保持扭矩为 3.1 N·m。由式(2－15)可知，钻头在钻孔过程中会受到轴向力，从而产生脱离岩体的运动趋势，为了能够保证钻头与岩体充分接触，丝杠必须提供足够的轴向推力。根据螺旋副受力情况可得

$$F_{\mathrm{T}}=\frac{2M_1}{d_1\tan(A+B)} \tag{2-17}$$

式中 F_{T}——丝杠产生的推力；

M_1——丝杠承受的扭矩，取 6.2×10^3 N·mm；

d_1——丝杠中径，取 14 mm；

A——螺纹升角；

B——当量摩擦角。

由于滚珠丝杠的摩擦系数很小，故当量摩擦角 $B=\arctan f$ 可以忽略不计，将式(2－17)分子分母同乘 2π 可得

$$F_{\mathrm{T}}=\frac{2\pi M_1}{2\pi d_1\tan A}=\frac{2\pi M_1}{P_{\mathrm{h}}} \tag{2-18}$$

从式(2－18)可以看出，丝杠产生的推力仅与承受的扭矩和导程有关，$F_{\mathrm{T}}=9\ 739$ N，远大于最大轴向力，能够使钻头与岩体充分接触，保证钻进切削持续进行。

2.4 小型侧壁钻孔机器人分析

运动学分析是特种作业机器人研究中的重要内容，主要研究其动态性能。运动学分析可分为正向运动学分析和逆向运动学分析两个方面。根据总体结构设计及钻孔机器人的工况，可以准确描述出机器人的工作过程，通过对机器人进行正向运动学分析和逆向运动学分析，验证机器人是否能够按照技术要求完成钻孔。通过静力学分析，验证主轴的刚度和强度能否满足要求。在进给和钻孔过程中，机器人会产生振动，为了避免共振的发生，对各关键部件的固有特性和临界转速进行分析是非常有必要的。

小型钻孔机器人的工作过程主要分为 5 个步骤：

(1)轴向行走运动：启动轴向行走电机，驱动轴向行走丝杠转动，丝杠螺母副将旋转运动转化为大丝杠滑台的轴向直线运动，实现整机的轴向行走及定位。

(2)周向旋转运动：启动主轴旋转电机，主轴旋转电机通过联轴器直接与主轴相连，在保证滑台支撑、固定支撑、移动支撑三者同轴度的情况下，主轴旋转电机带动主轴进行旋转运动，在指定角度实现定位。

(3)钻头旋转运动：启动钻头旋转电机，通过一级减速齿轮带动钻头旋转。

(4)径向进给运动：启动径向进给电机，通过一级减速齿轮带动径向进给丝杠旋转，丝

杠螺母副将旋转运动转化为小丝杠滑台的径向直线运动，钻头及其附件固定于小丝杠滑台上，实现钻头的径向进给。

(5) 回退运动：完成钻孔后，按照上述步骤相反的顺序，除钻头旋转电机外，各电机反转，实现回退。

2.4.1 小型侧壁钻孔机器人的末端可达空间

建立机器人钻头尖点运动简图，按照具体参数，关节 $\theta_0=0°\sim360°$，坐标原点距离 $d_1=2\ 000$ mm，坐标原点水平距离 $d_2=400$ mm，坐标原点到钻头端部距离 $d_3=99$ mm，理论上可确定运动学规律，获得尖点可达空间。机构运动坐标如图 2-16 所示。

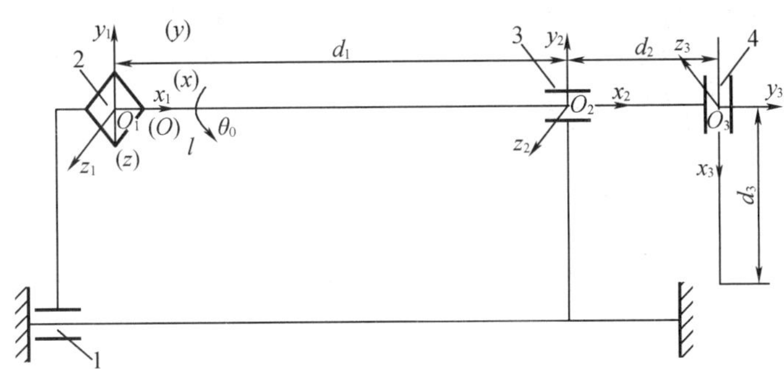

图 2-16 机构运动坐标

设钻头尖部所能到达的空间点位置在局部坐标系 $O_3-x_3y_3z_3$ 中的坐标为 $\boldsymbol{P}_3=(x_3,0,z_3)^{\mathrm{T}}$，则它在固定坐标系中的表示为

$$\begin{bmatrix}\boldsymbol{P}\\1\end{bmatrix}={}_1^0\boldsymbol{T}{}_2^1\boldsymbol{T}{}_3^2\boldsymbol{T}\begin{bmatrix}{}^3\boldsymbol{P}\\1\end{bmatrix}=\begin{bmatrix}l+d_1+d_2\\-x_3\cos\theta_0-z_3\sin\theta_0\\-x_3\sin\theta_0+z_3\cos\theta_0\end{bmatrix}\tag{2-19}$$

式中 l——$O_1-x_1y_1z_1$ 坐标沿固定坐标系 x 轴移动量，$0\ \mathrm{mm}\leqslant l\leqslant 2\ 000\ \mathrm{mm}$；

$${}_1^0\boldsymbol{T}=\begin{bmatrix}1&0&0&l\\0&\cos\theta_0&-\sin\theta_0&0\\0&\sin\theta_0&\cos\theta_0&0\\0&0&0&1\end{bmatrix};\quad {}_2^1\boldsymbol{T}=\begin{bmatrix}1&0&0&d_1\\0&1&0&0\\0&0&1&0\\0&0&0&1\end{bmatrix};\quad {}_3^2\boldsymbol{T}=\begin{bmatrix}0&1&0&d_2\\-1&0&0&0\\0&0&1&0\\0&0&0&1\end{bmatrix}$$

钻头尖部 ${}^3P$ 点坐标分量为 $d_3\leqslant x_3\leqslant d_3+91$，即 $99\ \mathrm{mm}\leqslant x_3\leqslant 190\ \mathrm{mm}$，$\theta_0$ 的取值范围为 $0°\leqslant\theta_0\leqslant360°$。通过蒙特卡罗法求出隧道支护钻孔机器人的工作空间，得出钻头的可达工作空间如图 2-17 所示。理论上钻头可以实现锚杆安装孔的钻孔位置和孔洞空间要求，但是实际钻进时，其钻孔的质量会受到各种因素的影响。

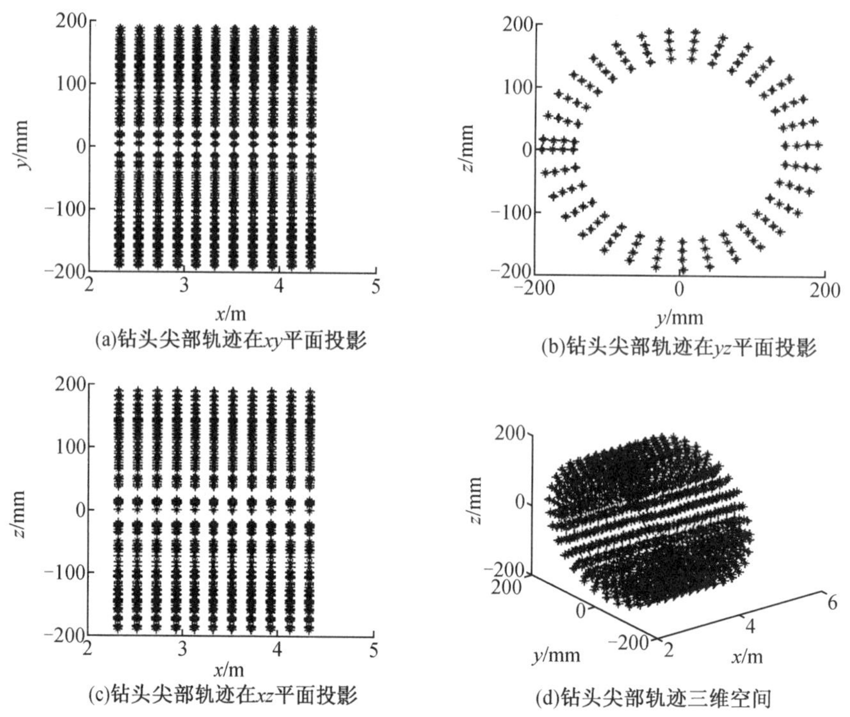

(a)钻头尖部轨迹在xy平面投影　(b)钻头尖部轨迹在yz平面投影

(c)钻头尖部轨迹在xz平面投影　(d)钻头尖部轨迹三维空间

图 2－17　钻头的可达工作空间

2.4.2　钻孔振动力学模型分析

从力学分析角度考虑,振动是对钻孔质量影响最大的因素(管道细而长为重要原因),必须首先予以考虑。通过机器人实际振动状态分析,找出影响钻孔质量的关键因素,为控制机器人运动提供理论依据。

图 2－18(a)为支撑轮支撑着的钻孔机器人,由于整个结构基本是圆筒形不锈钢管作为主轴,所以变形量较小,可近似地把它看成刚体,结合实际的装配图,机器人振动模型可为末端铰接杆机构的力学模型(图 2－18(b))。

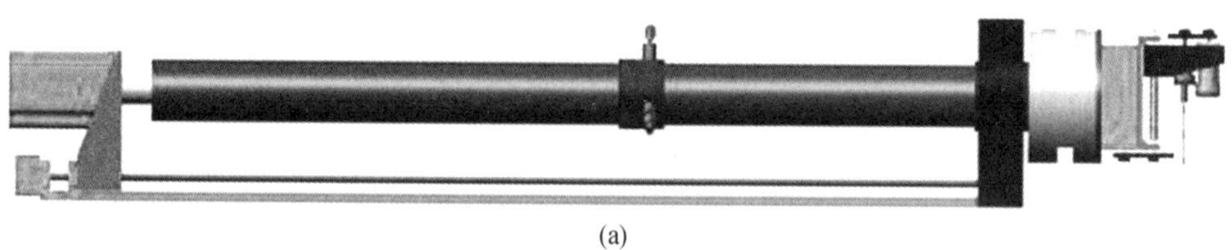

(a)

图 2－18　力学模型建立

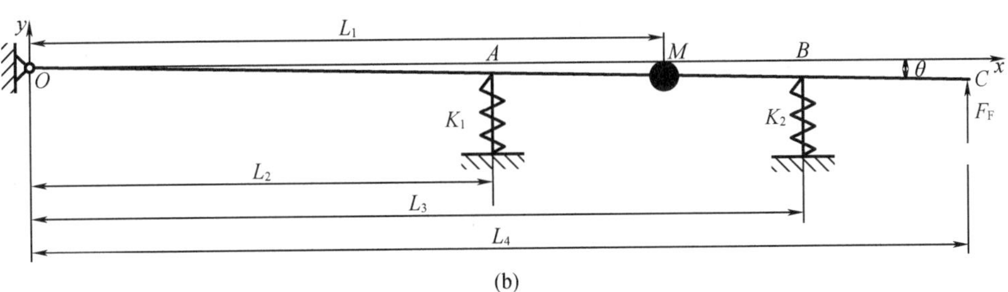

(b)

图2-18(续)

假设沿着 x 轴的水平位置为静平衡位置，钻头轴向力 F_F 是一个变力，设整个机器人绕 O 点微幅振动，并假设杆顺时针偏转了 θ，并将 θ 作为广义坐标，两个弹簧 K_1 和 K_2 对 O 的力矩为逆时针方向，力 F_F 也是逆时针方向，则可以得出

$$\begin{cases} F_1 = k_1 L_2 \sin\theta \\ F_2 = k_2 L_3 \sin\theta \end{cases} \tag{2-20}$$

式中 k_1——弹簧 K_1 的刚度，N/mm；

k_2——弹簧 K_2 的刚度，N/mm；

F_1、F_2——弹簧 K_1、K_2 的弹力，N；

θ——杆偏转角度，rad。

由式(2-20)和动量矩定理，可以得出

$$ML_1^{\ 2}\ddot{\theta} = -F_1L_2\cos\theta - F_2L_3\cos\theta - F_FL_4\cos\theta \tag{2-21}$$

钻头在工作的时候，受到岩石对它的轴向力为 F_f，F_f 不是恒定不变的，假定钻头受到的力是随时间按正弦规律变化的，即

$$F_F = F_f \cdot \sin\omega t \tag{2-22}$$

式中 F_f——计算钻头轴向力，N；

F_F——假定钻头轴向力，N；

ω——角频率，rad/s。

联立式(2-20)至式(2-22)，有

$$ML_1^{\ 2}\ddot{\theta} = -k_1L_2^{\ 2}\sin\theta\cdot\cos\theta - k_2L_3^{\ 2}\sin\theta\cdot\cos\theta - F_fL_4\sin\omega t\cdot\cos\theta \tag{2-22}$$

由于微幅振动，假设 $\sin\theta\approx\theta$，$\cos\theta\approx1$，式(2-22)可化为

$$ML_1^{\ 2}\ddot{\theta} = -k_1L_2^{\ 2}\theta - k_2L_3^{\ 2}\theta - F_fL_4\sin\omega t \tag{2-23}$$

式(2-23)为一个二阶常系数非齐次线性微分方程，将式(2-23)变换成

$$\ddot{\theta} + \left(\frac{k_1L_2^{\ 2}}{ML_1^{\ 2}} + \frac{k_2L_3^{\ 2}}{ML_1^{\ 2}}\right)\theta = -\frac{F_fL_4\sin\omega t}{ML_1^{\ 2}} \tag{2-24}$$

从式(2-24)中可以看出，这其实是一个无阻尼强迫振动方程，其对应的齐次方程为

$$\ddot{\theta} + \left(\frac{k_1L_2^{\ 2}}{ML_1^{\ 2}} + \frac{k_2L_3^{\ 2}}{ML_1^{\ 2}}\right)\theta = 0 \tag{2-25}$$

其通解为

$$\begin{cases} k = \sqrt{\dfrac{k_1 L_2{}^2}{ML_1{}^2} + \dfrac{k_2 L_3{}^2}{ML_1{}^2}} & C_1、C_2 \text{ 为任意常数} \\ \theta = C_1 \cos kt + C_2 \sin kt \end{cases} \tag{2-26}$$

式中　k——固有角频率，rad/s。

下面对式(2-26)进行 $\omega = k$ 和 $\omega \neq k$ 两种情况的分析和讨论。

(1)当 $\omega = k$ 时，可设特解为

$$\theta_2{}^* = t(a_2 \cos \omega t + b_2 \sin \omega t) \tag{2-27}$$

将式(2-27)代入式(2-26)，求得

$$\begin{cases} a_2 = \dfrac{F_f L_4}{2ML_1{}^2 k} \\ b_2 = 0 \end{cases} \tag{2-28}$$

由式(2-27)、式(2-28)得出特解：

$$\theta_2{}^* = \frac{F_f L_4}{2ML_1{}^2 k} t\cos \omega t \tag{2-29}$$

从而当 $\omega = k$ 时，式(2-24)的通解为

$$\theta = C_1 \cos kt + C_2 \sin kt + \frac{F_f L_4}{2ML_1{}^2 k} t\cos \omega t \tag{2-30}$$

式(2-30)表明，在钻孔过程中，振动由两部分组成，即自由振动和强迫振动。强迫振动振幅中的项 $t/2k$ 说明强迫振动振幅和时间成正比，会越来越大，如图 2-19 所示，发生了所谓的共振现象。共振的产生会对岩石钻孔产生严重的影响，会使钻头的寿命大为减短，甚至还会使钻头断裂，造成钻孔失败。因此，应严格控制钻头轴向力的角频率 ω 和钻孔机器人系统的固有频率 k 相同，或错开这两个频率，避免出现共振。

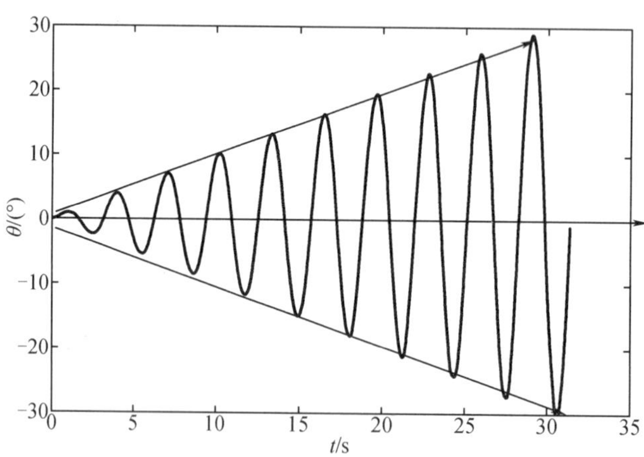

图 2-19　$\omega = k$ 时的共振

(2)当 $\omega \neq k$ 时，可设特解为

$$\theta_1{}^* = a_1 \cos \omega t + b_1 \sin \omega t \tag{2-31}$$

将式(2-31)代入式(2-15)中，求得

$$\begin{cases} a_1 = 0 \\ b_1 = -\dfrac{F_f L_4}{M{L_1}^2(k^2 - \omega^2)} \end{cases} \tag{2-32}$$

由式(2-31)、式(2-32)得出特解为

$$\theta_1{}^* = -\frac{F_f L_4}{M{L_1}^2(k^2 - w^2)} \sin \omega t \tag{2-33}$$

从而当 $\omega \neq k$ 时,式(2-15)的通解为

$$\theta = C_1 \cos kt + C_2 \sin kt - \frac{F_f L_4}{M{L_1}^2(k^2 - w^2)} \sin \omega t \tag{2-34}$$

式(2-34)表明,在钻孔过程中,振动可以看成由两部分组成,即自由振动和强迫振动,强迫振动是由岩石对钻头轴向力引起的角频率 ω。当角频率 ω 和钻孔机器人系统的固有频率 k 相差不大的时候,$1/(k^2 - \omega^2)$ 将会趋向于无穷大,会使钻头产生严重的冲击和碰撞,不仅影响钻孔质量,也会使整个钻孔机器人结构遭到破坏。

在钻孔机器人系统结构中,必须使 $w \neq k$,即

$$\begin{cases} k = \sqrt{\dfrac{k_1 {L_2}^2}{M{L_1}^2} + \dfrac{k_2 {L_3}^2}{M{L_1}^2}} \\ \theta = C_1 \cos kt + C_2 \sin kt - \dfrac{F_f L_4}{M{L_1}^2(k^2 - w^2)} \sin \omega t \end{cases} \tag{2-35}$$

运用式(2-18),对微幅振动的角度 θ 和 C 点的振幅可进一步进行计算和优化。

将 $\theta(0) = 0$、$\dot{\theta}(0) = \omega_0$ 代入式(2-35)得

$$\begin{cases} C_1 = 0 \\ C_2 = \dfrac{F_f L_4 \omega}{M{L_1}^2 k(k^2 - \omega^2)} + \dfrac{\omega_0}{k} \end{cases} \tag{2-36}$$

图2-17中 C 点沿着 y 方向的振动量 $y_c = L_4 \sin \theta$,则有

$$\begin{cases} k = \sqrt{\dfrac{k_1 {L_2}^2}{M{L_1}^2} + \dfrac{k_2 {L_3}^2}{M{L_1}^2}} \\ \theta(t) = \dfrac{F_f L_4}{M{L_1}^2(k^2 - \omega^2)}\left(\dfrac{\omega}{k}\sin kt - \sin \omega t\right) + \dfrac{\omega_0}{k}\sin kt \\ y_c(\theta) = L_4 \sin \theta \end{cases} \tag{2-37}$$

从式(2-37)可以看出,当 $\theta(t)$ 最大,即使微幅振动的角度达到最大时则要满足:

$$kt - \omega t = (2n+1)\pi \quad (n = 0, 1, 2, \cdots) \tag{2-38}$$

将式(2-38)代入式(2-37)中,则有

$$\begin{cases} k = \sqrt{\dfrac{k_1 {L_2}^2}{M{L_1}^2} + \dfrac{k_2 {L_3}^2}{M{L_1}^2}} \\ \theta_{\max} = \dfrac{F_f L_4}{M{L_1}^2(k^2 - \omega^2)}\left(\dfrac{\omega}{k} + 1\right) + \dfrac{\omega_0}{k}\sin kt \\ y_c(\theta_{\max}) = L_4 \sin \theta_{\max} \end{cases} \tag{2-39}$$

式中 θ_{max}——微幅振动的最大振动角度,rad;

$y_c(\theta_{max})$——C 点沿着 y 轴的最大振幅,mm。

建立 Adams 仿真力学模型如图 2-20 所示,其中仿真参数据 $k_1=192.7$ N/mm 和 $k_2=240$ N/mm,激振力 F_f 为式(2-22)中计算所得 98.2 N,此时机器人装置的固有频率 $k=110$ rad/s 时,三种情况仿真结果如图 2-21 所示:(1)振幅为 1.12 mm,振动周期为 2.4 s,$\omega=60$ rad/s;(2)振幅为 3.95 mm,振动周期为 0.6 s,$\omega=110$ rad/s。

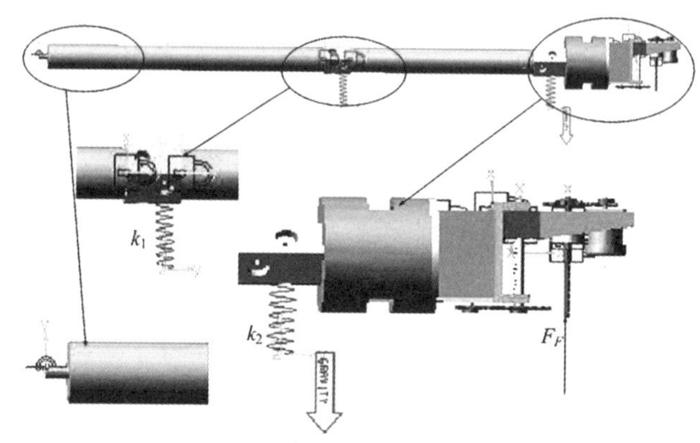

图 2-20 Adams 仿真力学模型

可见,图 2-21(b)中振幅已经大于 1.12 的 3 倍多,显然发生了共振,可见激振力角频率 ω 不应与系统固有角频率 k 相等或接近。

进一步可以计算出横向进给位移与 k 的关系为

$$k=\sqrt{(gL_3/L_0)L_1} \tag{2-40}$$

式中,g 为重力加速度,取 $g=9.8$ m/s^2,$L_0=1$ mm 为支撑轮弹簧安装位移,由式(2-40)可以控制钻进前进时的支撑位置,使得 $\omega\neq k$。

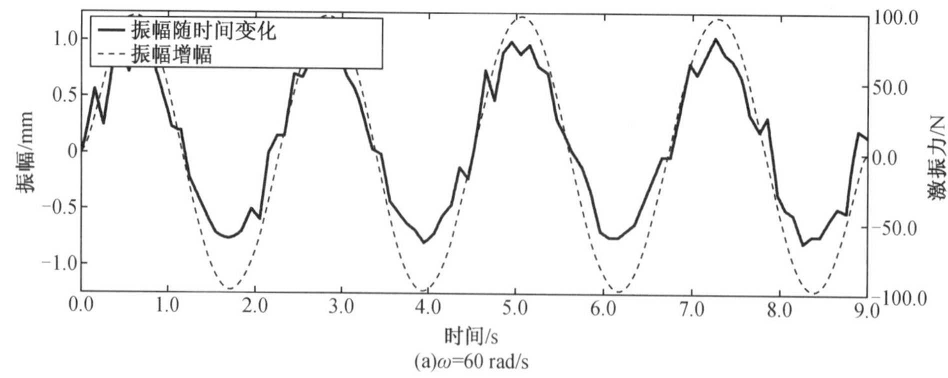

(a)ω=60 rad/s

图 2-21 振动仿真结果

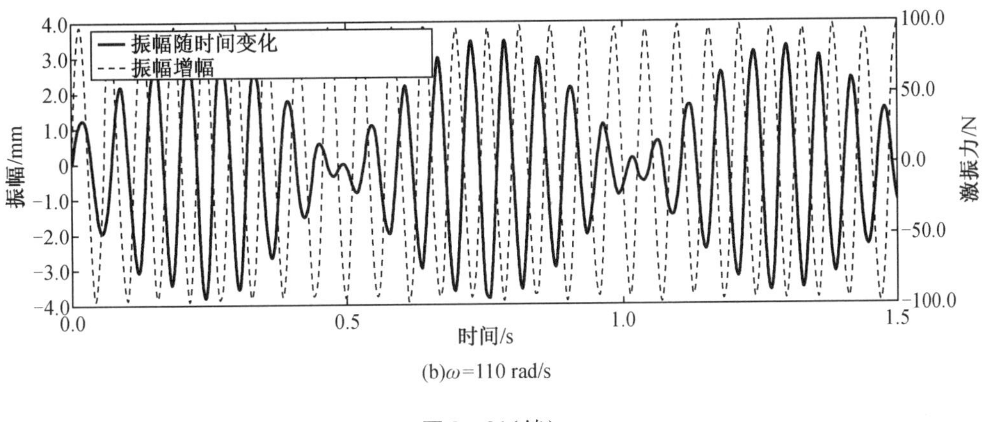

(b)ω=110 rad/s

图 2-21(续)

2.4.3 钻头模态分析

钻头转速与径向进给量之间的匹配状况会影响钻孔过程的稳定性，关系到钻头的耐用度以及钻孔的质量和效率，可通过钻头与径向进给电机转速匹配关系来实现钻孔质量的稳定。

钻头切削扭矩 M 为

$$M=9.81C_M d^2 f^{0.8} k_M = M' \cdot i_1/S \tag{2-41}$$

式中 C_M——钻削扭矩系数；

f——钻头每转进给量；

k_M——修正系数；

M'——电机额定扭矩；

i_1——传动比；

S——安全系数。

钻头的进给量为 $V_1=n_1 f$，n_1 为钻头电机转速。径向进给量为

$$V_2=P_{\mathrm{h}} n_2/i_2$$

式中 P_{h}——丝杠导程；

i_1——传动比；

n_2——进给电机转速。

控制 $V_1=V_2$，推出钻头电机转速与进给电机转速的匹配关系为

$$n_2=\frac{n_1 i_2\left(\dfrac{M' \cdot i_1/S}{9.81C_M d^2 k_M}\right)^{\frac{1}{0.8}}}{P_{\mathrm{h}} i_1} \tag{2-42}$$

由于钻孔机器人钻头直径较小，钻孔深度较大，在岩石上钻孔对其强度和刚度都有一定的要求。强度不足易断裂，刚度不足易变形，因此，钻头的材料为高速工具钢。另外，钻头作为回转部件，钻孔时会受到离心力的影响，固有频率与静止时相比会有一定不同，所以要对其进行在预应力作用下的模态分析，以确定钻头工作时各个模态的固有频率。因为临界转速与固有频率存在着密切的关系，钻头作为回转体，因此在确定钻头转速时，不仅需要考虑与进给量之

间的匹配问题，还必须使其避开临界转速，避免钻头在某种转速下产生共振，因此，应先对钻头进行静力学分析，然后再进行模态分析以确定其固有频率和临界转速。

分析钻头在钻孔过程中的受力情况可知，钻头主要受到扭矩和轴向力的作用。在这两种力的作用下，钻头会产生一定的变形。进行有限元分析前需要对模型进行简化，将钻头简化成一根细长杆，因为钻头与钻头轴是通过螺钉固定的，可以将二者视为一体，并将轴两端简化为轴承座约束。

对与轴承座接触的轴外圆面施加圆柱面约束，限制轴向和径向自由度，不限制切向自由度，在轴承座底部施加固定约束，在轴的尖部和尾部分别添加与绕轴线大小相等方向相反的扭矩，再在钻头尖部添加沿 Y 轴正方向的轴向力，$M=0.8\ \mathrm{N\cdot m}$，$F=169.4\ \mathrm{N}$。应变和应力分析的求解结果如图 2－22 所示，最大应力和应变都发生在钻头尖部，最大应力为 96.291 MPa，小于材料许用应力 177.5 MPa，最大应变为 0.025 mm，应变不会影响工作，故钻头满足使用要求。

钻头转速要与进给速度进行匹配，同时避开其临界转速。对实际钻进尺寸、速度进行计算，获得其前两阶振型图如图 2－23 所示。

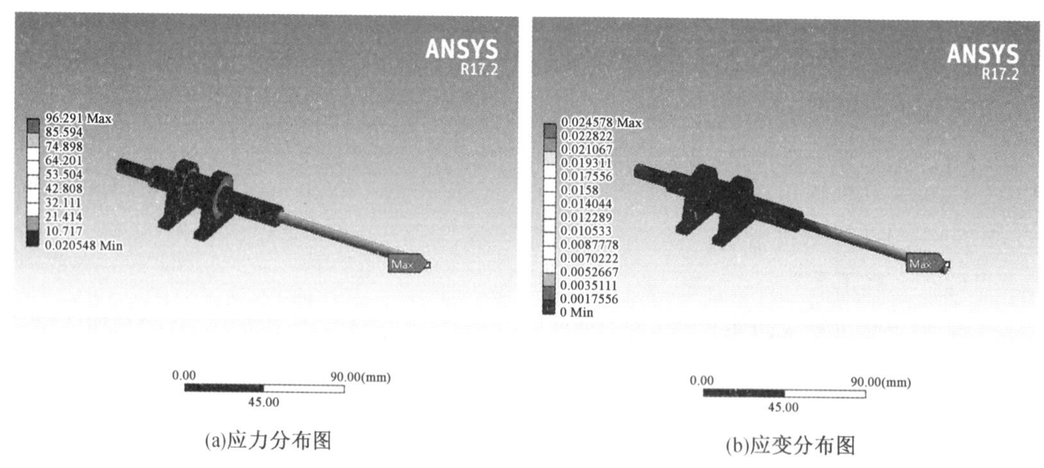

(a)应力分布图　　(b)应变分布图

图 2－22　钻头应力和应变图

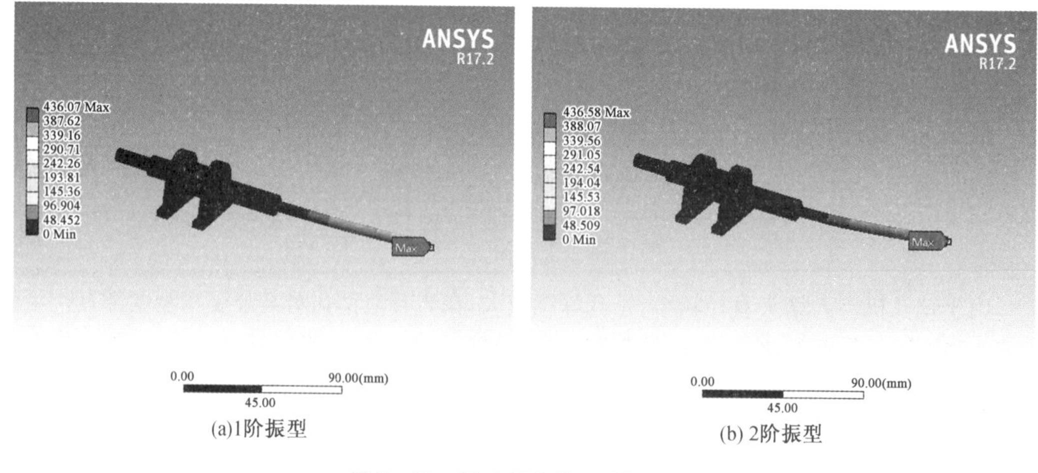

(a)1阶振型　　(b) 2阶振型

图 2－23　钻头部分前两阶振型图

前两阶的固有频率分别为 $\omega_1 = 449.85$ Hz 和 $\omega_2 = 451.1$ Hz，转子临界转速等于60 倍的固有频率，则有 $n_3 = 60\omega_1 i_1 = 53\ 982$ r/min，其中 n_3 为钻头电机临界转速。可以看出，钻头电机额定转速远小于临界转速。因此，钻头不会发生共振现象。

2.5 小型侧壁钻孔机器人控制系统

岩孔侧壁钻孔机器人由机械结构部分和控制部分组成，本节对控制部分进行设计研究。机器人的控制涉及机器人运动学、动力学、控制理论、传感技术与信号处理、机器智能等方面，这里仅对较基本的期望运动参数控制问题进行研究，即控制机器人的位置、速度等参数。钻孔机器人在岩孔内壁进行钻孔，由四个电机驱动各关节按照一定的顺序完成多个动作。只要对这四个电机进行控制，即可实现对钻孔机器人的运动控制。其中，径向进给电机和钻头电机转速匹配进给，对精度要求不高，轴向行走和主轴旋转电机在钻孔过程中用于定位，对位置精度要求较高，通过控制电机，实现岩孔侧壁钻孔机器人的精确定位和转速匹配钻孔。

2.5.1 控制系统总体设计

针对钻孔机器人的技术要求和工作特点，提出以下两种控制系统的总体设计。

1. 运用 STM32 单片机控制各电机实现钻孔机器人的运动控制

单片机具有体积小、集成度高、控制功能强、功耗低、易扩展、成本低等优点，在工业控制领域已经得到广泛应用。利用 STM32 作为控制器控制电机，先要进行电路的设计，编写程序烧写进单片机，在 PC 上进行 Labview 人机界面交互设计，然后使 PC 与 STM32 通信，此时在 Labview 界面内输入控制命令，单片机将上位机发出的控制命令进行转化，再输出至各电机的驱动器来控制各电机，以实现对位置和速度的精确控制。

2. 运用 PLC 控制各电机实现钻孔机器人的运动控制

单片机与 PLC 的控制原理大体相同，但 PLC 的可靠性高，抗干扰能力以及对工业环境的适应能力强，且梯形图编程简单易学，更适合现场调试。利用 PLC 的高速计数器指令配合编码器使用，可以实现精确定位，其原理是通过光电编码器将电机轴的角位移进行转换，高速计数器进行统计作为反馈信号，形成闭环回路。该控制方案主要由 PLC、触摸屏、电机驱动器和电机组成。采用触摸屏作为上位机，数据显示和输入指令更为直观方便，同时也可以实现对机器人运行状态的监控。

综合以上两种控制系统的总体方案，最终确定选择使用 PLC 作为控制器，实现钻孔机器人的运动控制。

在确定了控制系统的总体方案后，搭建了如图 2－24 所示的控制系统框图。控制系统框图中主要包括电源、触摸屏、PLC、电机驱动器和电机。

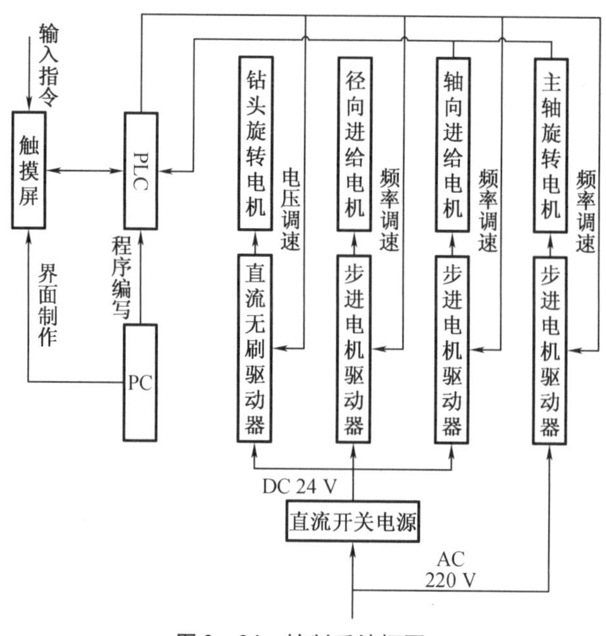

图 2－24 控制系统框图

2.5.2 PLC 选型设计

在进行 PLC 选型过程中要以满足系统功能需求为主要目的，无须盲目贪大求全，以免造成设备资源浪费。PLC 选型应着重考虑以下几点：

（1）在该控制系统中要对四个电机进行控制，所以 PLC 应具备高速脉冲输出端口；

（2）轴向行走运动和主轴旋转运动对定位精度有一定要求，需要进行闭环控制，所以 PLC 应具备 PID 运算、闭环控制功能；

（3）根据控制系统的规模确定 PLC 的 I/O 点数，虽然本系统规模较小，但是考虑到以后设备的维修或 I/O 点的损坏和故障等，所以增加 10% ~20% 的备用量，以便随时增加控制功能。

综上所述，选用欧姆龙漏型晶体管输出 CP1E－N20DT－D 型 PLC。

在确定了系统的具体功能、输入和输出设备后，需要对 PLC 的输入/输出单元也就是 I/O 单元进行分配，它是上位机与执行器之间的桥接点。从上位机上发送指令或其他反馈信号，通过输入端口传输至 PLC，对内部的中央处理单元和存储器的输入指令或信号进行筛选、寄存、扫描、计算等，将工作指令以输出信号的形式传输至执行器来实现系统的具体功能。准确定义输入/输出点是保证控制系统能够实现具体功能的前提，对整个控制系统的设计至关重要。同时还要确定各输入/输出点与 PLC 的 I/O 映像区之间的对应关系，即给每一个输入/输出点以明确的地址。PLC 的输入点分配见表 2－5，输出点分配见表 2－6。

表 2-5　输入点分配表

输入点	输入描述	输入器件类型
CIO 0.00	轴向行走位置检测	增量式编码器
CIO 0.01	主轴旋转位置检测	增量式编码器
CIO 0.02	钻头电机转速检测	霍尔传感器
CIO 0.03	轴向回零到位	行程开关
CIO 0.04	径向回零到位	行程开关

表 2-6　输出点分配表

输出点	输出描述	输出器件类型
CIO 100.00	脉冲信号	步进电机驱动器
CIO 100.02	方向信号	步进电机驱动器
CIO 100.03	低电平	继电器 1
CIO 100.04	低电平	继电器 2
CIO 100.05	低电平	继电器 3
CIO 100.06	低电平	继电器 4

2.5.3　传感器通信和人机界面选型

1. 编码器的选型

在控制系统中，要对轴向行走电机和主轴旋转电机进行闭环控制，反馈信号是闭环控制中必不可少的，所以需要利用编码器采集电机转子的位置，经过运算作为轴向行走直线位移和主轴旋转角位移的反馈信号，并传输至控制器。

编码器分为增量式和绝对式两种，如图 2-25 所示。增量式编码器可以将步进电机轴的角位移转换成脉冲的个数，以此精确表示位移。在绝对式编码器的码盘上有与各个位置相对应的确定的数字码，用数字码表示最终位置。

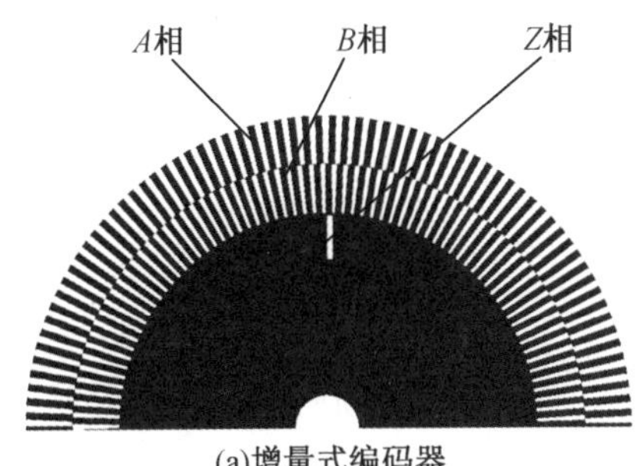

(a)增量式编码器

(b) 绝对式编码器

图 2-25　编码器

相比增量式编码器，绝对式编码器在定位精度方面具有一定优势，但其成本很高，所以采用闭环控制步进电机自带的增量式编码器。

2. 人机交互界面的选型

在控制钻孔机器人工作时，不仅要输入控制电机启停的开关量，还要输入控制位移的参数，所以本控制系统的上位机采用触摸屏作为人机交互界面，可以取代机械式按钮和电脑，数据显示和指令输入更为简单直观，携带更为方便，同时还具有节省空间、反应灵敏、耐用性好等优点。

根据控制要求，选用昆仑通态 TPC1061Ti 型触摸屏作为上位机，同时还预装了具有监测和数据计算能力的 MCGS 嵌入式组态软件，二者相配合以完成上位机控制系统的设计开发和岩孔侧壁钻孔机器人的指令发送。

在数据通信中，根据每次传动的数据位数，通信方式可以分为并行通信和串行通信。

(1)并行通信一般一次可以同时发送 8 位二进制数据，需要较多的数据线，主要用于近距离通信。这种方式的优点是传输速度快、处理简单，但是抗干扰能力差。

(2)串行通信一般一次只传送 1 位二进制数据，只需两根传输线，其传输速率较低，适合远距离传输。

按照数据在线路上的传输方向，通信方式可以分为单工通信、半双工通信和全双工通信。

(1)单工通信允许数据在一个方向上传输。

(2)半双工通信允许数据在两个方向上传输，但在同一时刻，只允许数据在一个方向上传输，它实际上是一种可切换方式的单工通信，RS－485 接口通信即属于半双工通信。

(3)全双工通信允许数据同时在两个方向上传输，即通信的方向可以同时发送和接收数据，RS－232 接口通信即属于全双工通信。

如今在欧姆龙 PLC 的通信方式中，上位机和 PLC 的通信可以采用 Controller Link 通信、CompoBus/D 通信、CompoBus/S 通信、Ethernet 通信、RS－232/485 串行通信和工业以太网通信等多种方式。主要性能参数见表 2－7 所示。

表 2－7　通信方式性能参数

参数	RS－232	CompoBus/S	Ethernet
传输速率	最高 19.2 kbit/s	750 kbit/s	100 Mbit/s
传输距离	15 m	100 m	100 m/段
最大节点数	32	32	254

CompoBus/S 通信和 Ethernet 通信方式主要用于数据量大、通信距离远、实时性要求较高的控制系统。在本控制系统中，由于触摸屏与 PLC 在同一个控制箱内，距离很近，通信方式采用 RS－232 接口通信即可满足要求。

2.5.4 钻头旋转电机控制

钻头旋转电机采用57BL70－336型直流无刷电机，直流电动机可以在负载条件下实现均匀、平滑的无级调速，而且调速范围较宽。钻头转速与径向进给速度需要进行匹配，其转速在2 000～2 650 r/min调节，即能完成钻孔。对直流电机的调速有改变励磁电流和改变电压调速两种方法，后者更为常用。

由直流无刷电机的调节特性可知，在电磁转矩不变的情况下，不计功率器件损耗，稳态运行时，电机转速和电压之间的变化关系为

$$U=r_aI+\frac{\pi}{30}k_en \tag{2-43}$$

式中 U——直流母线电压；

r_a——绕组线电阻；

I——电枢电流；

k_e——线反电势系数；

n——电机转速。

$$K_TI-T_L=\frac{\pi}{30}B_vn \tag{2-44}$$

式中 K_T——电机转矩系数；

T_L——负载转矩；

B_v——黏滞摩擦系数。

$$k_e=2p\psi_m \tag{2-45}$$

式中 ψ_m——每相绕组匝链永磁磁链的最大值；

p——电机极对数。

由式(2－43)、式(2－45)可以推出

$$n=\frac{30K_T}{30K_Tk_e+\pi r_aB_v}U-\frac{30r_a}{30K_Tk_e+\pi r_aB_v}T_L \tag{2-46}$$

由于岩石样本为合成材料，质地较为均匀，在钻孔过程中，钻头尖部受到的扭矩较为稳定。从式(2－46)中可以看出，直流无刷电机的负载转矩在不变的情况下，转速与电流母线电压存在线性关系，且调节特性存在死区，当电压在死区范围内变化时，电磁转矩不足以克服负载转矩，此时转速始终为零。当母线电压大于临界电压时，电机启动并达到稳态，电压越大稳态转速也越大，所以确定临界电压对确定电机转速尤为重要。

脉冲宽度调制(PWM)和电位器调速都是常用的电压调速法。

(1)脉冲宽度调制：通过调节驱动电压脉冲宽度的方式，改变输送到电机电压的幅值，它的调制方式是调幅。PWM的占空比决定输出到直流电机的电压幅值，因此可以通过改变占空比来改变输出的电压，从而实现对直流无刷电机转速的无级连续调节。

(2)电位器调速：通过改变电位器的机械转角，可以在输出端获得与位移量呈线性关系的电压，通过电位器分压改变直流电机的电压，以达到对直流无刷电机的连续无级调速。

本控制系统采用在 ZM－6405E 直流无刷驱动器上外接 10K 电位器旋钮进行调速，将电位器与驱动器的 V＋、Ve、V－ 接口相连接，钻头旋转电机控制系统如图 2－26 所示。ZM－6405E 速度型闭环驱动器使用 PID 调节算法对直流无刷电机进行稳速控制，具有超调量小和高速调速平稳的特点，直流无刷电机自带的开关型霍尔传感器可以进行测速。电位器的最大机械转角为 270°，经测量，当直流无刷电机转速不为零时，电位器转角为 60°～270°；电位器旋转至 60°时，转速接近零，此时处于临界电压状态；旋转至 270°时，转速达到电机的额定转速 3 000 r/min。由于电位器电压与机械转角存在线性关系，因此电机转速与机械转角也存在线性关系，$n=0.07\alpha+60$，其中 n 为电机转速，α 为旋钮机械转角。根据要求转速可在 2 050～2 650 r/min 调节，故电位器旋钮在 203.5°～245.5°旋转即可满足要求。

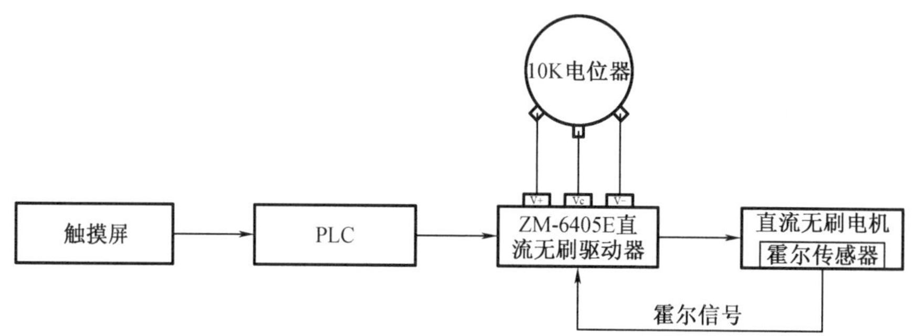

图 2－26　钻头旋转电机控制及调速框图

电机转速检测的常用方法主要有以下 3 种：

（1）M 法（频率法）：通过测量在一段时间内传感器发出的脉冲数量确定转速。

（2）T 法（周期法）：通过测量相邻两个脉冲信号的时间间隔确定转速。

（3）M/T 法（频率/周期法）：将上述两种方法相结合，同时进行测量。

对直流无刷电机进行转速检测主要是为了保证转速较高时进行调节能够满足转速匹配关系，在 M 法测速中：

$$n_M=\frac{60m}{T} \tag{2-47}$$

式中　n_M——M 法测量转速，r/min；

m——脉冲数量；

T——检测时间，s。

M 法测速的量化误差为 $1/m$，由式（2－47）可知，在相同检测时间内，转速越高，计数的脉冲数量越多，量化误差越小，故本书采用 M 法进行转速检测能够保证转速较高时检测误差更小。利用高速计数器 PRV（881）指令统计一个固定间隔（采样时间）内的脉冲数，设定 P＝0012Hex 对应高速计数器 2，设定 C＝0033Hex 使采样时间设定为 1 s，并将采集的脉冲数即脉冲频率存储于 D800。检测流程如图 2－27 所示。

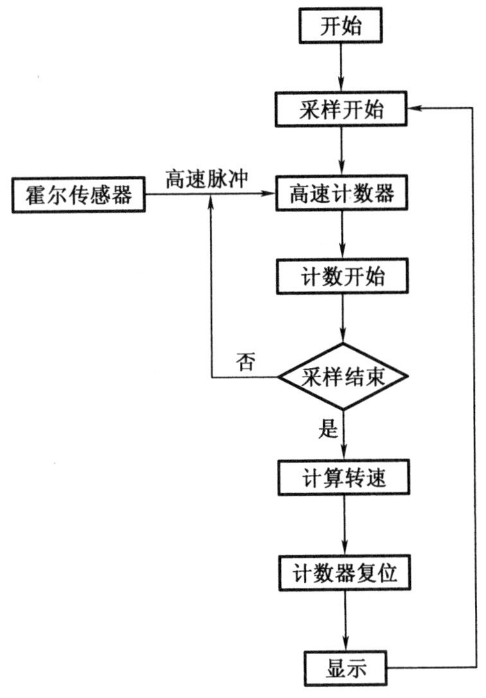

图 2-27 转速检测流程图

2.5.5 径向进给电机控制

径向进给运动采用步进电机作为驱动装置。步进电机是一种将电脉冲信号转变为角位移或线位移的执行机构，当发送给驱动器一个脉冲信号时，它就会驱动步进电机轴以一定的方向转过一定角度，转动角度由步距角决定。可以通过控制驱动器接收的脉冲数量来控制角位移量，根据步进电机的工作原理可得转动角度与步距角的关系为

$$\theta = K\theta_0 \tag{2-48}$$

式中 θ——步进电机转动角度；

K——脉冲数量；

θ_0——步距角。

由于径向进给运动定位精度不是很高且负载较为稳定，所以径向进给步进电机采用开环控制，具有控制简单、实现容易、成本较低等优点。径向进给步进电机控制方式如图 2-28 所示。

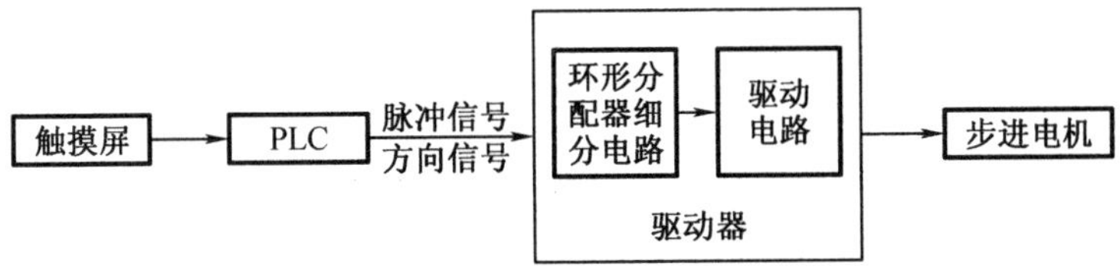

图 2-28 径向进给步进电机控制方式

从图 2 - 28 中可以看出,从 PLC 中发出的开环控制信号中不存在位置反馈,为了提高控制系统的精度,主要有两种方法:(1)选用相数较高的步进电机,因为在常用步进电机中,相数越高,步距角越小,能达到的精度也就越高,但这种方法存在一定的局限性。(2)采用细分驱动器,设定驱动器上的细分参数,能够使步距分辨率大幅度提高,从而达到提高精度的目的。同时还能改善电机的低频性能,降低运动噪声,提高稳定性。

采用细分驱动器,步进电机转动角度与步距角的关系为

$$\theta = \frac{K}{N}\theta_0 \tag{2-49}$$

式中　N——步进电机细分数。

式(2 - 49)两边对时间 t 求导得

$$\frac{\mathrm{d}\theta}{\mathrm{d}t} = \frac{\theta_0}{N}\frac{\mathrm{d}K}{\mathrm{d}t} \tag{2-50}$$

由式(2 - 50)可以推出

$$f = \frac{N}{\theta_0}\omega \tag{2-51}$$

式中　f——脉冲频率;

ω——电机角速度。

细分数由驱动器决定,步距角由步进电机相数决定,从式(2 - 51)中可以看出脉冲频率与电机轴的角速度存在线性关系,故通过控制脉冲频率可以实现电机转速的控制。

径向进给步进电机控制流程如图 2 - 29 所示,经过一定运算后的径向进给运动目标位置存储在寄存器 D300 中,实际位置存储在寄存器 D310 中,通过对位置的实时比较确定发送脉冲数量,实现步进电机的控制。

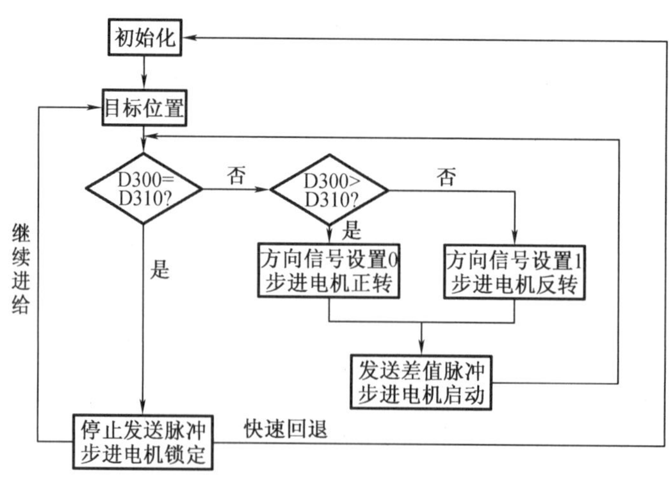

图 2 - 29　径向进给步进电机控制 PLC 程序流程图

根据图2－29编写控制径向进给步进电机工作的程序，以图2－30所示的梯形图程序为例，主要包括位置初始化、目标位置与实际位置比较、脉冲发送、实际位置获取和快速回退等。

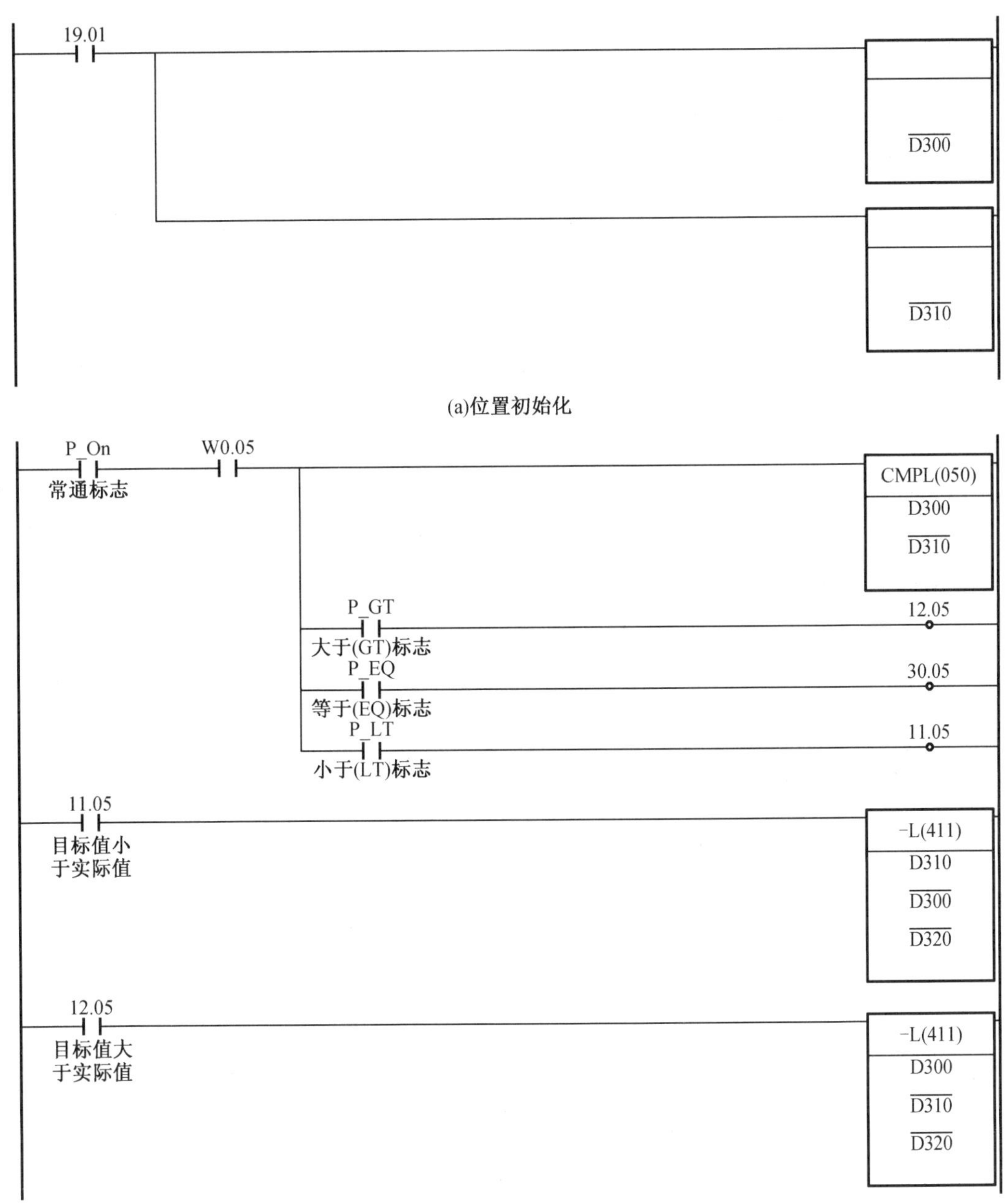

图2－30 主要程序梯形图

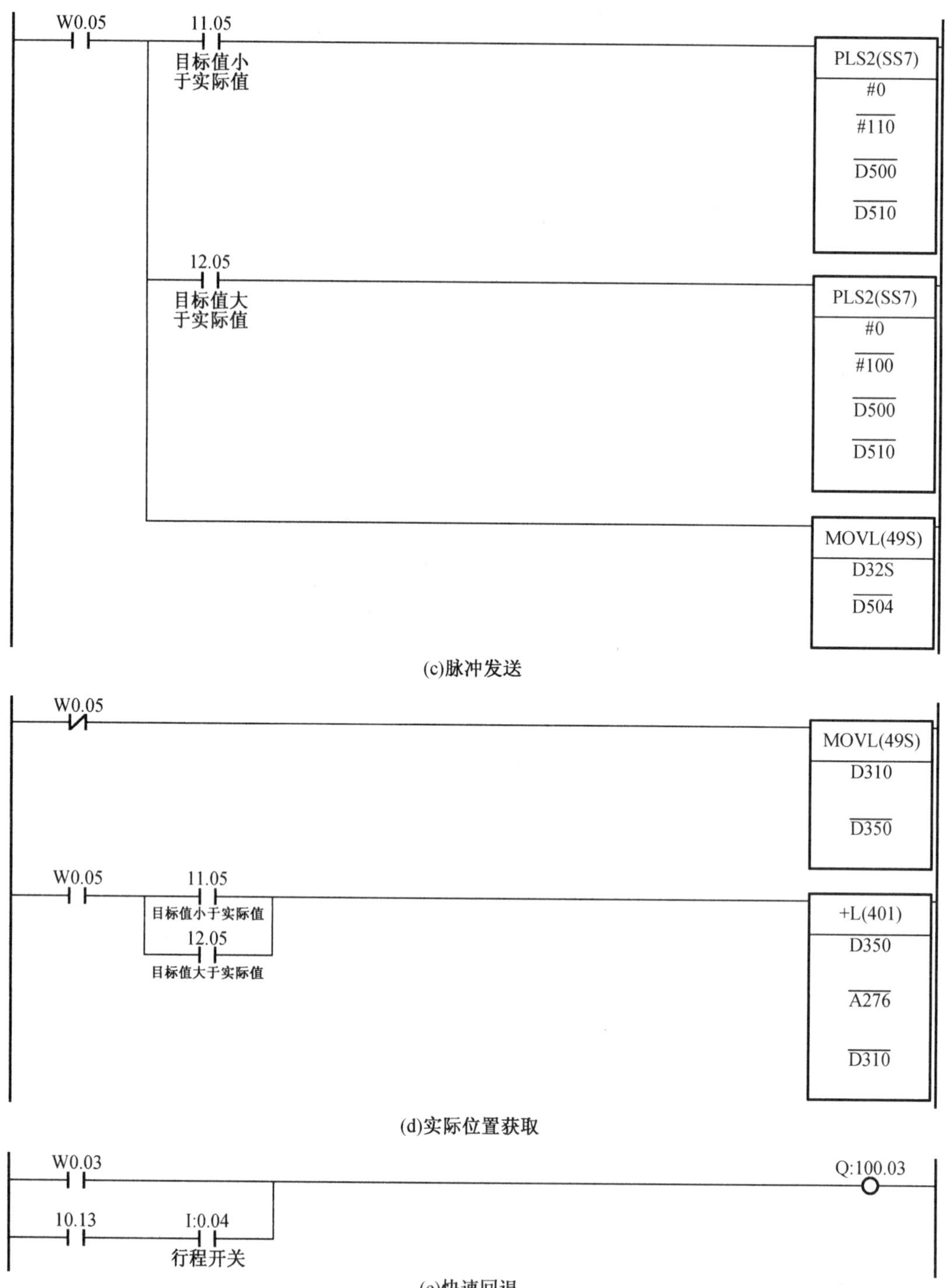
W0.05
11.05
目标值小于实际值
PLS2(SS7)
#0
#110
D500
D510
12.05
目标值大于实际值
PLS2(SS7)
#0
#100
D500
D510
MOVL(49S)
D32S
D504
(c)脉冲发送
W0.05
MOVL(49S)
D310
D350
W0.05
11.05
目标值小于实际值
12.05
目标值大于实际值
+L(401)
D350
A276
D310
(d)实际位置获取
W0.03
Q:100.03
10.13
I:0.04
行程开关
(e)快速回退

图 2－30(续)

2.5.6 轴向行走和主轴旋转电机控制

由于钻孔位置的精度关系到后续插锚杆、安螺母等工序顺利完成，所以对轴向位置和周向位置的定位精度要求较高。除了采用细分驱动器外，还采用闭环控制系统将电机的实际输出与期望输出相比较，并将结果作为反馈信号进一步对系统进行调节，以达到提高系统精度的目的。以轴向行走运动为例，步进电机的实际输出通过增量式编码器发出高速脉冲，利用高速计数器对高速脉冲进行计数，高速计数器输入作为反馈信号输入至控制器，得出偏差。步进电机闭环控制原理如图 2-31 所示。

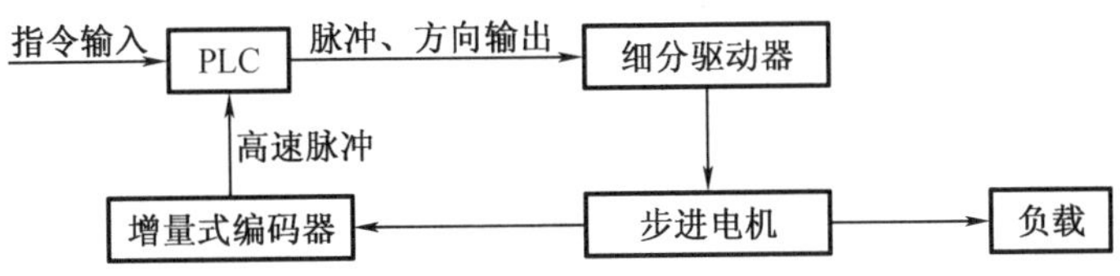

图 2-31 步进电机闭环控制原理图

以轴向行走选择的二相混合式步进电机 J-5718HB4401 为例，技术参数见表 2-8，设置驱动器细分数为 1 600。

表 2-8 步进电机参数表

电机型号	转子齿数 Z_r	相电感 L/mH	相电流 i_a/A	转动惯量 J/(g·cm^2)
J-5718HB4401	50	3	4.4	520

以微分方程形式表示的二相步进电机数学模型为

$$\begin{bmatrix} u_a \\ u_b \end{bmatrix} = \begin{bmatrix} R_a & 0 \\ 0 & R_b \end{bmatrix}\begin{bmatrix} i_a \\ i_b \end{bmatrix} = \begin{bmatrix} L_{aa} & L_{ab} \\ L_{ba} & L_{bb} \end{bmatrix}\begin{bmatrix} \dfrac{\mathrm{d}i_a}{\mathrm{d}t} \\ \dfrac{\mathrm{d}i_b}{\mathrm{d}t} \end{bmatrix} + \frac{\partial}{\partial\theta}\begin{bmatrix} L_{aa} & L_{ab} \\ L_{ba} & L_{bb} \end{bmatrix}\begin{bmatrix} i_a \\ i_b \end{bmatrix}\frac{\mathrm{d}\theta}{\mathrm{d}t} \tag{2-52}$$

式中 u_a、u_b——步进电机 A 相和 B 相电压；

R_a、R_b——A 相和 B 相内部电阻；

i_a、i_b——A 相和 B 相电流；

L_{aa}、L_{bb}、L_{ab}、L_{ba}——A 相、B 相自感和互感，$L_{ab}=L_{ba}$；

θ——旋转角度。

转子的力矩平衡方程为

$$J\frac{\mathrm{d}^2\theta}{\mathrm{d}t^2} = T_{电磁} - D\frac{\mathrm{d}\theta}{\mathrm{d}t} - T_{负载} \tag{2-53}$$

式中 J——转动惯量；

D——黏滞摩擦系数；

$T_{电磁}$、$T_{负载}$——电磁转矩和负载转矩。

步进电机输入时阶跃脉冲电压，对应电机转子转过一个预期角度 θ_1（即输入），而转子实际转过的角度为 θ_2（即输出），围绕新的稳定平衡点振荡，根据小振荡理论，可推导出步进电机的传递函数：

$$G(s)=\frac{\theta_2(s)}{\theta_1(s)}=\frac{Z_r{}^2Li_a{}^2/2J}{s^2+\frac{D}{J}s+Z_r{}^2Li_a{}^2/2J}=\frac{\omega_n{}^2}{s^2+2\xi\omega_n+\omega_n{}^2} \tag{2-54}$$

式中 $\omega_n=\sqrt{\frac{L}{2J}}Z_ri_a$——无阻尼自振角频率；

ξ——阻尼比。

将表 2-8 中数据代入式（2-54）中，得出步进电机传递函数为

$$G_1(s)=\frac{139.62}{s^2+9.45s+139.62} \tag{2-55}$$

由式（2-49）可得预期转子角位移 $\theta_1(s)$ 与脉冲数 $K(s)$ 的关系为

$$G_2(s)=\frac{\theta_1(s)}{K(s)}=0.225 \tag{2-56}$$

由式（2-54）和式（2-55）可得

$$G_3(s)=\frac{\theta_2(s)}{K(s)}=\frac{\theta_2(s)\theta_1(s)}{\theta_1(s)K(s)}=G_1(s)G_2(s)=\frac{31.415}{s^2+9.45s+139.62} \tag{2-57}$$

采用单位负反馈的系统闭环传递函数为

$$G(s)=\frac{G_3(s)}{1+G_3(s)}=\frac{31.415}{s^2+9.45s+171.035} \tag{2-58}$$

对系统的传递函数进行仿真，得到单位阶跃响应曲线如图 2-32 所示。

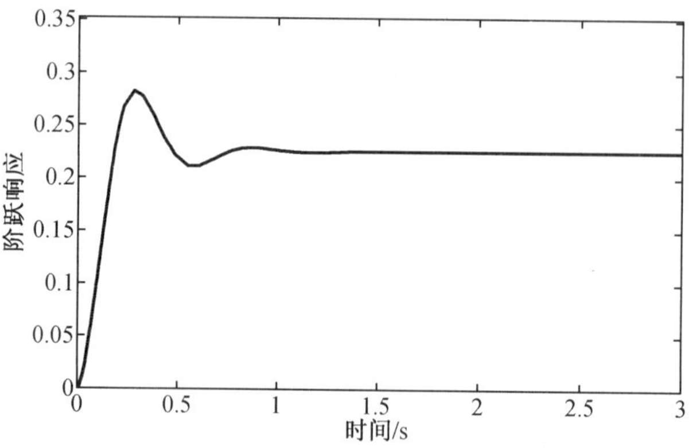

图 2-32　单位阶跃响应曲线

从仿真结果可以看出，系统上升时间 $t_r=0.186$ s，稳态值 $x(\infty)=0.225$，单位阶跃响应输出存在较大的稳态误差，最大峰值 $x(t_p)=0.28$，超调量 $M_p=24.5\%$，存在较大的超调现象，需要加入 PID 控制器。

按照偏差的比例、积分和微分通过线性组合产生的 PID 控制，简单实用并且能得到较好的控制效果，所以在工业控制中被广泛使用。其控制原理如图 2-33 所示。

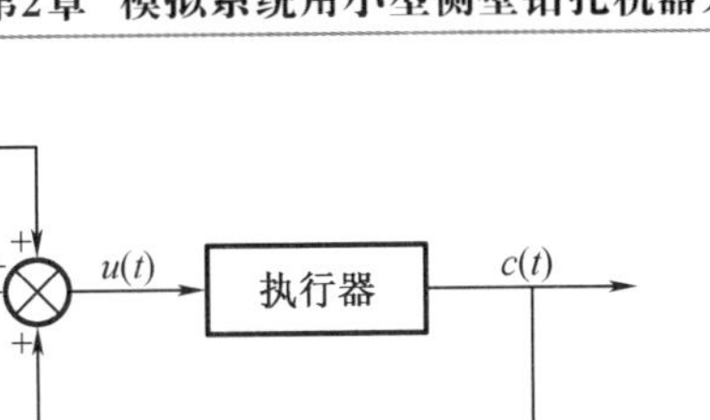

图 2－33　PID 控制系统原理图

控制偏差为 $e(t)=r(t)-c(t)$，$r(t)$ 为期望输出，$c(t)$ 为实际输出，控制器输出 $u(t)$ 与控制偏差 $e(t)$ 的关系为

$$u(t)=K_P\left(e(t)+\frac{1}{T_I}\int_0^t e(t)\,\mathrm{d}t+T_D\frac{\mathrm{d}e(t)}{\mathrm{d}t}\right) \tag{2-59}$$

式中　K_P——比例系数；

T_I——积分时间常数；

T_D——微分时间常数。

PID 控制器各校正环节的作用如下。

(1)比例环节：及时成比例地反应控制系统的偏差信号 $e(t)$，偏差一旦产生，控制器立即产生控制作用以减小偏差，K_P 越大，系统的响应速度越快，调节精度也就越高。

(2)积分环节：主要用于消除静差，提高系统的无差度，积分作用的强弱取决于积分时间常数 T_I，T_I 越大，积分作用越弱，系统的静态误差消除越快。

(3)微分环节：能反映偏差信号的变化趋势(变化速率)，并能在偏差信号值变得太大之前，在系统中引入一个有效的早期修正信号，从而加快系统的动作速度，减小调节时间。

由于数字 PID 具有较强的灵活性，更为常用，其离散表达式为

$$u(k)=K_Pe(k)+K_I\sum_{j=0}^{k}e(j)+K_D\frac{e(k)-e(k-1)}{T} \tag{2-60}$$

式中　$u(k)$——第 k 时刻的输出；

$e(k)$、$e(k-1)$——分别为第 k 和 $k-1$ 时刻的偏差；

T——采样周期；

$K_I=\dfrac{K_P}{T_I}$、$K_D=K_PT_D$——积分系数、微分系数。

采用 PID 参数的经验整定法，根据各参数的特点按照先比例，再积分，最后微分的步骤进行试凑。

1. 比例环节参数整定

在比例环节参数整定过程中，首先令积分时间常数和微分时间常数为零，使积分环节和微分环节不起作用而采用纯比例控制。由小到大调节比例系数，提高系统的响应速度，同时保证超调量在一定范围内。比例环节参数整定如图 2－34 所示。

从图 2－34 中可以看出，随着 K_P 增大，稳态误差逐渐减小，当 $K_P=10$ 时，系统仍存在较大的稳态误差，超调量比较大，此时 $M_P=48.3\%$。故纯比例调节无法满足要求，需要加入积分环节。

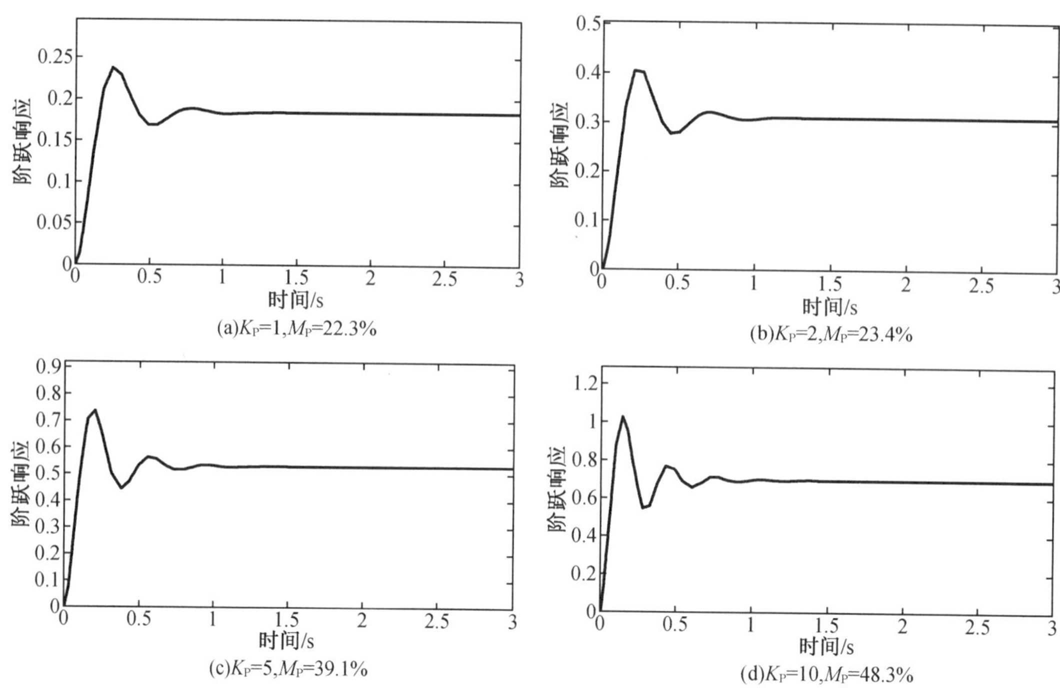

(a)K_P=1,M_P=22.3%
(b)K_P=2,M_P=23.4%
(c)K_P=5,M_P=39.1%
(d)K_P=10,M_P=48.3%

图 2-34　比例环节参数整定

2. 积分环节参数整定

积分环节参数整定过程中，先将积分时间常数置于较大初值后逐步减小，使积分环节作用逐步增大，消除系统的稳态误差。积分环节参数整定如图 2-35 所示。

从图 2-35 中可以看出，加入积分环节后超调量变大，出现振荡现象，随着 K_I 的减小，有效消除了系统的稳态误差，但系统的响应速度较慢，故需要加入微分环节进行调节。

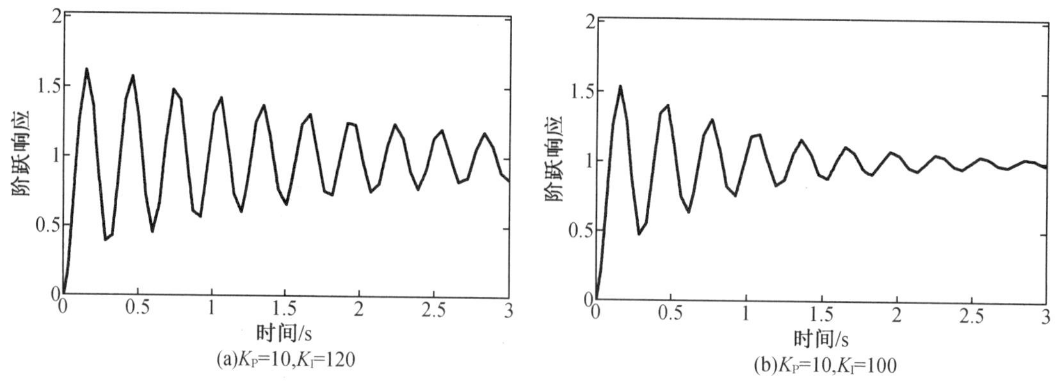

(a)K_P=10,K_I=120
(b)K_P=10,K_I=100

图 2-35　积分环节参数整定

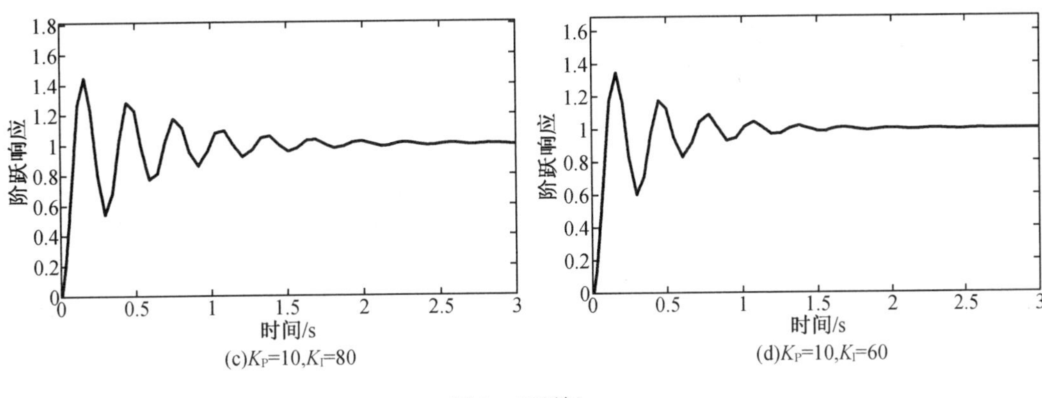

(c) $K_P=10, K_I=80$　(d) $K_P=10, K_I=60$

图 2-35(续)

3. 微分环节参数整定

在微分环节参数整定过程中，将微分时间常数从零逐步增大，使微分环节作用增大，减小调节时间和超调量。微分环节参数整定如图 2-36 所示。

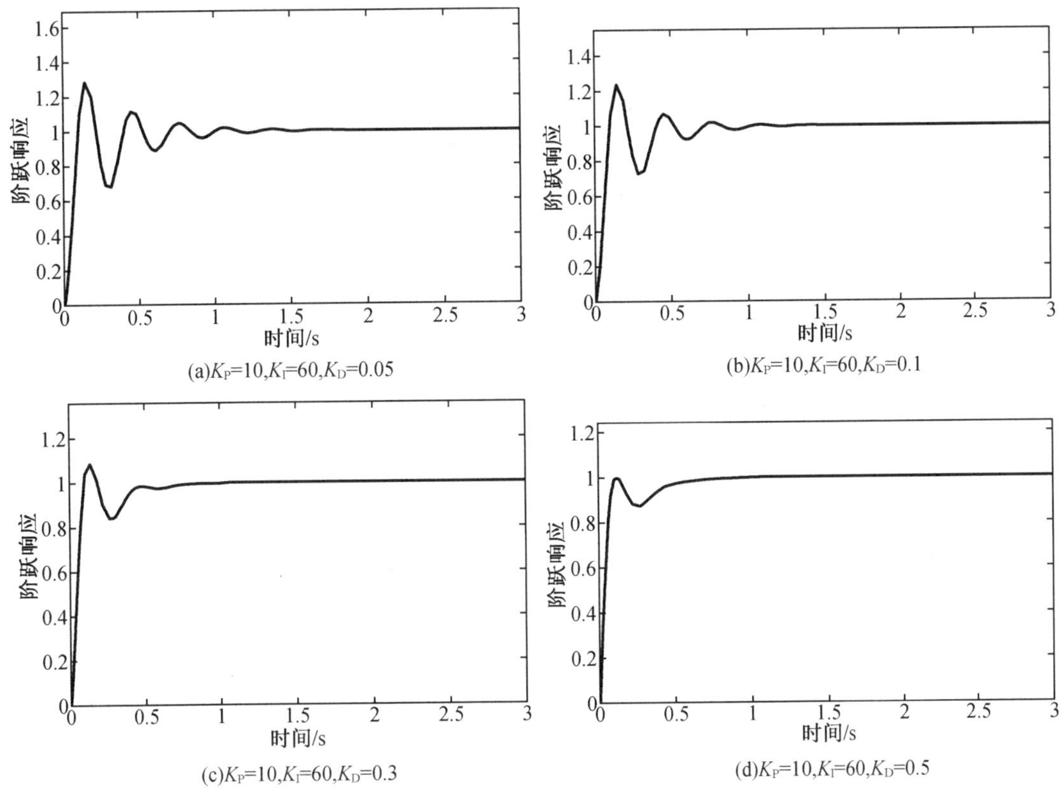

(a) $K_P=10, K_I=60, K_D=0.05$　(b) $K_P=10, K_I=60, K_D=0.1$

(c) $K_P=10, K_I=60, K_D=0.3$　(d) $K_P=10, K_I=60, K_D=0.5$

图 2-36　微分环节参数整定

从图 2-36 中可以看出，随着 K_D 的增大，系统的超调量减小，响应速度加快，当 $K_D=0.5$ 时，系统已无超调量，但仍存在振荡现象且响应速度也不够快，根据上一步调节过程中的变化规律，在此基础上增大 K_I 和 K_D，继续进行试凑，试凑过程的仿真曲线如图 2-37 所示。

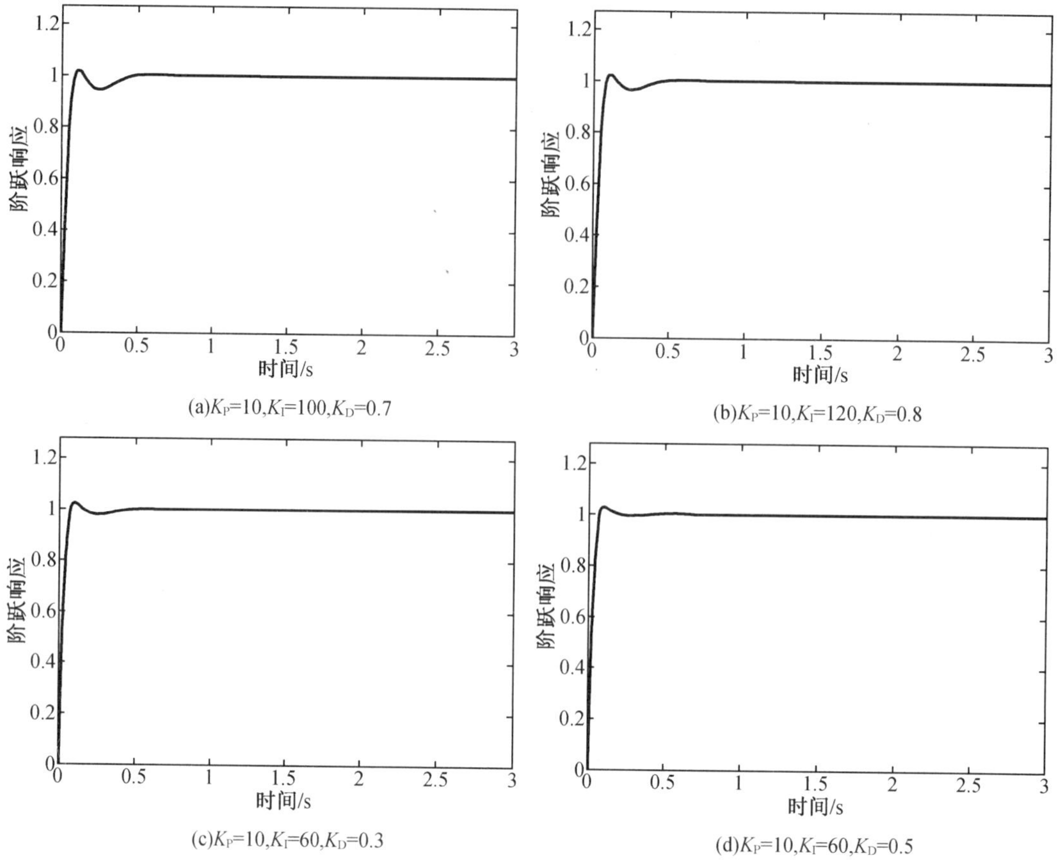

(a)$K_P=10, K_I=100, K_D=0.7$

(b)$K_P=10, K_I=120, K_D=0.8$

(c)$K_P=10, K_I=60, K_D=0.3$

(d)$K_P=10, K_I=60, K_D=0.5$

图 2－37　积分、微分试凑过程仿真曲线

从图 2－37 中可以看出，同时增大 K_I 和 K_D，振荡现象逐渐消失，得到响应速度较快，超调较小的响应曲线，在此基础上对各参数进行微调，得到最终响应曲线如图 2－38 所示，此时 $K_P=9, K_I=155, K_D=1$。

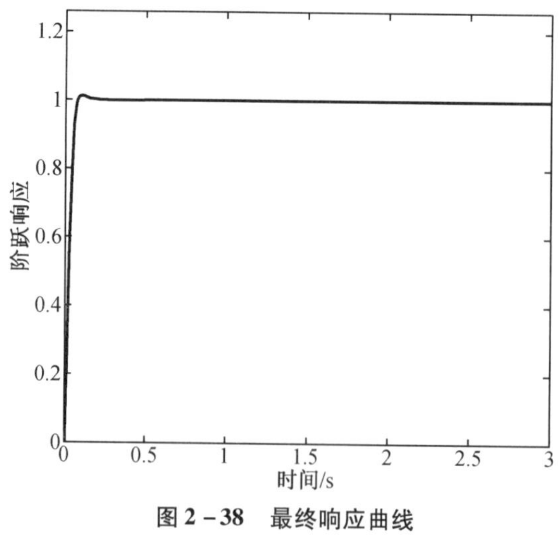

图 2－38　最终响应曲线

2.5.7　模糊PID控制仿真

模糊控制是以模糊集合论作为数学基础，以模糊逻辑作为推理基础的一种反映人类智慧思维的智能控制方法。它具有易被接受、构造简单、无须知道被控对象数学模型、鲁棒性好等特点。

采用模糊PID控制器对 K_P、K_I、K_D 三个参数进行调节，根据常用模糊控制器及电机控制系统的输入、输出量，确定以偏差 e 和偏差变化率 ec 作为模糊PID控制器的输入量，发送脉冲数为输出量，K_P、K_I、K_D 的调整值即 ΔK_P、ΔK_I、ΔK_D 为模糊控制器的输出量。找出三个参数与 e 和 ec 之间的模糊关系，利用模糊控制规则对 K_P、K_I、K_D 进行整定，使被控对象具有良好的动态与静态性能。

隶属度函数能够体现一个特定模糊集合的所有模糊特性，因此，如何确定隶属度函数是一个关键问题，隶属度函数的确定会受到主观性和经验性的影响，但也要遵循变量的对称和平衡、避免不恰当的重叠等基本原则。

输入、输出量通过模糊化使其实际值映射至论域中，并用人工语言进行描述。将 e、ec、ΔK_P、ΔK_I、ΔK_D 分为 -3、-2、-1、0、1、2、3 七个等级，它们的模糊子集论域为{-3，-2，-1,0,1,2,3}，论域的语言描述为{负大、负中、负小、零、正小、正中、正大}，用NB、NM、NS、ZO、PS、PM、PB表示。

设定偏差 e 基本论域为[$-\pi/6,\pi/6$]，偏差变换率 ec 的基本论域为[$-\pi/3,\pi/3$]，模糊化过程的量化因子 $K_e=3/(\pi/6)=5.73$，$K_e=3/(\pi/3)=2.86$。根据PID参数整定过程，确定 ΔK_P 的基本论域为{-1，-0.67，-0.33,0,0.33,0.67,1}，ΔK_I 的基本论域为{-9，-6，-3,0,3,6,9}，ΔK_D 的基本论域为{-0.1，-0.067，-0.033,0,0.033,0.067,0.1}。各输入量的隶属度见表2-9。

表2-9　e、ec 的隶属度

隶属度	-3	-2	-1	0	1	2	3
NB	1	0	0	0	0	0	0
NM	0	1	0	0	0	0	0
NS	0	0	1	0	0	0	0
ZO	0	0	0	1	0	0	0
PS	0	0	0	0	1	0	0
PM	0	0	0	0	0	1	0
PB	0	0	0	0	0	0	1

模糊规则的确定以及对模糊结果的推理是模糊控制器的核心，需要根据他人的经验积累并结合实际情况进行总结归纳，确定模糊规则。模糊规则的合理性对控制器的性能有着很大的影响。采用“if A and B then C and D and E”形式，确定如表2-10、表2-11、表2-12所示的模糊控制规则。

表 2－10　K_P 控制规则表

K_P		e						
		NB	NM	NS	ZO	PS	PM	PB
	NB	PB	PB	PM	PM	PS	ZO	ZO
ec	NM	PB	PB	PM	PS	PS	ZO	NS
	NS	PM	PM	PM	PS	ZO	NS	NS
	ZO	PM	PM	PS	ZO	NS	NS	NM
ec	PS	PS	PS	ZO	NS	NS	NM	NM
	PM	PS	ZO	NS	NS	NM	NM	NB
	PB	ZO	ZO	NM	NM	NM	NB	NB

表 2－11　K_I 控制规则表

K_I		e						
		NB	NM	NS	ZO	PS	PM	PB
	NB	NB	NB	PM	NM	PS	ZO	ZO
	NM	NB	NB	PM	NS	NS	ZO	ZO
	NS	NB	NM	PM	NS	ZO	PS	PS
ec	ZO	NM	NM	PS	ZO	PS	PM	PM
	PS	NM	NS	ZO	PS	PS	PM	PB
	PM	ZO	ZO	PS	PS	PM	PB	PB
	PB	ZO	ZO	PS	PM	PM	PB	PB

表 2－12　K_D 控制规则表

K_D		e						
		NB	NM	NS	ZO	PS	PM	PB
	NB	PS	NS	NB	NB	NB	NM	PS
	NM	PS	NS	NB	NM	NM	NS	ZO
	NS	ZO	NS	NM	NM	NS	NS	ZO
ec	ZO	ZO	NS	NS	NS	NS	NS	ZO
	PS	ZO	ZO	ZO	ZO	ZO	ZO	ZO
	PM	PB	NS	PS	PS	PS	PS	PB
	PB	PB	PS	PS	PS	PS	PS	PB

曲面表示输出模糊变量 ΔK_P、ΔK_I、ΔK_D（z 轴）与输入模糊变量 e、ec（x、y 轴）的变化关系，如图 2－39 所示。

采用模糊 PID 控制器的单位阶跃输入响应如图 2－40 所示，从图中可以看出，与传统

PID 的响应曲线相比，模糊 PID 响应速度更快，响应时间为 0.1 s，超调量约为 1% 也小于传统 PID，基本无振荡、无稳态误差。所以，模糊 PID 算法是可行的。

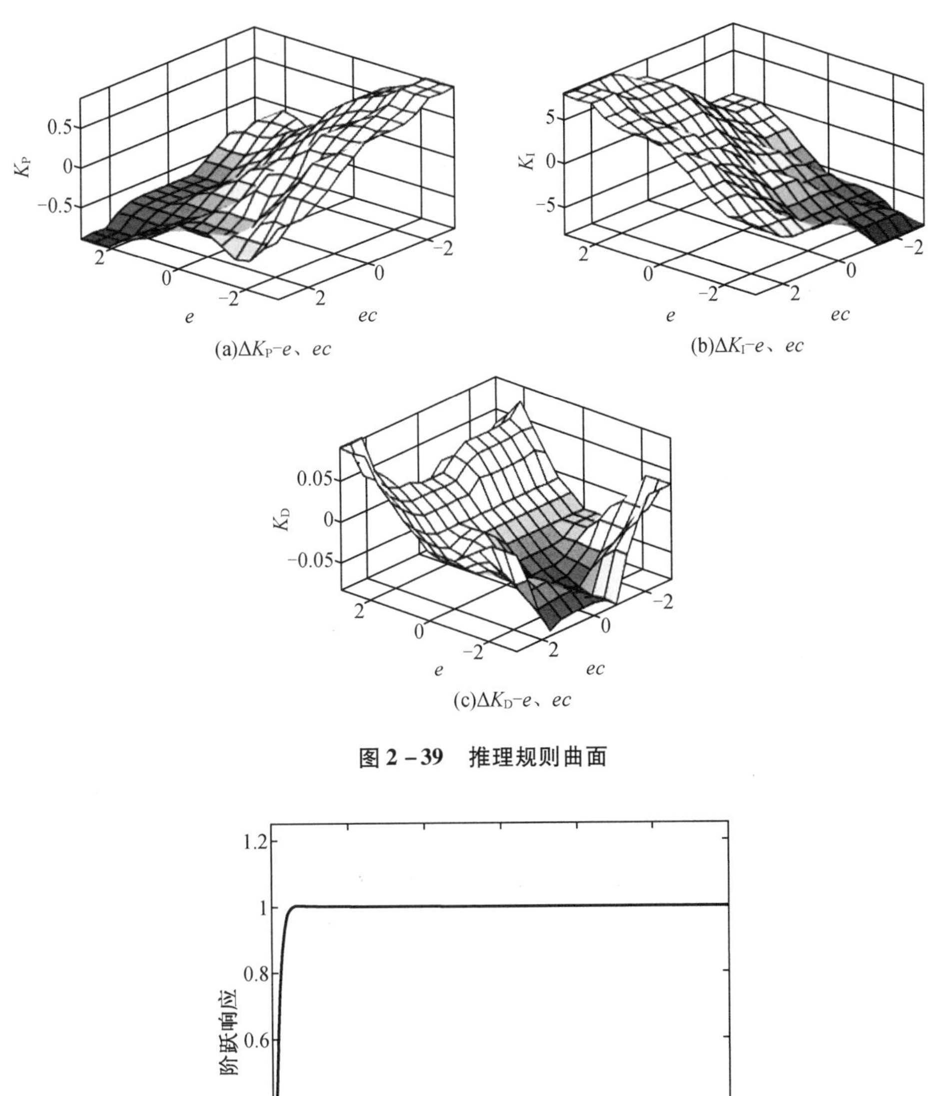

图 2-39　推理规则曲面

图 2-40　单位阶跃响应

2.5.8　误差来源分析

定位误差的大小关系到钻孔位置的准确性，孔的位置是后续插锚杆、拧螺母等工序的基础,所以分析误差的来源至关重要。在前文中已经进行了轴向行走和主轴旋转电机闭环控制,并在传统 PID 控制器的基础上设计了模糊 PID 控制器以消除控制方式对定位误差的影响。除此之外,在不考虑机械结构制造误差的前提下,步进电机转速和进给丝杠也会造成定位误差。

步进电机的运动需要经过从启动频率加速至恒速工作目标频率、恒速运动、恒速工作目标频率减速至启动频率三个阶段,一般启动频率为恒速工作频率的 20% ~60%。刚启动时转速为零,在启动过程中,电磁转矩不仅要克服负载转矩,还需要去克服惯性力,比连续运转过程中的负载要大,同时由于电阻和电感的存在,随着转速的提高,转矩也会随之减小,可能出现电磁转矩无法克服负载转矩和惯性力的情况。在理想状态下,步进电机上的电磁转矩 $T_{电磁}$ 和负载转矩 $T_{负载}$ 之间的关系可表示为

$$J\frac{\mathrm{d}\omega}{\mathrm{d}t}=T_{电磁}-T_{负载} \tag{2-61}$$

式中 ω——步进电机角速度。

如果步进电机工作转速过高,即目标频率过高,为保证快速达到工作频率,则启动的频率和加速度也会很高,转子的速度跟不上定子磁场旋转的速度,不断累积后,将出现步进电机的失步现象甚至无法启动。失步现象的出现将导致步进电机无法准确到达指定位置,采用闭环控制就可以有效解决失步问题。当运动至目标位置后,控制器会立即停止向步进电机驱动器发送脉冲,但在惯性的作用下,电机转子不能立即停止,会继续转动越过目标位置,导致步进电机的过冲现象。这两种现象均会造成步进电机的定位误差,所以在保证工作效率的前提下,适当降低步进电机的工作转速并在启动和停止时加入加减速过程,可以提高定位精度。

根据岩孔侧壁钻孔机器人的工作过程可知,进给机构选用的丝杠均为阶段性工作,不存在长时间连续工作,且转速较低,所以高温导致的热膨胀变形造成的定位误差可忽略不计。丝杠与螺母之间存在间隙,会在丝杠反转时造成定位误差。同时还会影响丝杠的刚度,进而造成定位误差,消除间隙的常用方法是施加轴向预紧力(最大轴向力的 1/3),同时进行合理的孔序规划,尽量减少换向次数。在长时间施加轴向预紧力及工作过程中不断磨损后,丝杠的螺距误差会在制造误差的基础上进一步增大,所以要定期检测丝杠的螺距,并将螺距误差换算成脉冲量,进行一定数量的脉冲补偿以减小定位误差。

因为步进电机位置检测所用的增量式传感器有一定的线数,所以会存在一定的测量误差。通常测速的方法是调用控制器里面的计数器,用输入捕获的方式测量传感器传回来的两个相邻脉冲上升沿到下降沿的时间,进而计算速度。原理如下:

$$f_{\mathrm{v}}=\frac{60}{4\Delta TK} \tag{2-62}$$

式中 f_{v}——电机的转速,r/min;

ΔT——相邻脉冲上升沿到下降沿时间间隔,s;

K——编码器的线数。

将式(2－62)进行微分：

$$df_v = -\frac{15}{\Delta T \cdot K}\left(\frac{1}{\Delta T}d(\Delta T) + \frac{1}{K}d(K)\right) \tag{2-63}$$

通常定时器计时的误差很小，我们不妨取 1 μs，编码器反馈的误差为一个刻度之内，假设误差为一个刻度。将式(2－62)和式(2－63)联立，消去 ΔT 可得下式：

$$df_v = f_v(10^{-6} \cdot f_v \cdot K/15 + 1/K) \tag{2-64}$$

设编码器线数取值为 500～2 500，设电机转速为 0～3 000 r/min，可以得到图 2－41。

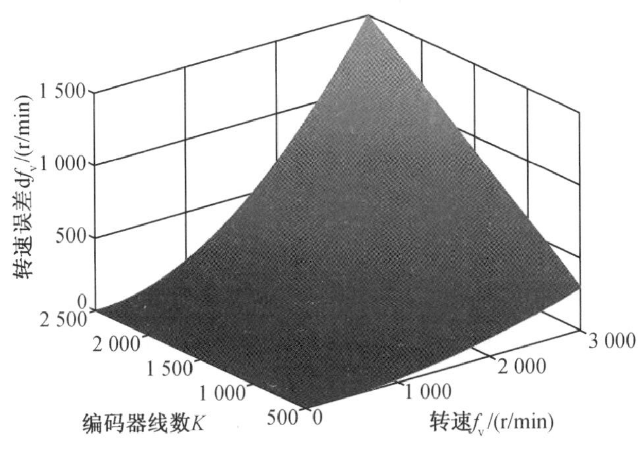

图 2－41 电机转速测量误差图

由图 2－41 可知，当电机转速一定时，并不是编码器线数越高转速误差越小，在某一范围内，编码器线数越高，反而转速误差越大；当编码器线数一定时，转速越大，测量的转速误差就越大。这也是编码器常用于测量步进电机转速和位移的原因。

下面计算速度误差对位移的影响，步进电机转速为 25 r/min，每转一圈，轴向行走丝杠滑台行进 10 mm，按式(2－64)来计算转速误差，则丝杠滑台每行进 10 mm，将会产生最多 0.027 mm 的误差。令编码器线数 $K = 1\ 000$，根据式(2－64)可得转速和转速误差曲线如图 2－42 所示。

由图 2－42 可知，降低转速是降低测量引起的转速误差的一种有效手段，如果将转速降为 5 r/min，则丝杠滑台能够行进 10 mm，产生的测量误差将是 0.013 mm。

2.5.9 上位机控制系统设计

本书采用 MCGS 嵌入式组态软件完成岩孔侧壁钻孔机器人的上位机控制系统的设计开发。MCGS 是基于 Windows 操作系统，用于快速构造和生成上位机监控系统的组态软件系统，具有功能完善、操作方便、可视性好、可维护性强等优点。MCGS 组态软件主要由主控窗口、设备窗口、用户窗口、实时数据库和运行策略五部分组成。MCGS 系统结构如图 2－43 所示。

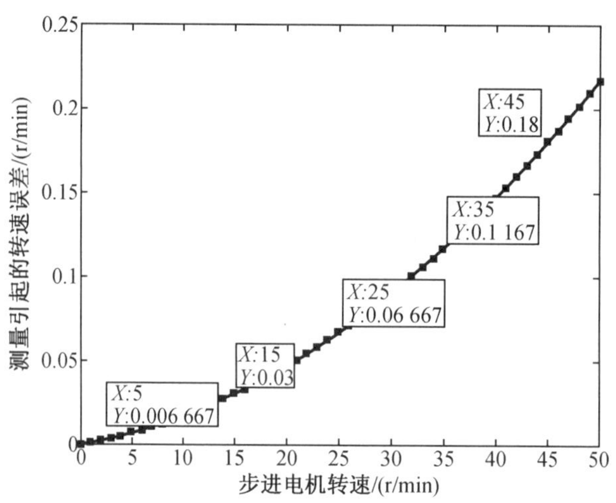

图 2-42 电机转速和转速误差的关系曲线

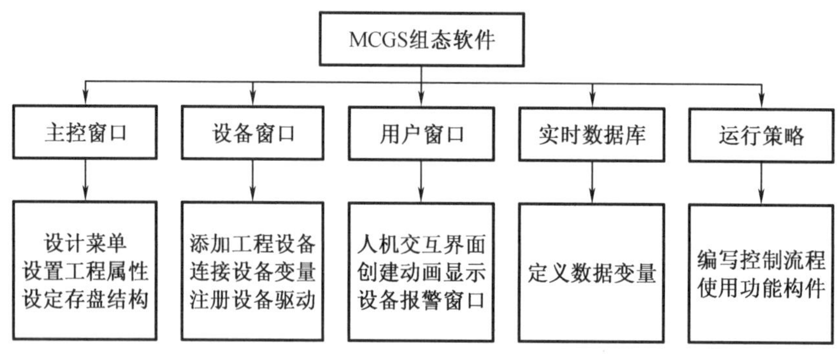

图 2-43 MCGS 系统结构

MCGS 组态软件通过设备窗口实现 MCGS 与 PLC 的连接。在系统中实现 MCGS 与欧姆龙 CP1E-N20DT-D 型 PLC 通信的具体步骤如下：

(1)新建项目后，在设备窗口中进行设备添加，选择“通信串口父设备”和“欧姆龙 FINS 串口”，如图 2-44(a)所示。

(2)对通信父设备和通信子设备进行参数设置，如图 2-44(b)所示。

(3)在添加 MCGS 与 PLC 之间的数据通道后进行通道定义，将内部数据与通道进行对应，对应关系如图 2-44(c)所示。

在用户窗口内完成上位机操作界面的设计，操作界面中的按钮包括 1#轴(轴向行走)、2#轴(主轴旋转)、3#轴(径向进给)的启动、停止、手动，以及钻头启动、停止及初始化；输入窗口包括 1#轴、2#轴、3#轴的目标位置；显示窗口包括 1#轴、2#轴、3#轴的实际位置及钻头转速表，如图 2-45 所示。

为了方便操作人员使用，1#轴和 3#轴的目标位置与实际位置的单位为 mm，2#轴的目标位置与实际位置的单位为(°)，而 PLC 输出的是脉冲数量，故需要对位移与脉冲数量进行转化，在运行策略窗口中添加循环策略，在循环策略中添加脚本程序，以 3#轴为例，轴向行走丝杠导程 $s=4$ mm，步进电机细分数 $N=2\ 000$，则存储于 D300 寄存器中的目标位置即 PLC 需要输出的脉冲数量 K 为

$$K = \frac{m}{s}N = 500m \tag{2-65}$$

式中 m——目标位置输入值。

(a)设备添加

(b)数据通道对应

(c)通信设备参数设置

图2-44 通信步骤

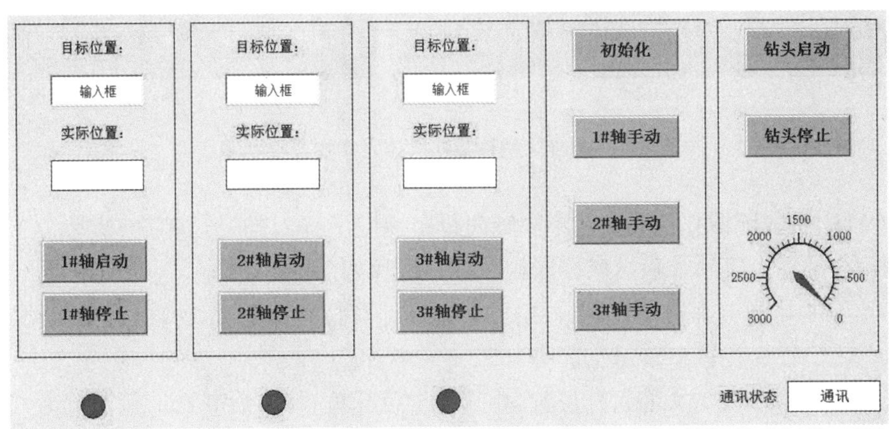

图2-45 上位机操作界面

同理,当寄存于D310中的实际输出脉冲数量为K'时,则实际位置显示窗口显示的数值m'为

$$m' = \frac{K's}{N} = \frac{K'}{500} \tag{2-66}$$

根据式(2-65)和式(2-66)编写脚本程序即可实现以毫米为单位的目标位置输入和实际位置显示。

2.6 小型侧壁钻孔机器人实验

对侧壁钻孔机器人进行实验分析,以验证方案的可行性。主要包括钻孔机器人的进给过程实验、稳定性实验和钻孔功能实验三部分。其中,进给过程实验用于验证各关节的定位精度,稳定性实验用于验证钻孔过程的稳定性,钻孔功能实验用于验证能否满足技术要求。

2.6.1 水平进给过程实验

水平进给过程实验包括轴向行走定位实验、主轴旋转定位实验和径向进给定位实验,径向进给实验又包括空载和钻孔两种情况。岩孔侧壁钻孔机器人实物及控制箱如图2-46所示。

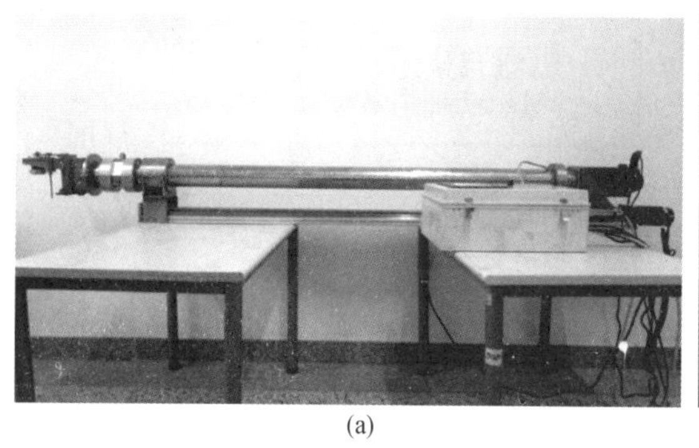

(a)

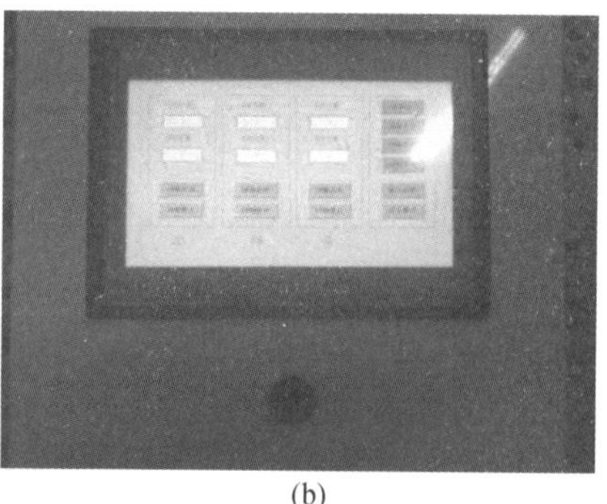

(b)

图2-46 岩孔侧壁钻孔机器人实物及控制箱

实验目的是验证钻孔机器人在不同轴向行走速度下降时的定位精度,实验设备主要有钻孔机器人、游标卡尺和带触摸屏控制箱。实验过程如下:

(1)给控制箱通电并初始化,在触摸屏中输入任意位置并启动1#轴,进给至指定位置,再次初始化,使目标位置和实际位置均为0。

(2)输入4个依次增大的目标位置,相邻2个目标位置间隔50 mm,用游标卡尺测量每次的进给位移,此过程为正行程实验;在进给至大于200 mm的任意位置后输入4个间隔50 mm、依次减小的目标位置,即为反行程实验。测量方法如图2-47所示。

(3)在开环和闭环两种控制方式下完成上述过程。步进电机的定位精度与工作转速有关,按照上述方法分别以转速30 r/min、60 r/min、180 r/min即电机恒速工作频率分别为1 000 Hz、2 000 Hz、6 000 Hz进行实验,共48组,并记录游标卡尺读数,并绘制曲线图。

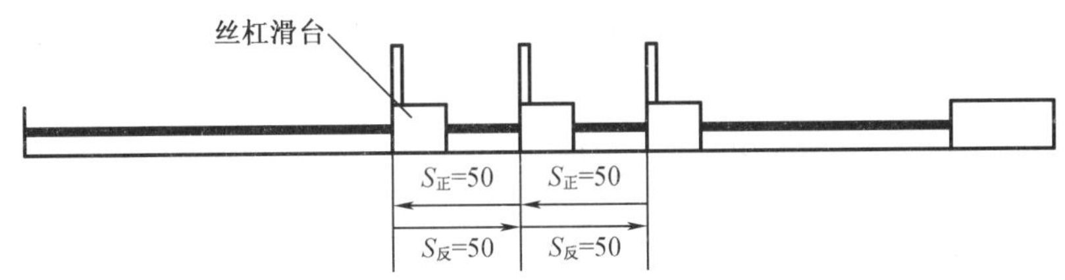

图 2-47 测量方法

轴向行走定位数据见表 2-13，曲线图如图 2-48 所示。

表 2-13 轴向行走定位数据

期望进给/mm	50.00	50.00	50.00	50.00	50.00	50.00	50.00	50.00
开环 30 r/min 进给/mm	50.33	50.47	50.29	50.34	50.36	50.42	50.45	50.34
闭环 30 r/min 进给/mm	50.33	50.38	50.35	50.42	50.38	50.36	50.34	50.23
开环 60 r/min 进给/mm	50.32	50.27	50.30	50.42	50.38	50.34	50.30	50.28
闭环 60 r/min 进给/mm	50.46	50.37	50.28	50.37	50.40	50.25	50.38	50.26
开环 180 r/min 进给/mm	50.13	50.09	49.85	50.09	49.90	50.11	50.08	49.89
闭环 180 r/min 进给/mm	50.58	50.55	50.63	50.52	50.56	50.49	50.44	50.51

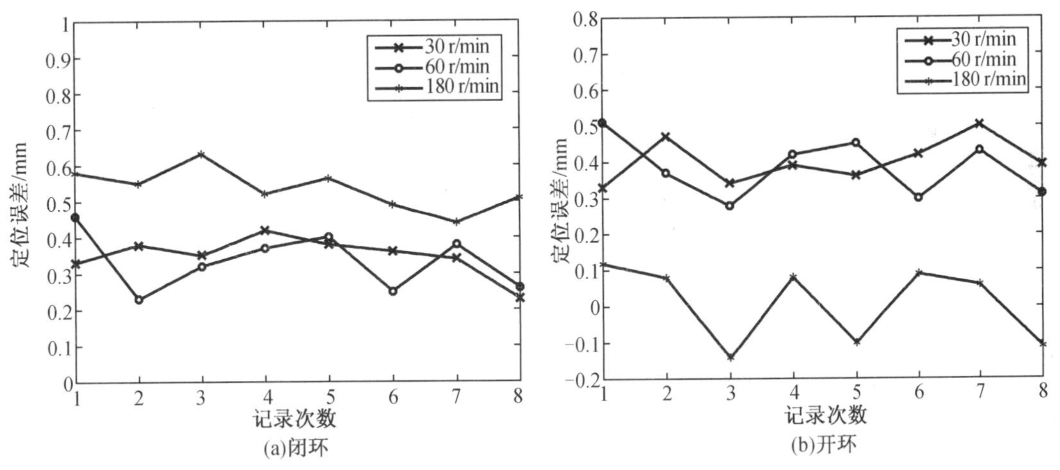

图 2-48 轴向行走定位误差

从表 2-13 及图 2-48 中可以看出，当采用闭环控制方式，转速为 30 r/min 和 60 r/min 时，实际进给量均大于期望进给量，存在较小的定位误差且不同转速相差不大，说明在转速较低时，定位误差是由丝杠的螺距误差造成的；当转速为 360 r/min 时，定位误差变大，说明在转速较高时，步进电机出现过冲现象，定位误差是由螺距误差和过冲共同造成的。当采用开环控制方式，转速为 360 r/min 时，实际进给量在期望进给量附近波动，根据前文关于转速较高时的定位误差分析可知，由于存在螺距误差和过冲现象，实际进给量应大于期望进给量，说明步进电机出现了失步现象，实际上并没有到达发送脉冲的指定位置。综上所述，采用闭环控制方式可以解决步进电机的失步问题，但在转速较高时，存在过冲现象影响定位精度，所以在保证工作效率的前提下，降低轴向行走步进电机转速可以提高定位精度，符合关于步进电机过冲现象的分析，同时还需要对丝杠的螺距误差进行一定数量的脉冲补偿。

2.6.2 主轴旋转定位实验

实验目的是验证钻孔机器人主轴在不同控制方式下的定位精度，实验设备主要有钻孔机器人，陀螺仪加速度计 MPU6050、STM32，带触摸屏控制箱以及电脑。实验过程如下：

（1）将陀螺仪加速度计 MPU6050、STM32 和电脑连接好，并完成上位机设置。

（2）将 MPU6050 固定在小丝杠滑台上，保证 X 轴与主轴轴线平行，Y 轴与滑台板平行，此时给 STM32 上电，MPU6050 的各方向角度、加速度均为零，以此为初始状态。

（3）给控制箱通电并初始化，在触摸屏上输入依次增大的主轴旋转角度目标位置，目标位置间隔分别为 30°，使主轴间歇性旋转半周，并通过上位机与 X 轴对应的曲线得出主轴每次转动过后的实际位置，相邻两次角度的差值即为每次的转角，此为正转实验。以钻头垂直向下为初始位置（0°），主轴旋转至各目标位置的位姿如图 2－49 所示。

(a)0°　(b)30°　(c)60°　(d)90°

(e)120°　(f)150°　(g)180°

图 2－49　主轴位姿

(4)同理,输入等间隔依次减小的目标位置并记录结果曲线进行反转实验。

上位机可以记录 X、Y、Z 三个方向角位移和角加速度共6条曲线,本实验仅需记录 X 轴角位移1条曲线即可。上位机界面如图2-50所示,采集的闭环角位移曲线如图2-51所示,并整理得表2-14。

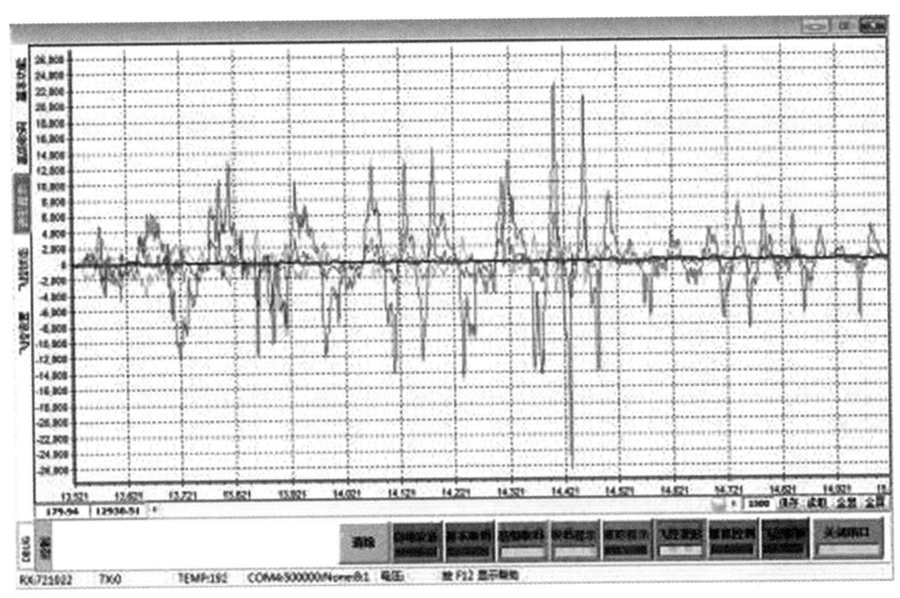

图2-50　上位机界面

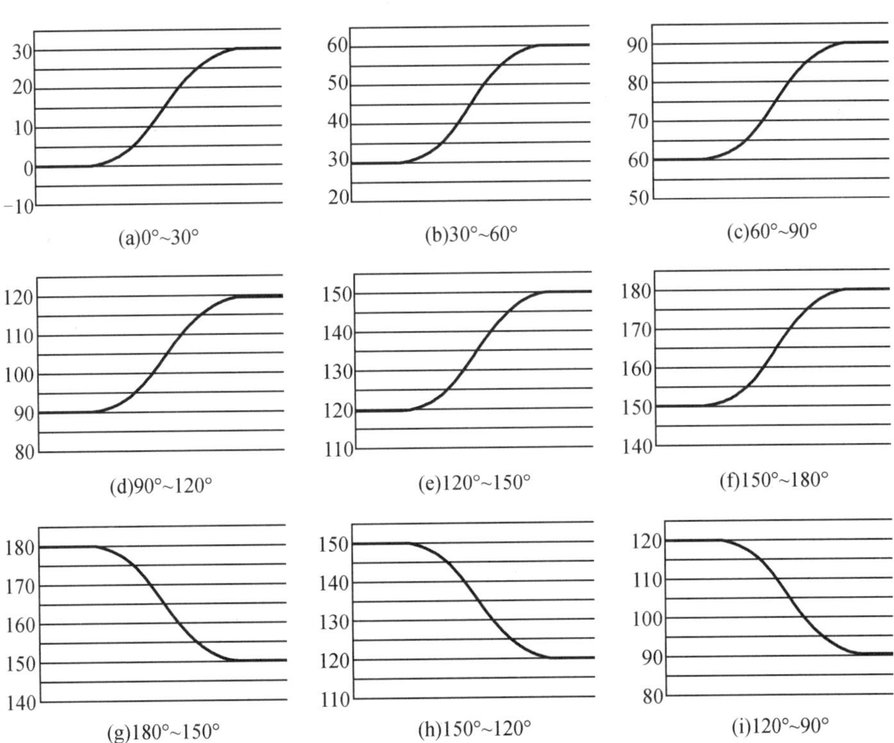

图2-51　闭环角位移曲线

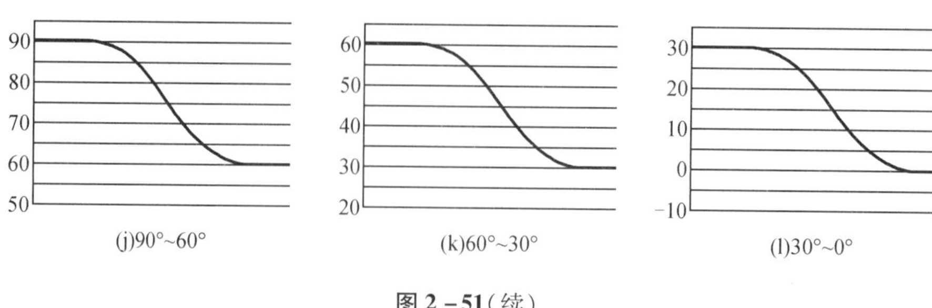

图 2-51(续)

表 2-14 主轴转角数据

正转目标角度	30°	60°	90°	120°	150°	180°
正转实际角度	30.1°	60.2°	90.2°	119.7°	150.1°	179.9°
正转转角	30.1°	30.1°	30°	29.5°	30.4°	29.8°
反转目标角度	150°	120°	90°	60°	30°	0°
反转实际角度	150.1°	120°	90.3°	60.1°	30.2°	0°
反转转角	29.9°	30.1°	29.7°	30.2°	29.9°	30.2°

可以看出,主轴的角位移曲线在启动和停止阶段存在一段平缓的过渡区间,说明主轴旋转电机不存在急起急停,旋转过程稳定,且定位精度较高,定位误差在 2% 以内,能够满足使用要求。

2.6.3 径向进给定位实验

实验目的是验证钻孔机器人在开环控制方式下空载和负载(钻孔)的径向进给定位精度,实验设备主要有钻孔机器人、陀螺仪加速度计 MPU6050 和 STM32、游标卡尺、台虎钳、岩石样本、带触摸屏控制箱和电脑。实验过程如下:

(1)将 MPU6050 连接好后固定于任意水平位置,通电后记为水平初始位置。

(2)按主轴旋转实验的固定方式将 MPU6050 固定于丝杠滑台板上进行水平矫正,在触摸屏上输入 MPU6050 的 X 轴角位移或利用手动控制主轴旋转,不断调整后,使 X 轴角位移回零,此时丝杠滑台板处于水平状态,钻头与岩石样本垂直,调平后如图 2-52 所示。

图 2-52 准备阶段调平

(3)空载状态下,在触摸屏上输入依次增大的目标位置,目标位置间隔 10 mm,并利用游标卡尺测量每次的径向位移。

(4)同理,测量负载状态下即钻孔过程中每次的径向位移。将两组测量结果进行对比,见表 2-15,验证在负载状态下径向进给能否保证定位精度。

表 2-15 径向进给定位数据

单位:mm

记录次数	1	2	3	4	5
期望位移	10	10	10	10	10
空载位移	10.18	10.21	10.20	10.18	10.22
负载位移	10.16	10.19	10.17	10.17	10.20

从表 2-15 中可以看出,在负载状态下径向进给不会因为负载而产生丢步现象,仍然能保证较好的定位精度。在空载和负载两种情况下,实测位移都比期望位移大,主要是由机械结构在制造精度方面的误差造成的,包括齿轮的精度不够使传动比小于 2,导致径向进给丝杠实际转速比理论值大,以及丝杠的螺距精度不够,螺距的实际值大于理论值,这两点最终导致实际位移大于期望位移,若进行完整钻孔,实际孔深将大于 90 mm。

2.6.4 稳定性实验

稳定性实验包括钻孔过程中钻头电机转速与径向进给速度的匹配实验和钻头位置的振动实验两部分。

1. 钻头电机转速与径向进给速度的匹配实验

实验分为钻头电机转速调节和转速匹配两部分,实验目的是验证钻头电机转速调节的准确性、稳定性和在不同转速匹配下钻孔过程的稳定性。实验设备、准备阶段调平过程与径向进给定位实验相同。实验过程如下:

(1)在钻头电机转速调节实验中,由上一章钻头旋转电机控制的相关内容可知,电机转速通过控制箱上的旋钮进行调速,与旋钮的机械转角存在线性关系,计算得出与机械转角对应的期望转速。

(2)STM32 通过串口与电脑连接,无刷直流电机驱动器霍尔信号端口 Hw、Hu、Hv 通过光耦隔离分压模块与 STM32 连接,实验过程如图 2-53 所示。

(3)钻头启动后,旋钮依次旋转至指定角度,利用示波器采集霍尔传感器不同转速时反馈的霍尔信号频率,如图 2-54 所示。

根据式(2-67)计算理论转速得出

$$n = 60f/p \tag{2-67}$$

式中 n——直流无刷电机转速;

f——霍尔信号频率;

p——电机极对数。

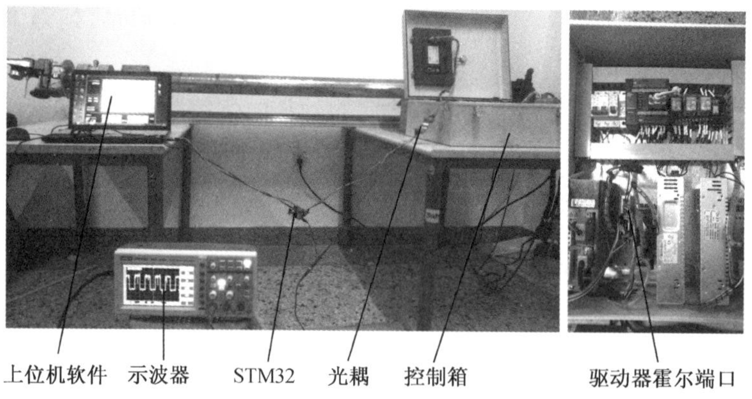

图 2－53　转速测量过程

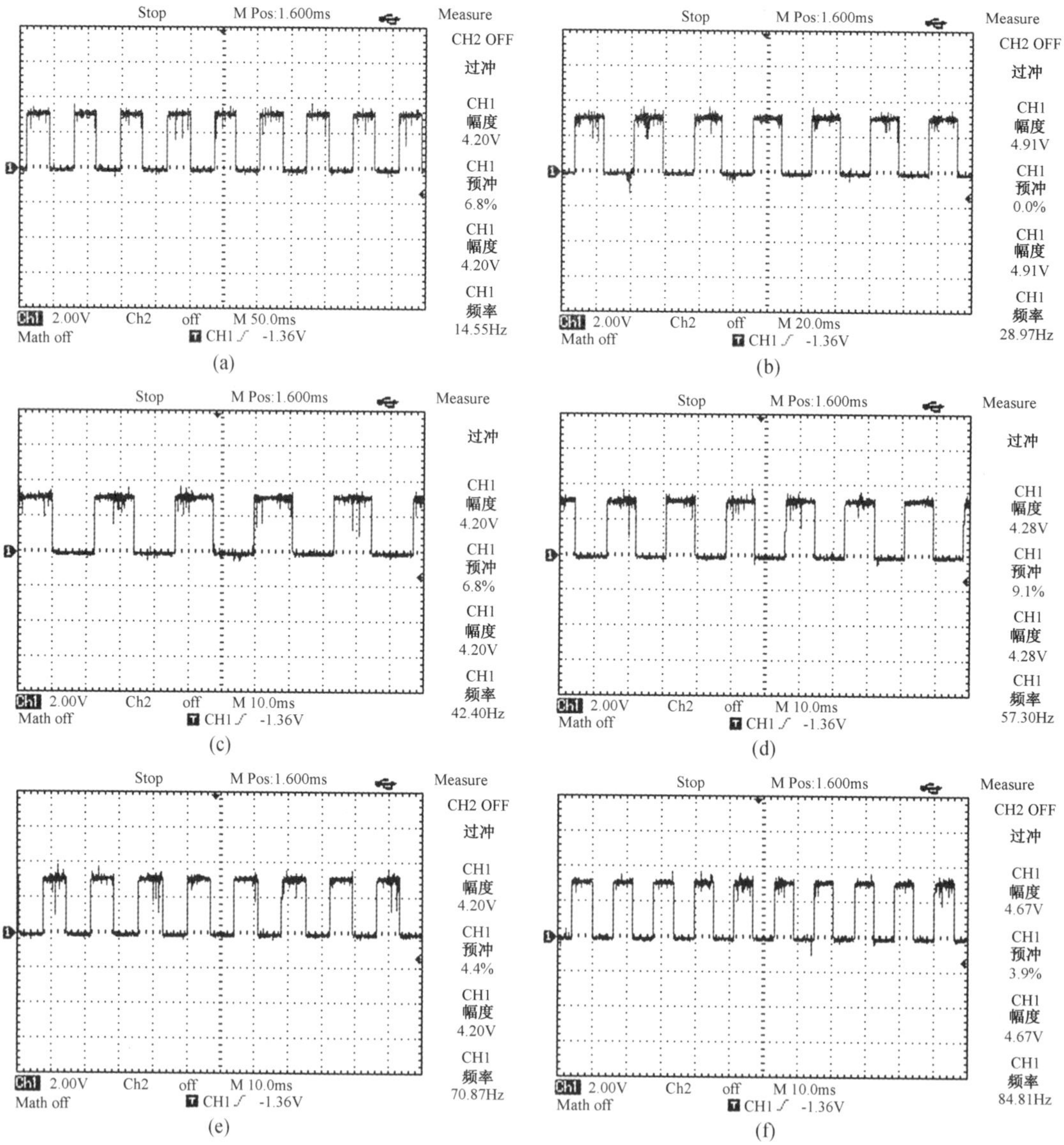

Stop　M Pos:1.600ms　Measure　CH2 OFF　过冲　CH1 幅度 4.20V　CH1 预冲 6.8%　CH1 幅度 4.20V　CH1 频率 14.55Hz
CH1 2.00V　Ch2 off　M 50.0ms　Math off　CH1 ⨍ -1.36V

(a)

Stop　M Pos:1.600ms　Measure　CH2 OFF　过冲　CH1 幅度 4.91V　CH1 预冲 0.0%　CH1 幅度 4.91V　CH1 频率 28.97Hz
CH1 2.00V　Ch2 off　M 20.0ms　Math off　CH1 ⨍ -1.36V

(b)

Stop　M Pos:1.600ms　Measure　过冲　CH1 幅度 4.20V　CH1 预冲 6.8%　CH1 幅度 4.20V　CH1 频率 42.40Hz
CH1 2.00V　Ch2 off　M 10.0ms　Math off　CH1 ⨍ -1.36V

(c)

Stop　M Pos:1.600ms　Measure　过冲　CH1 幅度 4.28V　CH1 预冲 9.1%　CH1 幅度 4.28V　CH1 频率 57.30Hz
CH1 2.00V　Ch2 off　M 10.0ms　Math off　CH1 ⨍ -1.36V

(d)

Stop　M Pos:1.600ms　Measure　CH2 OFF　过冲　CH1 幅度 4.20V　CH1 预冲 4.4%　CH1 幅度 4.20V　CH1 频率 70.87Hz
CH1 2.00V　Ch2 off　M 10.0ms　Math off　CH1 ⨍ -1.36V

(e)

Stop　M Pos:1.600ms　Measure　CH2 OFF　过冲　CH1 幅度 4.67V　CH1 预冲 3.9%　CH1 幅度 4.67V　CH1 频率 84.81Hz
CH1 2.00V　Ch2 off　M 10.0ms　Math off　CH1 ⨍ -1.36V

(f)

图 2－54　霍尔信号频率

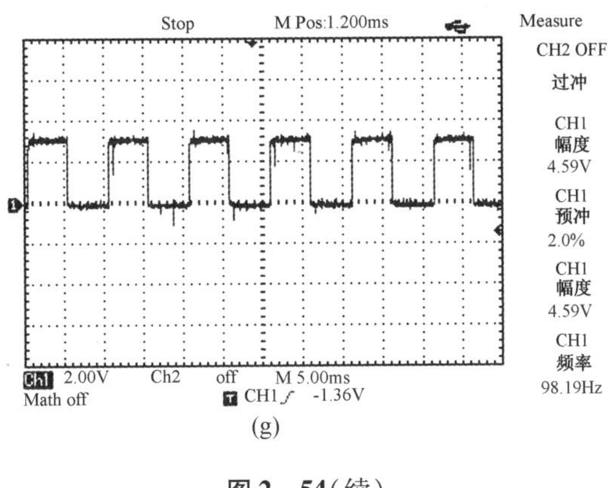

(g)

图 2－54(续)

(4)由于转速会在一定范围内进行波动,利用上位机软件采集 20 s 内对应旋钮转角的转速波动曲线及数据,与预期值及理论值进行比较,转速实测曲线如图 2－55 所示,转速数据见表 2－16。

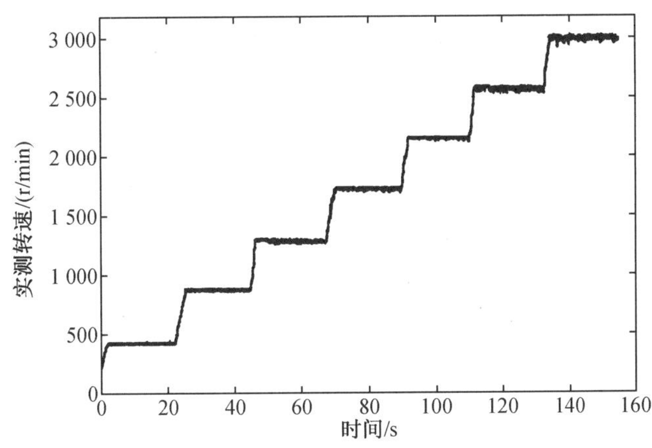

图 2－55　转速实测曲线

表 2－16　旋钮机械转角与转速对应关系

机械转角/(°)	期望转速/(r/min)	理论转速/(r/min)	实测转速/(r/min)
90°	428.6	436.5	411 ~423
120°	857.2	869.1	858 ~880
150°	1 285.8	1 272	1 270 ~1 304
180°	1 714.3	1 719	1 702 ~1 735
210°	2 142.9	2 126.1	2 144 ~2 161
240°	2 571.5	2 544	2 541 ~2 587
270°	3 000	2 945.7	2 965 ~3 013

(5)在转速匹配实验中,根据钻头电机转速和进给电机转速的关系式及调速范围,确定

5 组匹配转速见表 2－17，以此转速进行负载进给，利用陀螺仪加速度计 MPU6050 测量钻孔过程中 Y 轴的加速度，如图 2－56 所示。

表 2－17　转速匹配数据

钻头电机转速/(r/min)	2 050	2 200	2 350	2 500	2 650
进给电机转速/(r/min)	25.2	27.1	28.9	30.8	32.6

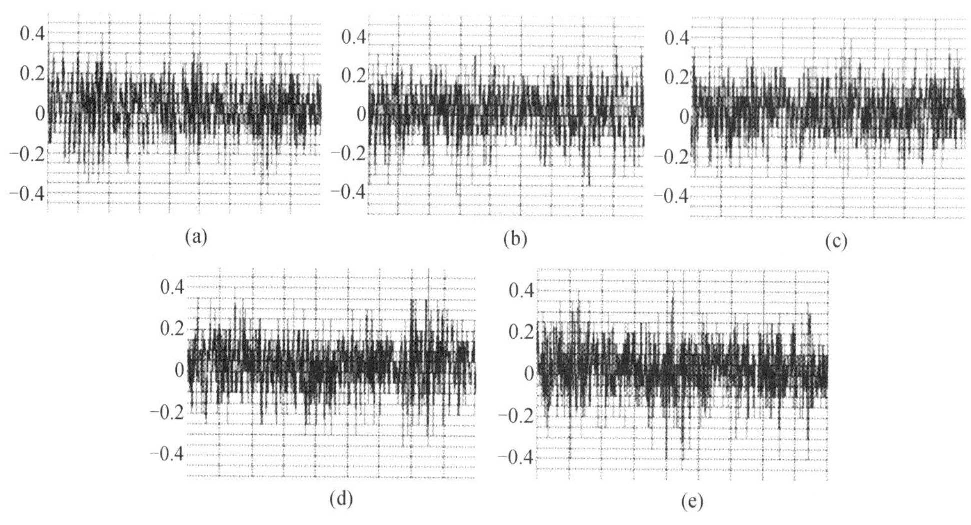

图 2－56　不同转速匹配 Y 轴加速度

根据图 2－54 中采集的 7 组霍尔信号频率求得的电机理论转速与期望转速和实测转速三者之间的误差较小，说明可以通过控制旋钮的机械转角较准确地实现转速的控制，且符合第 4 章中钻头旋转电机控制中旋钮机械转角与电机转速存在的线性关系。

从图 2－55 及表 2－16 中可以看出，在转速较低时，转速的波动范围较小，较为稳定，随着转速提高，波动范围逐渐扩大，故在保证钻孔效率的前提下，可适当降低电机转速。

图 2－56 中 Y 轴加速度曲线对应表 2－18 中 5 组转速匹配，钻头的轴向加速度总体上在 －0.3 ~0.3 s 波动，说明在不同转速匹配状态下，钻孔过程均较为平稳，关于径向进给电机和钻头旋转电机转速匹配的理论是合理的。

2. 钻头位置的振动实验

实验目的是验证钻孔过程中钻头位置主轴的稳定性，实验设备与主轴旋转定位实验相同。以钻头竖直向下为例，实验过程如下：

(1)陀螺仪加速度计 MPU6050 与 STM32、电脑连接好后，调平过程同上；

(2)将 MPU6050 重新固定在丝杠滑台板上，保证其 X 轴与主轴轴线平行，Y 轴与滑台板平行，启动钻头后输入径向进给位移，开始钻孔；

(3)在钻孔过程中，MPU6050 的 Y 轴角位移随时间的变化量能够反映主轴的钻头位置绕移动支撑处以水平轴线为平衡位置(0°)竖直方向的摆动角度，并利用上位机软件随机记录6组 Y 轴角位移变化曲线，如图2－57所示。

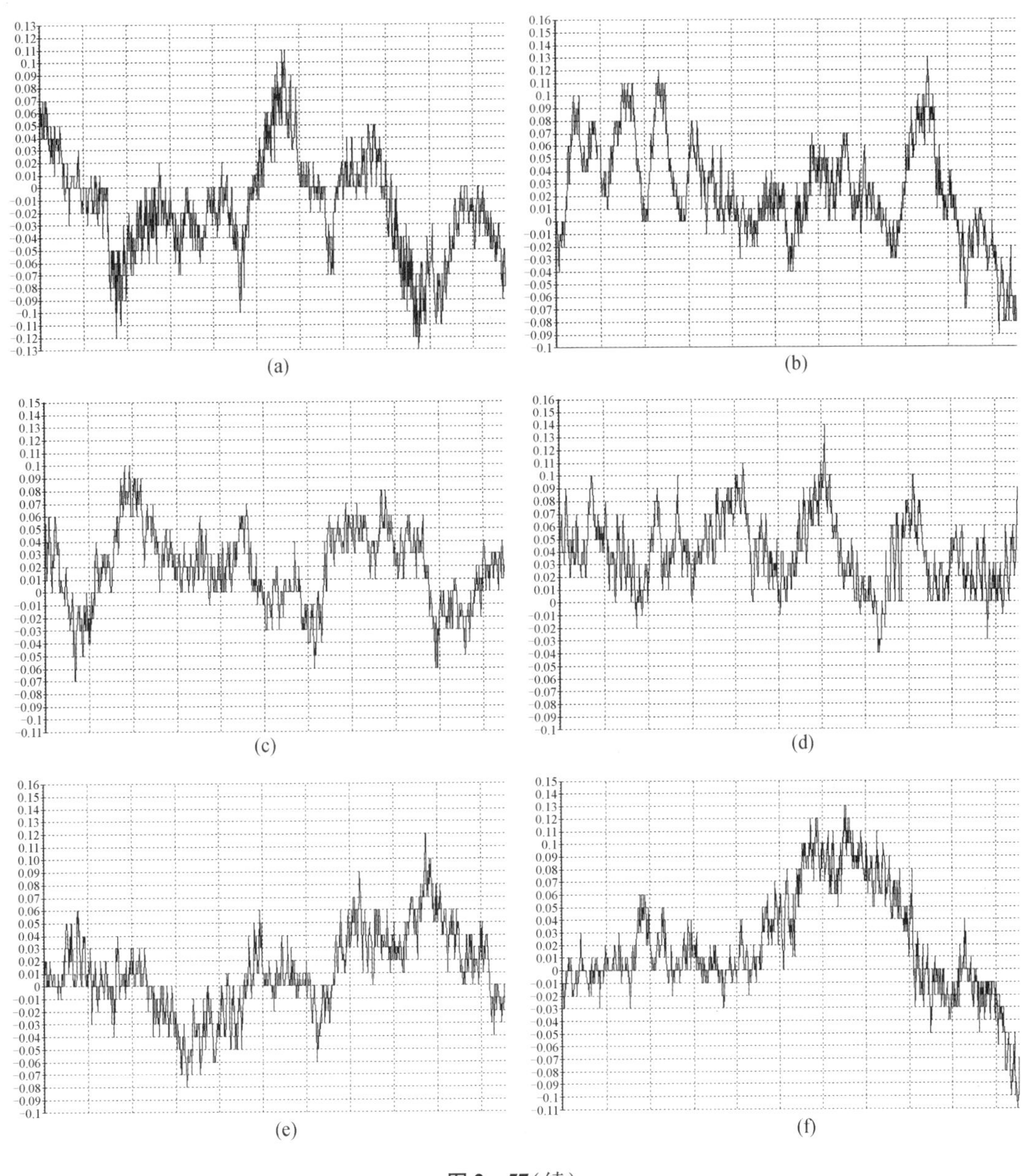

图2－57(续)

(4)记录钻孔过程中5 s内的 Y 轴加速度曲线，如图2－58所示。

2.6.5 实验数据及分析

从 Y 轴角位移变化曲线中可以看出，主轴的钻头位置集中在 $-0.12° \sim 0.12°$ 摆动(平衡位置以上为正，以下为负)。经测量，钻头位置与移动支撑之间的距离为200 mm，由于摆角较小，故主轴的钻头位置振幅 Z 近似为

$$Z = l\sin\theta \tag{2-68}$$

式中 l——钻头位置与移动支撑之间的距离,取 200 mm;

θ——振动摆角。

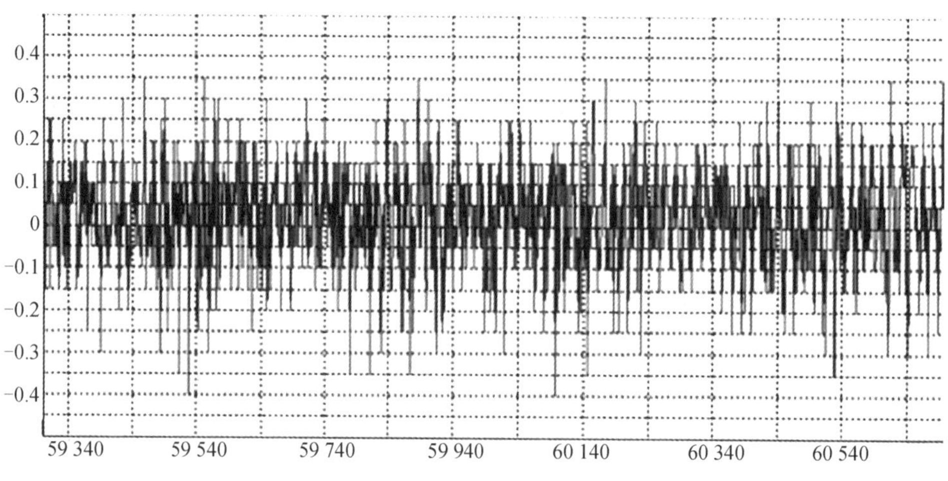

图 2-58 *Y* 轴加速度曲线

经计算,振幅的最大值为 0.42 mm,主轴在平衡位置 ±0.42 mm 范围内波动。

从图 2-57 中可以看出,5 s 内 MPU6050 共采集约为 1 400 个 *Y* 轴加速度,可以认为主轴受到的外力载荷频率约为 280 Hz,与第 3 章中得出的主轴固有频率不同,同时主轴振幅波动较小,说明在钻孔过程中薄壁圆柱壳主轴比较稳定,未发生共振和失稳现象,能够满足使用要求。

最后验证钻孔机器人能否按照技术要求完成钻孔,实验设备、准备阶段调平过程与径向进给定位实验相同。实验过程为将钻头尖部与岩石样本待钻孔面刚好接触。启动钻头后,在触摸屏上输入最大径向目标位置,当完成钻孔后,手动操作使径向进给丝杠快速回退至初始位置,利用游标卡尺测量孔的直径和深度。钻孔实验样本如图 2-59 所示,孔的直径和深度数据见表 2-18。

图 2-59 钻孔实验样本

表 2-18 孔的直径和深度

记录次数	1	2	3	4	5	6	7	8	均值
深度/mm	90.58	90.52	90.53	90.50	90.55	90.48	90.50	90.56	90.528
直径/mm	6.29	6.26	6.34	6.36	6.31	6.29	6.34	6.28	6.308

从表2-18中可以看出,孔深均值为90.528 mm,比孔深的期望值大,符合径向进给定位实验的分析结果。孔径均值为6.308 mm,比孔径的期望值大,主要原因是钻头的所有刀刃都参与工作,切削阻力非常大,特别是钻头的横刃,起定心的作用。横刃相对轴线总有不对称的,导致钻头两切削刃径向力不等引起径向跳动,从而造成孔径扩大。综上所述,孔深和孔径比期望值大,能够保证锚杆完全插入孔内,通过后续喷浆、拧螺母等操作对锚杆进行固定,实现岩体的加固,满足使用要求。对钻头进行打磨,减小横刃长度,可以减小钻头的径向跳动,但横刃不能过短,否则会影响钻头尖部的强度,对钻头造成破坏。

第3章 模拟系统用小型锚杆推进机器人

参考国内最新的锚杆钻机，结合具体项目试验系统的工况和技术要求，本书研制了一款小型锚杆推进机器人。构建了该机器人的结构模型并进行了运动学分析、连接主轴的静力学分析、机械手夹持机构的6阶模态分析和仿真分析验证。制定了机器人运动控制策略，包括整体控制策略、上位机、下位机通信方式选择、电机控制等。对所研制的锚杆推进机器人进行了现场试验，结果表明锚杆支护机器人能够满足设计要求，保证锚杆入孔推进过程顺利实现。

3.1 小型锚杆推进机器人总体设计

小型锚杆推进机器人主要用于狭窄孔洞内侧壁锚孔内锚杆安装工作，是整个物理模拟试验系统支护环节的主要设备。本书根据试验系统支护环节的工况要求和技术指标，确定了整个机器人系统各个组成部分、关键结构的设计方案对比选取与功能实现，以及各驱动电机选型计算，最后完成小型锚杆推进机器人的总体设计。

3.1.1 工况分析及技术要求

如图3－1所示，在整个物理模拟试验系统中，岩土样本是经相似材料配比成1 m×1 m×1 m的立方体力学模型，用于模拟真实的岩石环境；再由加载系统将此力学模型固定，由TBM机器人在立方体上开挖出直径200 mm的贯穿孔洞，用于模拟真实的隧道/巷道环境；然后由支护系统内的小型钻孔机器人在此孔洞内侧壁钻出深90 mm，直径6 mm的锚孔，本书研究的小型锚杆推进机器人正是在此基础上将锚杆推入侧壁目标锚孔内。要求在运行过程中锚杆推进机器人运转顺利平稳、锚杆入孔位置准确、可配备多根锚杆、入锚过程可被监测，完成入孔的锚杆要符合技术要求。锚杆推进机器人技术要求示意如图3－2所示，相关技术指标参数见表3－1。

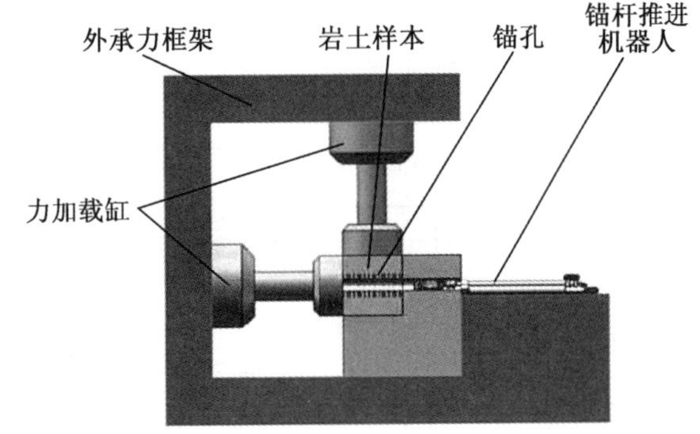

图 3－1　物理模拟试验系统整体工况

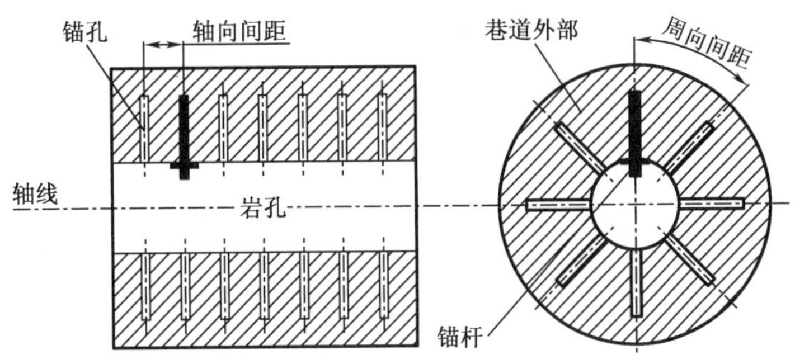

图 3－2　锚杆推进机器人技术要求示意图

表 3－1　技术指标参数

技术指标	岩孔直径	锚孔直径	轴向间距	锚杆入孔深度	周向间距	锚杆长度
参数值	200 mm	6 mm	50 mm	90 mm	45°	95 mm
技术指标	远程控制	视觉监测	行走定位精度	周向定位精度	夹持精度	锚杆数量
参数值	是	是	0.5 mm	0.5°	0.5 mm	多根

3.1.2　总体设计系统框图

根据技术要求，本书设计的小型锚杆推进机器人主要组成部分包括行走机构、周向旋转机构、稳定支撑机构、机械手夹持机构、视频监测模块和其他传感器模块等。在锚杆推进机器人运行过程中，先上位机发送操作指令给下位机，再由下位机发送控制信号控制各电机驱动器驱动电机运作，进而使机器人各部分协调合作实现预期功能。此小型锚杆推进机器人的总体设计系统框图如图 3－3 所示。

3.1.3　锚杆推进机器人的关键结构设计

结合 3.1.1 节的工况及技术要求，在设计此小型锚杆推进机器人结构的过程中应重点考虑以下几问题：

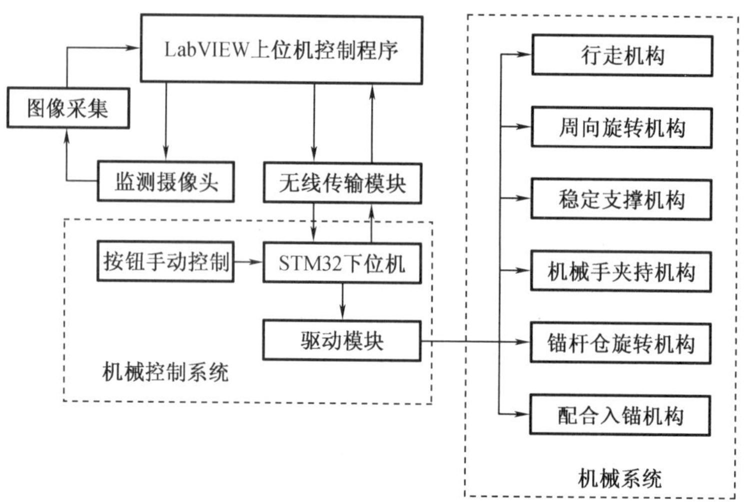

图3－3　锚杆推进机器人总体设计系统框图

（1）试验系统中模拟的岩石孔洞直径仅有200 mm，再按照技术要求除去锚杆留在锚孔外的尺寸，工作空间直径仅剩190 mm，加之整个孔洞长度（包括框架孔洞长度）为2 400 mm，在此狭长的外部容许空间内如何合理布置驱动电机及机构设计；

（2）随着机器人执行器在孔洞内的不断深入势必造成整体重心偏移，应如何设计机器人的行走机构，保证机器人的洞内行走及周向旋转的顺畅性；

（3）机器人在狭长的洞内完成锚杆入孔工作时，由于锚杆样本细长而且锚孔直径仅有6 mm，应如何实现锚杆与锚孔之间的定位，保证锚杆能够被推入锚孔内；

（4）涉及多关节运动，势必引入多个驱动电机，内部允许空间在更加狭窄的条件下如何保证入锚效率，配备多根锚杆等问题。

1. 行走机构设计

为了使末端执行器能够顺利通过模拟岩石孔洞到达指定的锚孔位置，需要设计行走机构。就其自由度而言，只需满足一个能够使末端执行器轴向移动的自由度即可。将此模拟岩石孔洞看作封闭的管道，类比管道机器人的行走机构，结合本设计的工况，最终采用被动式压壁型轮式机构作为孔洞内部行走机构。

（1）选用被动式行走机构而非主动式行走机构，主要因为主动式行走机构是机器人自身携带动力源驱动行走，相对而言虽然行程更大，但在承载能力方面比被动式行走机构要差，而此小型锚杆推进机器人恰恰质量很大，所以就需要要求行走机构有强大的承载能力，否则在孔洞内运行过程中容易偏离轴心，无法达到预期位置。因此最终选择被动式行走机构。

（2）选用轮式机构，主要是轮式结构简单可靠。相对而言，履带式结构比轮式结构更为复杂。因为是模拟试验系统，模拟岩石是均质材料，因此在机器人孔洞内运行过程中，在保证行走稳定可靠的要求之外结构越简单越好，也便于损坏之后的检修工作。

(3)选用压壁型轮式则更能适应变径工作。由开挖系统挖出的直径 200 mm 的模拟岩石孔洞可能存在小范围变形,采用压壁型轮式更能适应这一情况,本设计将压壁型轮式成120°阵列分布于六面中空棱柱上。针对以上三点,结合常见的转动轮,发现无法满足要求,考虑应重新设计一种变径轮以满足要求,下面是对比分析:

如图 3－4 所示,常见的转动轮有牛眼轮、万向轮、单向轮等。其中,牛眼轮和万向轮可以朝着多个方向转动,而单向轮只能朝着一个方向转动。牛眼轮内部嵌有钢珠,因而滚动灵活,选择不同材质的万向轮可获得不同的承载能力,但牛眼轮尺寸较小,在狭长的孔洞内行走如遇到破碎的碎屑容易卡死;而一般常用的万向轮尺寸偏大,不适合在狭长的孔洞空间内部运转;单向轮是最常见的普通定向轮,其尺寸较小,安装方便,相比牛眼轮的摩擦滚动所采用轴承摩擦力更小,但常见的单向轮高度固定,不能变径。由前文可知只需要一个轴向移动自由度,因此综合考虑,排除万向转动方案,提出改进的变径单向轮,内部结构如图 3－5 所示,间隔 120°周向布置于外六棱柱表面上。

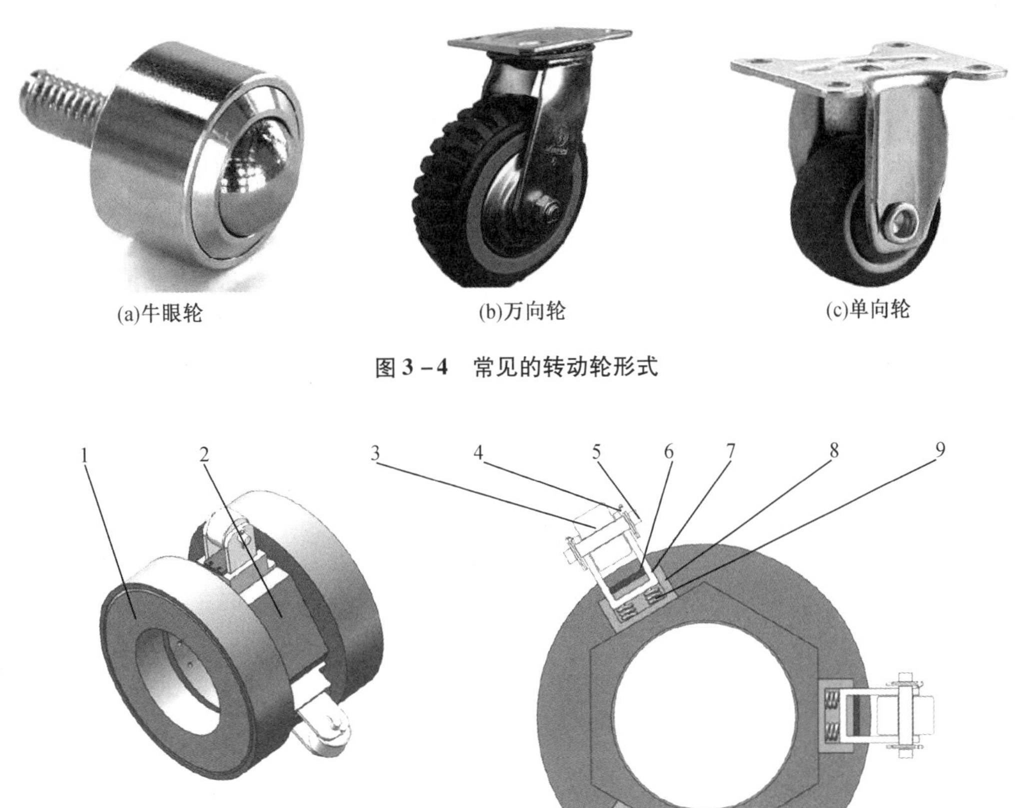

(a)牛眼轮　(b)万向轮　(c)单向轮

图 3－4　常见的转动轮形式

1—轴承;2—六面棱柱;3—单向轮;4—开口销;5—销轴;6—压板;7—轮支撑架;8—轮座;9—弹簧。

图 3－5　改进的变径单向轮结构

此外,因采用被动式行走结构,则动力源可外置于孔洞外侧,需要外力驱动变径单向轮滚动,考虑尺寸和电机布置问题,选择回转运动转直线运动机构可实现目标。经过对比优缺点,本书研制的机器人最终采用滚珠丝杠结构。主要原因是曲柄滑块机构对配合安装要求太高;而凸轮机构与齿轮齿条传动机构不适合远距离传动,且制造安装精度高,成本增加;而滚珠丝杆直线导轨滑台机构配合伺服电机可实现高精度、大负载、微进给、较远距离传动,对于本设计中的锚杆定位要求十分有利,且由于使用广泛,国内部分厂家已将其标准化,成本降低。

2. 周向旋转机构设计

在设计行走机构之后,根据技术指标要求,还要完成周向 360°锚杆入孔任务,因此需要进行周向旋转机构设计。此周向旋转机构需要连接末端执行器并带动其周向旋转,实现两端等角速度转动。在实际中,多选用圆轴类结构来完成上述任务,圆轴作为连接主轴又可分为实心圆轴和空心圆轴,其力学性能是不同的,分析如下:

(1)保持外径不变,去除实心轴轴心附近材料在得到空心轴的情况下,实心轴比空心轴的极惯性矩更大,抗扭截面系数更大,因此扭转强度和扭转刚度也更大。

(2)保持横截面积不变,将实心轴轴心附近材料移向边缘处在得到空心轴的情况下,空心轴比实心轴的极惯性矩更大,抗扭截面系数更大,因此扭转强度和扭转刚度也更大。但如果壁厚过薄,空心轴会因为扭转而无法保持其稳定性。

(3)若要获得相同刚度,则空心轴用料要小于实心轴,因此可以减小质量;若用料相同,做成的空心轴可获得比实心轴更大的强度及刚度,相应的尺寸会更大。

通过以上三点分析,结合设计要求,考虑到设计的机器人要求深入岩孔内部,因此采用的滚珠丝杆直线导轨滑台需要行走很长一段距离,如果做成实心轴,连接主轴的质量会比空心轴增加数倍,进而加大了丝杠的负载,因此本书设计时选择空心光滑钢管作为连接主轴,尺寸为外径 80 mm,内径 74 mm,长度 2 000 mm。因连接主轴相对长度较长,应归属于长跨距传动轴,因此需要在两端布置合理支撑。其具体布置结构如图 3 -6 所示:

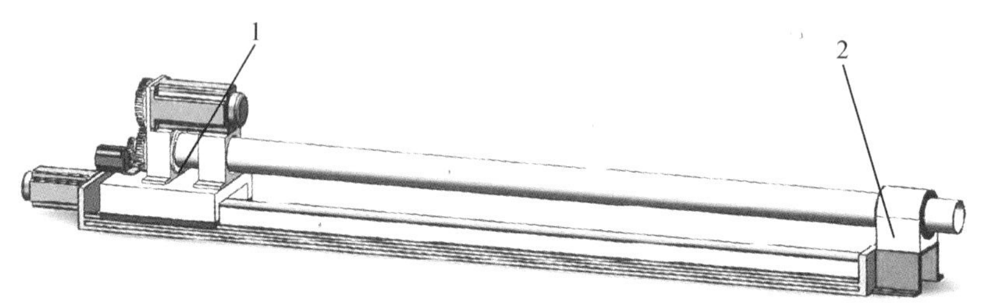

1—主轴左端滑台支撑;2—主轴右端固定支座支撑。

图 3 -6　长跨距连接主轴初始位置处两端支撑位

如图 3 -6 所示,在未进入孔洞的初始状态下,连接主轴的一端支撑和电机架直接连接在滚珠丝杆直线导轨的滑台上,这样依靠滚珠丝杆的旋转即可使连接主轴前进和后退;另一端则由固定支座提供支撑。当进入孔洞工作时,前一小节提及的改进的单向轮行走机构以及下一小节设计的稳定支撑机构也将为主轴提供支撑。而主轴的旋转则是由步进电机通过齿轮将扭矩传递到内接轴上,因内接轴与主轴相连接,因此扭矩最终传递到主轴上,主轴即可进行周向旋转。因主轴参与周向旋转和直线移动两个运动,因此要求另一端支撑不能限制这两者的自由度。根据运动特点查找现有满足要求的常用结构,主要有钢珠保持圈、无内圈滚针轴承、四氟套筒及自润滑石墨铜套结构，如图 3 -7 所示。

(a)钢珠保持圈

(b)无内圈滚针轴承

(c)四氟套筒

(d)自润滑石墨铜套

图 3 -7　符合主轴要求的常用结构

通过对比分析本书最终采用自润滑石墨铜套，它的内外径尺寸可选、可承受高载荷、具有很低且平稳的摩擦系数、磨损小、使用寿命长、精度有保证、非常适用于频繁的直线往复及旋转运动场合。图 3 -8 所示的是连杆主轴与自润滑石墨铜套的配合图。

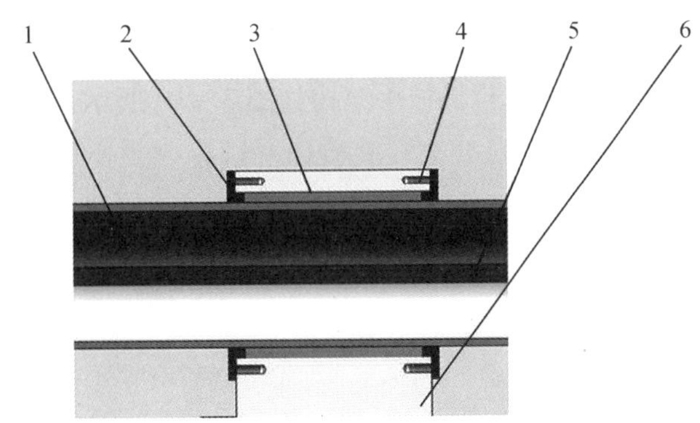

1—连接主轴；2—端盖；3—自润滑石墨铜套；4—螺钉孔位；5—稳定支撑机构拉杆；6—支撑座。

图 3 -8　连接主轴与自润滑石墨铜套的配合

3. 稳定支撑机构设计

待主轴连接末端执行器在岩孔内行走时，长跨距主轴的原两端支撑距离不断减小，此时一端支撑点由自润滑石墨铜套处支撑点变化为变径单向轮的支撑。因主轴及末端执行器质量很大，仅靠变径单向轮在贯穿孔洞内提供支撑不仅会加剧变径单向轮的损坏，而且变径单向轮内部的弹簧结构此时可能会使末端执行器的轴心偏离贯穿孔洞轴心，增大了锚杆推入过程困难性，因此需要优化设计稳定支撑结构，使其能够在末端执行器到达指定位置且停止后提供稳定支撑。

本设计基于连杆机构优化设计的稳定支撑结构如图 3 -9 所示。该机构是平行双曲柄机构的变形，主要由固定支撑架、诸多连杆和弧形钢片组成，由尾部的步进电机驱动齿轮副联动丝杠拉杆，进而驱动平行双曲柄机构运转，实现中间连杆平动，直至与岩孔内径一致时单向变径轮不再受力，完全由中间连杆为主轴和末端执行器提供稳定支撑，保证主轴与岩石孔洞轴线重合，有利于后续的锚杆推入工作。

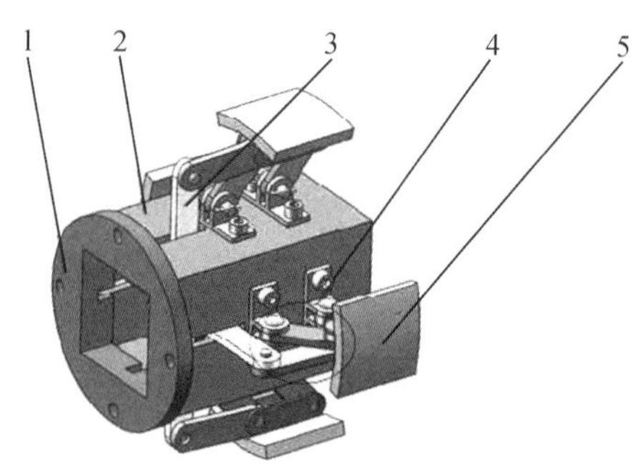

1—连接部件；2—固定支撑架；3—拉杆 4—平行双曲柄连杆机构；5—弧形钢片。

图 3－9 稳定支撑机构

4. 机械手夹持机构设计

根据实际情况要求，在锚杆被推入锚孔的过程中，需要使用机械手从锚杆仓内夹取锚杆，将其转送到锚孔附近。由于本物理模拟试验系统所需夹持的锚杆质量较小，所需的夹持力无须太大，传统的机械手多为气压或液压传动，尺寸较大，而本结构需要在狭小空间内运动，所以无法满足实际要求，因此考虑使用电力驱动方式。经综合比较，选择实验中常用的舵机机械手夹持锚杆。常见的舵机机械手结构如图 3－10 所示。在本设计中，舵机夹持机械手可操作空间仅有 40 mm，而且要求在夹持锚杆过程中要实现稳定夹持，常见的几种舵机机械手尺寸不符合要求，重新设计后的舵机夹持机械手结构如图 3－11 所示，其可在狭小空间内从锚杆仓内取出锚杆，并配合微型丝杆滑台将锚杆转送至锚孔正上方，等待下一步动作将锚杆推入锚孔内。

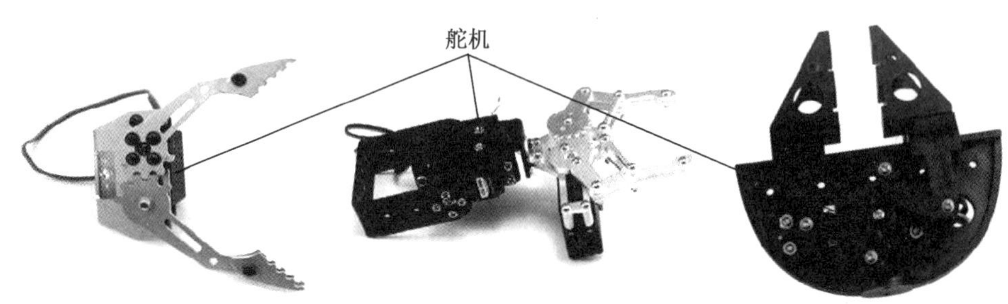

图 3－10 常见的舵机机械手结构

5. 机器人总体设计的确定

经过前文对锚杆推进机器人关键部分的论述，结合具体工况要求，本书据此设计了此巷道支护用小型锚杆推进机器人，其整体平面图和整体三维图如图 3－12 所示，该机器人可以适应在直径 200 mm 的岩石孔洞内将锚杆推入预留锚孔内工作。现简要说明其工作过程：第一步由行走电机通过联轴器驱动大丝杠旋转，使大滑台座承载着连接主轴及末端执行器沿 X 轴正向推进到目标位置，此时单向轮在岩石孔洞内行走；第二步由周向旋转电机通过齿轮传动驱动连接主轴绕 X 轴旋转到目标位置；第三步由稳定支撑电机通过齿轮传动驱动丝杆进而使稳定支撑机构工作；第四步由杆仓旋转电机通过齿轮传动驱动锚杆杆仓旋转，由舵机驱动夹持机械手夹取锚杆，此时锚杆夹取进给电机驱动夹持机械手沿 X 轴平移；第五步由锚杆置入电机通过同步带传动及齿轮传动驱动丝杆旋转，并最终驱使滑台板沿 Y 轴负方向平移，由预紧力施加件将锚杆推入锚孔内；第六步由预紧力施加电机驱动预紧力施加件旋转拧紧锚杆上的禁锢螺母，完成入锚工作。明确锚杆推进机器人的结构特点和工作过程是后续进行电机选型、运动学分析计算以及制定控制策略的基础。

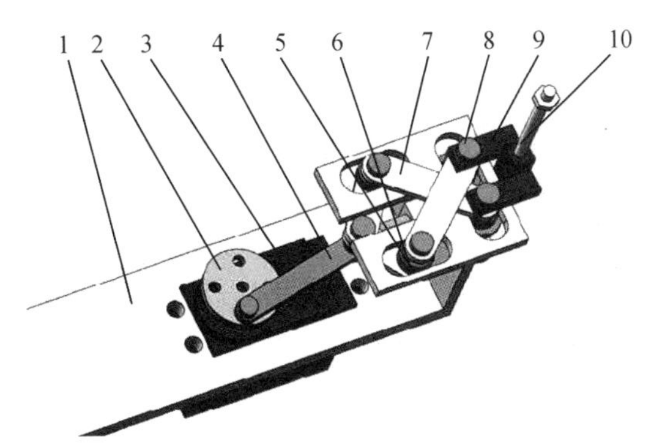

1—舵机支撑座；2—舵盘；3—舵机；4—推杆；5—轴承；6—导柱；7—连杆；8—销钉；9—夹持臂；10—锚杆。

图 3－11　重新设计后的舵机夹持机械手结构

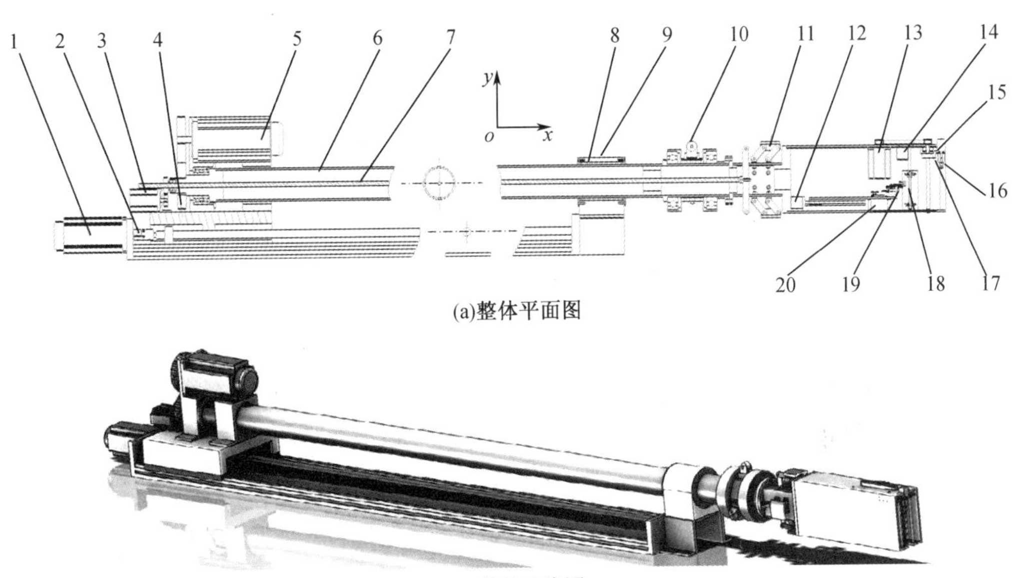

(a)整体平面图

(b)整体三维图

1—行走机构电机；2—联轴器；3—稳定支撑电机；4—大滑台座；5—周向旋转电机；6—连接主轴；7—丝杆；8—自润滑石墨铜套；9—外固定架；10—单向轮；11—稳定支撑机构；12—锚杆夹取进给电机；13—锚杆置入电机；14—杆仓旋转电机；15—预紧力施加电机；16—预紧力施加件；17—滑台板；18—锚杆杆仓；19—夹持机械手；20—舵机。

图 3－12　锚杆推进机器人的平面图及三维图

3.1.4 关键部分参数计算及驱动电机选型

根据前文所述总体设计,锚杆推进机器人的驱动共需要 7 个步进电机和 1 个舵机,由于电机较多,本书进行电机选型计算时将对类似选型过程予以简化,选取关键结构进行电机选型计算以避免冗余。下面是其选型计算过程。

1. 步进电机选型

(1)行走进给电机选型

步进电机选型首先需要对其所驱动的机构所需转矩进行计算。在 SolidWorks 中建立机器人的三维模型,赋予各零件实际材质属性,软件即可自动估算出零件质量。经估算,得出空心连接主轴及其附件的总质量约为 52 kg,机器人头部即末端执行器的总质量约为 14 kg。将机器人主轴、末端执行器和支撑座简化为梁模型进行分析,如图 3 - 13 所示,显然,未深入岩孔内作业时是两点支撑,简化模型为悬臂梁,也是静定梁;而深入岩孔内后,形成三点支撑,可视为一根处于静不定状态的连续梁。

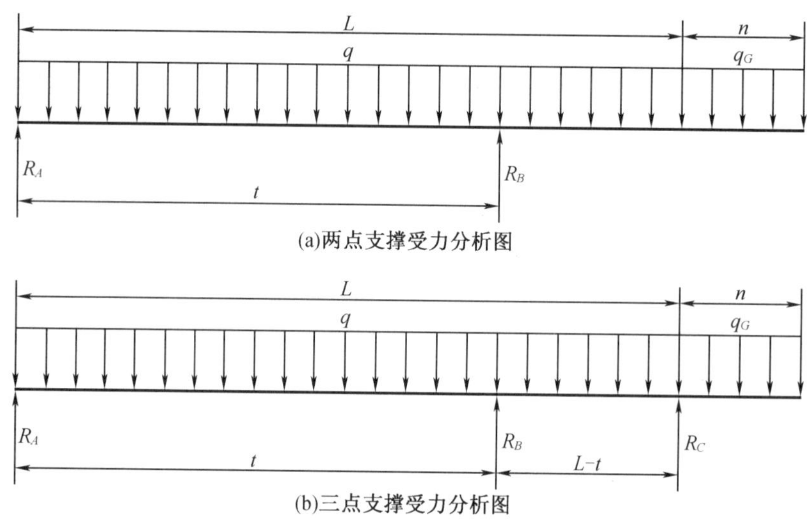

图 3 - 13 模型简化后受力分析图

两点支撑时,在其竖直方向上存在空心主轴及其附件的重力、末端执行器的重力、滚珠丝杠滑台提供的支反力以及固定支撑座提供的支反力。对图 3 - 13(a)所示结构,列出平衡方程如下:

$$\sum F = 0: R'_A + R'_B = qL + q_G n$$

$$\sum M_{(A)} = 0: -R_B t + \frac{1}{2}qL^2 + q_G n\left(L + \frac{1}{2}n\right) = 0 \tag{3-1}$$

式中 F——竖直方向上的力,N;

R'_A——两点支撑时滚珠丝杠滑台座板处的支反力,N;

R'_B——两点支撑固定支撑座处的支反力,N;

q——连接主轴及其附件部分的均布载荷,取 236 N/m;

L——连接主轴长度,取 2.2 m;

q_G——末端执行器的均布载荷,取 325.58 N/m;

$M_{(A)}$——滚珠丝杠滑台座板处的弯矩;

t——滑台座板与固定支撑座间的距离,2.2 m≥t≥0.2 m;

n——末端执行器质心距变径轮移动支撑处的距离,取 0.43。

由式(3-1)可得出

$$R'_A = 659.20 - 909.2/t$$

$$R'_B = 909.2/t$$

做出 R'_A、R'_B与 t 的函数图像如图 3-14 所示,当末端执行器未进入洞内时,此时 t = 2.2 m,当末端执行器完全进入洞内时,对应两点支撑的末端点,此时 t = 1.77 m。由图 3-14 可知当t = 2.2 m 时,两支撑点提供的支反力最大,此时有 $R'_{A\max} = 245.9$ N,$R'_{B\max} = 513.7$ N。

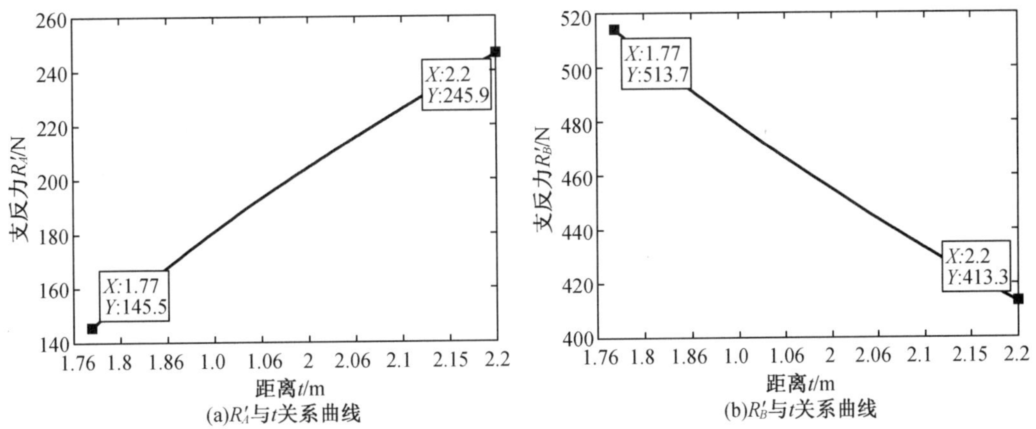

(a)R'_A与t关系曲线

(b)R'_B与t关系曲线

图 3-14 两点支撑时受力与距离关系

在锚杆推进机器人深入岩孔内作业时,存在三点支撑,在其竖直方向上存在空心主轴及其附件的重力、末端执行器的重力、滚珠丝杠滑台提供的支反力、固定支撑座提供的支反力、变径轮提供的移动支反力以及平行双曲柄机构提供的稳定支撑支反力。需指出,当稳定支撑支反力作用时,变径轮提供的移动支反力将视为不存在,因此,可将其简化为一次静不定梁模型,利用工程力学中的力法,将固定支撑座提供的支反力做多余约束力,其释放结构就变为外伸梁,如图 3-15 所示结构可由图 3-15(a)(b)(c)三种情况叠加而来,可列出平衡方程以及变形协调方程如下:

$$\sum F = 0: -qL - q_G n + R_A + R_B + R_C = 0$$

$$\sum M_{(B)} = 0: -\frac{1}{2}qt^2 + R_A t + \frac{1}{2}q(L-t)^2 - R_C(L-t) + q_G n\left(L - t + \frac{1}{2}n\right) = 0 \tag{3-2}$$

式中 R_A——滚珠丝杠滑台座板处的支反力,N;

R_B——固定支撑座处的支反力,N;

R_C——变径轮压壁处的支反力,N;

$M_{(B)}$——固定支撑座处的弯矩。

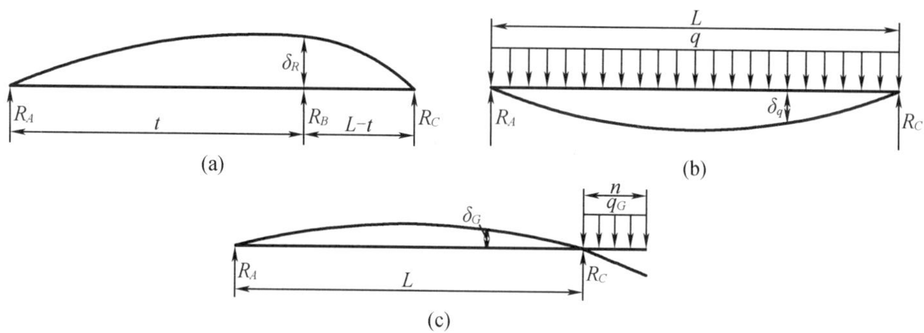

图 3-15 解除多余约束力后叠加受力分析图

变形协调方程:

$$|\delta_B| = 0 : |\delta_{R_B}| - |\delta_q| + |\delta_G| = 0 \tag{3-3}$$

式中 $|\delta_B|$——固定支撑座处的总变形量;

$|\delta_{R_B}|$——固定支撑座处仅由 R_B 引起的变形量;

$|\delta_q|$——固定支撑座处仅在均布载荷作用下的变形量;

$|\delta_G|$——固定支撑座处仅在重力均布载荷作用下引起的变形量。

由材料力学弯曲变形部分知识可得出

$$|\delta_{R_B}| = \left|\frac{R_B(L-t)t}{6EIL}[L^2 - t^2 - (L-t)^2]\right|$$

$$|\delta_q| = \left|-\frac{qt}{24EI}(L^3 - 2Lt^2 + t^3)\right|$$

$$|\delta_G| = \left|\frac{\frac{1}{2}q_G n^2 t}{6EIL}(L^2 - t^2)\right| \tag{3-4}$$

式中 E——空心主轴的弹性模量;

L——空心主轴的惯性矩。

联立式(3-2)、式(3-3)及式(3-4)可得

$$R_A = \frac{1}{2}qL - R_B\frac{L-t}{L} - \frac{1}{2}q_G\frac{n^2}{L} = 245.92 - \frac{29.5t^3 - 122.96t^2 + 281}{t(2.2-t)}$$

$$R_B = \frac{qLt^3 + (2q_G n^2 - 2qL^2)t^2 + (qL^4 - 2q_G n^2 L^2)}{8t(L-t)^2} = \frac{64.9t^3 - 270.51t^2 + 618.21}{t(2.2-t)^2}$$

$$R_C = \frac{1}{2}qL - R_B\frac{t}{L} + q_G n\frac{L + \frac{1}{2}n}{L} = 413.28 - \frac{29.5t^3 - 122.96t^2 + 281}{(2.2-t)^2} \tag{3-5}$$

由式(3-5)可得出各位置支反力与滚珠丝杠滑台座离固定支撑座距离的关系式，做R_A、R_B、R_C与距离 t 之间的关系曲线图，如图 3-16 所示。

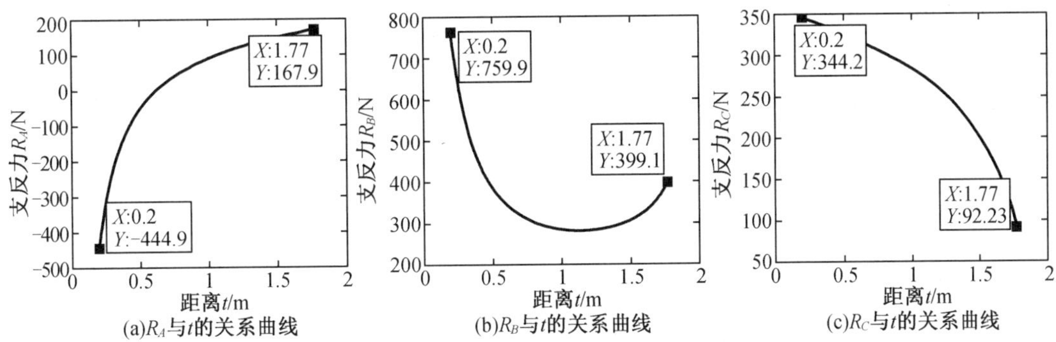

(a)R_A与t的关系曲线　(b)R_B与t的关系曲线　(c)R_C与t的关系曲线

图 3-16　各支撑点的支反力与距离 t 的关系

由图 3-14 及图 3-16 可知，在 t 为 1.77 m 时，支反力存在变化，固定支撑处 $R_{B\max}=399.1\ \text{N}<R'_{B\max}=513.7\ \text{N}$，这说明当末端执行器完全进入洞内时，即由两点支撑变为三点支撑时，B 点提供的支反力由 513.7 N 变化为 399.1 N，固定支撑处受到压力减小，随着滑台座板与固定支撑座之间的距离不断减小，支反力 R_A 也随之减小，而后随着 AB 两点距离不断缩小，A 点处开始提供反向约束力，而不再提供支撑力；与之对应的，固定支撑处的支反力先是下降，而后急剧增大，至末端执行器到达锚杆推进作业的起始点位置即 $t=0.2$ 处，支反力达到最大，此时 $R_{B\max}=759.9$ N，同时 C 点变径轮压壁处的支反力也达到了最大，此时 $R_{C\max}=344.2$ N，这为后面的电机选型提供计算数值。

在理想状态下，进给过程是匀速的，在此过程中，将各外部负载折算到步进电机轴上，满足此要求，即可得出电机需要的转动扭矩，即有

$$\begin{cases}T=T_1+T_2\\J=J_1+J_2+J_3\end{cases}\tag{3-6}$$

式中　T——电机需要负载的总启动转矩；

T_1——由外部负载折算到电机轴上所需的转矩；

T_2——电机由静止加速到设定的匀速速度所需的转矩；

J——联轴器的转动惯量；

J_1——负载总转动惯量；

J_2——滑台座板上承载的直线运动部件折算后的转动惯量；

J_3——滚珠丝杠转动惯量。

已知伺服步进电机驱动滚珠丝杠存在如下计算式：

$$T_1=\frac{F_a P_h n_h}{2\pi\eta}i_1\tag{3-7}$$

式中　F_a——摩擦负载，N；

P_h——滚珠丝杠的螺距，取 0.005 m；

n_h——滚珠丝杠线数，取 2；

η——滚珠丝杠机械效率，取 0.9；

i_1——电机轴到丝杠轴上的传动比，两者联轴器相连，取 1。

对于分析部件而言，主要有三个外部摩擦负载：一是滚珠丝杠导向面上的摩擦负载，二是固定支撑处空心轴与自润滑石墨铜套之间的滑动摩擦负载，三是变径轮胎在岩石孔洞内与其岩壁之间的摩擦负载，因此有

$$F_a = \mu_1 R''_A + \mu_2 R''_B + \mu_3 R''_C \tag{3-8}$$

式中 μ_1——滑台座板支撑处滚珠丝杠导向面上的摩擦系数，取 0.1；

μ_2——固定支撑处轴与铜套间的摩擦系数，钢（按黄铜）取 0.19；

μ_3——移动支撑处变径轮胎与岩壁间的摩擦系数，取 0.3；

R''_x——各支撑点处的支反力，$x = A、B、C$。

根据式（3-8），做出 F_a 与距离 t 的关系曲线，如图 3-17 所示：

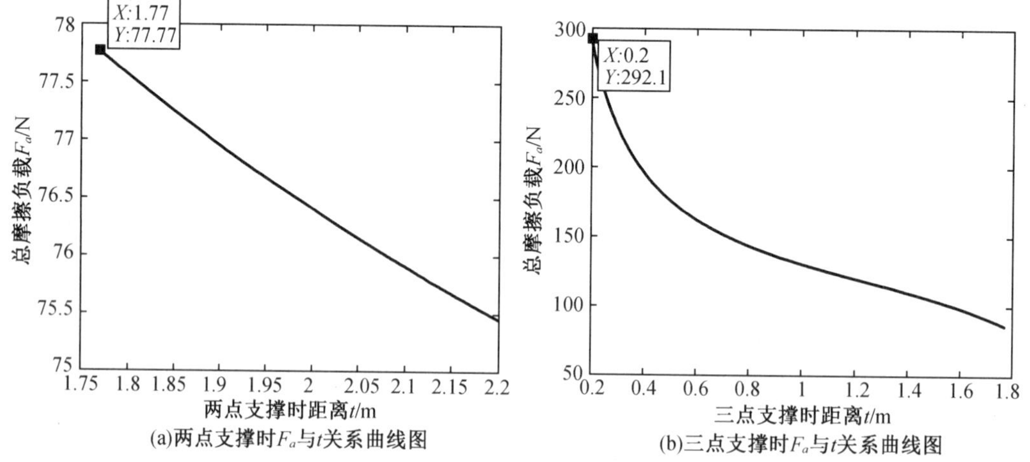

(a)两点支撑时F_a与t关系曲线图

(b)三点支撑时F_a与t关系曲线图

图 3-17 F_a 与 t 关系曲线图

由图 3-17 可知，三点支撑时 F_a 可取最大值，即当 $t=0.2$ 时，$F_{amax}=292.1$ N，将其代入式（3-7）得 $T_1=0.52$ N·m。折算滑台座板上承载的直线运动部件，结合图 3-14 可得转动惯量为

$$J_1 = \frac{R'_{A\max}}{g}\left(\frac{n_h p_h}{2\pi}\right)^2 = 1.43 \times 10^{-4}\ \text{kg}\cdot\text{m}^2$$

在 SolidWorks 里建立滚珠丝杠的模型，按钢材质可得其质量约为 $m_s=4$ kg，则可知滚珠丝杠的转动惯量为

$$J_2 = \frac{1}{2}m_s R_s^2 = 2.0 \times 10^{-4}\ \text{kg}\cdot\text{m}^2$$

式中 R_s——滚珠丝杠的半径，取 0.01 m。

可求得联轴器的转动惯量为

$$J_3 = \frac{1}{2}m_1 R_1^2 = 0.13 \times 10^{-4}\ \text{kg}\cdot\text{m}^2$$

式中　m_1——联轴器的质量,取 0.15 kg;

R_1——联轴器的半径,取 0.013 m。

则可知总转动惯量为

$$J = J_1 + J_2 + J_3 = 3.56 \times 10^{-4}\ \mathrm{kg \cdot m^2}$$

步进电机驱动丝杠运转需要从静止到达设定的速度,根据设计要求,需要直线进给速度 $v = 0.01$ m/s,则折算转速为

$$n_r = \frac{60v}{p_h n_h} i_1 = 60\ \mathrm{r/min}$$

式中　n_r——所需电机轴转速。

则可计算在此加速过程中,需要的加速转矩为

$$T_2 = J \cdot \frac{2\pi n_r}{60 t_r} = 0.045\ \mathrm{N \cdot m}$$

式中　t_r——电机由静止达到设定转速的加速时间,取 0.05 s。

故电机需要负载的总启动转矩为

$$T = T_1 + T_2 = 0.565\ \mathrm{N \cdot m}$$

根据计算结果,查阅步进电机的说明书给出的转速——转矩值,得到 EML2303D8 步进电机的矩频特性曲线如图 3-18 所示。由图 3-18 可知,当转速达到 60 r/min 时,该电机转矩为1.49 N·m,大于理论计算的总启动转矩 0.565 N·m,满足转矩要求;由于丝杠运动不需要频繁启动,根据惯量匹配理论,电机的转动惯量可取负载总转动惯量的 1/10,则有

$$J/10 = 0.356 \times 10^{-4}\ \mathrm{kg \cdot m^2}$$

小于该电机的转动惯量 $0.39 \times 10^{-4}\ \mathrm{kg \cdot m^2}$,因此符合惯性匹配原则;设计要求转速 60 r/min 小于电机最大转速,满足转速要求。因此,最终选定电机型号为 EML2303D8,其详细参数见表 3-2。

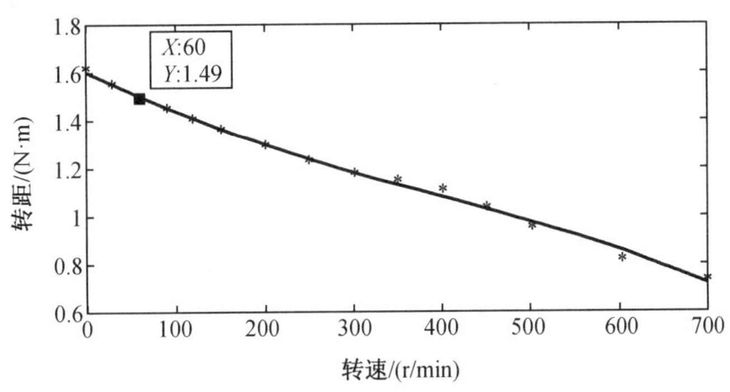

图 3-18　EML2303D8 电机矩频特性曲线

表 3-2　EML2303D8 电机参数

电机型号	步距角	保持转矩	驱动电压	额定电流	电感	转子惯量	质量	机身长度
EML2303D8	1.8°	1.6 N·m	24 V	4.2 A	1.2 mH	390 g·cm²	1.2 kg	75 mm

(2)其余电机选型

因所设计的锚杆推进机器人涉及的电机较多,且经过行走进给电机选型计算分析,已经详细阐述了相关计算过程,具有一般性。因此,对于其余类似的步进电机,按照前文所述计算方法即可求解计算出电机所需的最大静止扭矩和转动惯量,再结合尺寸要求进而查找资料便可选出合适的电机,故为了避免电机选型篇幅过长,简化剩余步进电机的计算过程,仅给出所涉及的相关步进电机具体参数,见表3-3至表3-8。

表3-3 周向旋转电机参数

电机型号	步距角	保持转矩	驱动电压	额定电流	电感	转子惯量	质量	机身长度
110J12160EC-1000	1.2°	16 N·m	220 V	6.0 A	19 mH	14.8 kg·cm²	9.0 kg	158 mm

表3-4 稳定支撑机构电机参数

电机型号	步距角	保持转矩	工作电压	额定电流	转子惯量	质量	机身长度
EMH1703D8	1.8°	0.43 N·m	24~60 V	2.6 A	84 g·cm²	0.32 kg	70 mm

表3-5 锚杆夹取进给电机参数

电机型号	步距角	保持转矩	工作电压	额定电流	转子惯量	质量	机身长度
08HD4006A4	1.8°	0.036 N·m	24 V	0.6 A	2.9 g·cm²	0.07 kg	40 mm

表3-6 锚杆置入电机参数

电机型号	步距角	保持转矩	工作电压	额定电流	转子惯量	质量	机身长度
23HD435D8	1.8°	2.4 N·m	24~60 V	3.5 A	470 g·cm²	1.11 kg	77.5 mm

表3-7 杆仓旋转电机参数

电机型号	步距角	保持转矩	工作电压	额定电流	转子惯量	质量	机身长度
08HD3005A4	1.8°	0.021 N·m	24 V	0.5 A	1.6 g·cm²	0.05 kg	40 mm

表3-8 预紧力施加电机参数

电机型号	步距角	保持转矩	工作电压	额定电流	转子惯量	质量	机身长度
08HS3808A4	1.8°	0.022 N·m	24 V	0.6 A	3.2 g·cm²	0.07 kg	33 mm

2. 机械手舵机选型

根据设计预期,机械手夹持器工作应是由舵机转动,进而驱动舵盘和连接在舵盘上的连杆,最后再由此杆将力传递到机械手的左右夹持臂上,使机械手张开或闭合,闭合后从锚杆仓夹取锚杆等待下一步动作。故我们可以知道舵机驱动的机械手最终闭合后需要从锚杆仓中克服强磁铁吸力才可以取出锚杆,因此便可由所需夹持力反向推导出舵机所需的转矩。

本设计选用的强磁铁型号为 HXMS5 -5,根据其产品说明,磁铁吸附力 F_0为 5.10 N,本设计于锚杆上下处各放置了一颗强磁铁,夹持臂与锚杆间接触的摩擦系数 μ 按机械设计手册取 0.12,则两夹持臂所需提供的夹持力 F_1为

$$F_1 = \frac{F_0}{\mu} \tag{3-9}$$

机械手结构受力简图如图 3 -19 所示,其中 OA 为舵机转动力臂,记为 R,取 0.7 cm,则用上一小节分析支撑结构杆件受力的思路分析图 3 -19,易计算将锚杆从杆仓中取出所需扭矩 M 为

$$M = \frac{2F_1 \cdot \tan\psi \cdot R\sin\gamma}{\cos\beta} \tag{3-10}$$

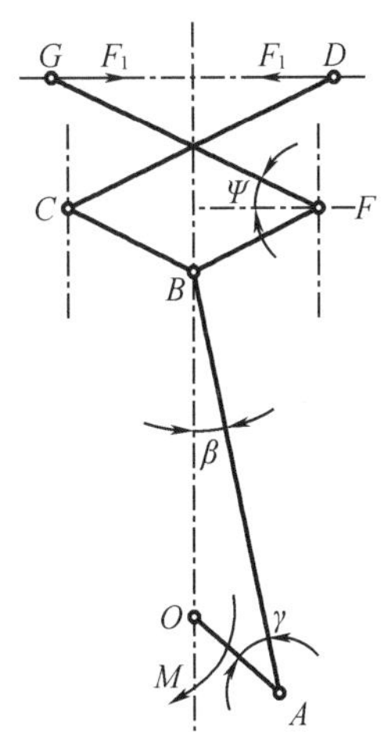

图 3 -19 机械手结构受力简图

联立式(3 -9)、式(3 -10)可得

$$M = \frac{2F_0 \cdot \tan\psi \cdot R\sin\gamma}{\mu \cdot \cos\beta} \tag{3-11}$$

在此结构中,AB 长度为 35 mm,又有初始位置下 $\angle BOA$ 为直角,而在结构运行过程中 β、γ 两角均不断减小,而 ψ 角不断增大,当末位时 $\psi = 57.49°$,则分析可知 $\beta \leqslant \beta_{max} = \arcsin\left(\frac{R}{AB}\right) = 11.54°$,$\gamma \leqslant \gamma_{max} = \arcsin\left(\frac{R}{AB}\right) = 78.46°$,$\psi \leqslant \psi_{max} = 57.49°$,$M = \frac{2F_0 \cdot \tan\psi \cdot R \cdot \sin\gamma}{\mu \cdot \cos\beta} < \frac{2F_0 \cdot \tan\psi_{max} \cdot R \cdot \sin\gamma_{max}}{\mu \cdot \cos\beta_{max}} = 93.36\ \text{N} \cdot \text{cm} = 9.52\ \text{kg} \cdot \text{cm}$。

经计算,最终得出舵机最小所需转矩为 9.52 kg · cm,为保证运转顺利,取安全系数经验值 1.5,则选取舵机转矩应满足 $T_M \geqslant 9.52 \cdot 1.5 = 14.28\ \text{kg} \cdot \text{cm}$。

根据计算结果查找相关资料，选取的舵机型号为 RB－150MG，其转矩 16 kg · cm 满足要求，具体参数见表 3－9。

表 3－9 舵机参数

舵机型号	转矩典型值	工作电压	无负载速度	死区设定	质量	工作温度
RB－150MG	16 kg · cm(7.2 V)	5～7.2 V	0.2 s/60°(7.2 V)	10 μs	56 g	0～60 ℃

3.2 机器人运动学分析及关键零部件力学分析

在上一节中已经对锚杆推进机器人关键结构进行了设计分析，进而得出总体设计，并对关键部位进行了选型计算。由上一节结构分析不难看出，在锚杆推入锚孔的过程中，需要保证主轴处于稳定支撑状态，以及机械手夹取机构稳定夹取，否则会造成下一步锚杆推进困难，因此本节将对关键机构进行静力学分析，校核零部件的刚度和强度。除此之外，要使整个锚杆推进机器人运作起来，除了结构之外，还需要对机器人进行必要的控制系统设计，其中运动学和动力学的分析是实现对机器人控制的前提，因此本节将根据机器人的每个部位运动过程，研究各个关联部件之间的运动学，主要是其最基本的位移关系，探究末端执行器相对于固定参考系的空间描述，运动学中的逆向运动学分析将对第 3.4 节的运动控制系统编写提供基础。

3.2.1 锚杆推进机器人运动过程描述

机器人各关节的正确动作过程分析是完成正向运动学分析的重要步骤，按照实际预期动作描述机器人的正向工作运动过程如下。

(1)整体行走：此时行走电机工作，驱动滚珠丝杠使大滑台座板承载主轴连接末端执行器前进到达目标锚孔位所处坐标系的位置。

(2)主轴旋转：此时周向旋转电机工作，驱动固接在主轴上的末端执行器发生旋转，使预紧力电机轴轴线与目标锚孔中心轴线重合。

(3)稳定支撑：稳定支撑电机开启，驱动平行双曲柄支撑机构为主轴和末端执行器提供稳定支撑，保证主轴轴线与工作空间即贯穿孔洞的轴线重合。

(4)锚杆夹取：舵机驱动锚杆夹持机械手张开，锚杆夹取进给电机工作，使张开的机械手到达锚杆仓内，配合杆仓旋转电机启动，取出一根锚杆送至最大行程处。

(5)锚杆入孔：经由上一步骤，锚杆已与预紧力电机轴轴线重合，此时锚杆置入电机工作，经由同步带驱动双丝杠旋转，此时未启动的预紧力电机的轴端将缓慢移动，将锚杆推入目标锚孔内，完成推入后，再由预紧力电机工作，轴端发生旋转，拧紧螺母。

(6)回退归位:完成如上锚杆推入工作后,锚杆置入电机反转,预紧力电机归于初始位,锚杆夹取进给电机归于初始位,机械手张开,支撑机构电机反转收起支撑架,等待下次锚杆入孔,重复步骤(1)至步骤(5)。

3.2.2　运动学问题分析

1. 机器人整体运动学分析

(1)整体正向运动学分析

运动学分析就是研究各个关节之间运动的位移关系、速度关系和加速度关系,本书将讨论最基本的位移问题。如前文所述,本锚杆推进机器人其本质属于串联机器人,是由一系列的关节连杆通过或转动或移动的方式串联而成。这里将末端执行器处夹持锚杆的机械手中心点记为点 P,各个关节由驱动器驱动,最终使点 P 与锚孔轴线重合。因此,如果能在固定坐标系下描述点 P,则可完成运动学分析。如上一小节所述的机器人运动过程,仅分析(1)(2)及(4),其余过程所涉及的运动和驱动电机均不影响点 P 位置,可认为是冗余自由度,冗余自由度的存在有利于锚杆推进任务的顺利完成,因此此处不做分析,由此即可建立起点 P 与固定坐标系之间的关系模型,如图 3-20 所示。

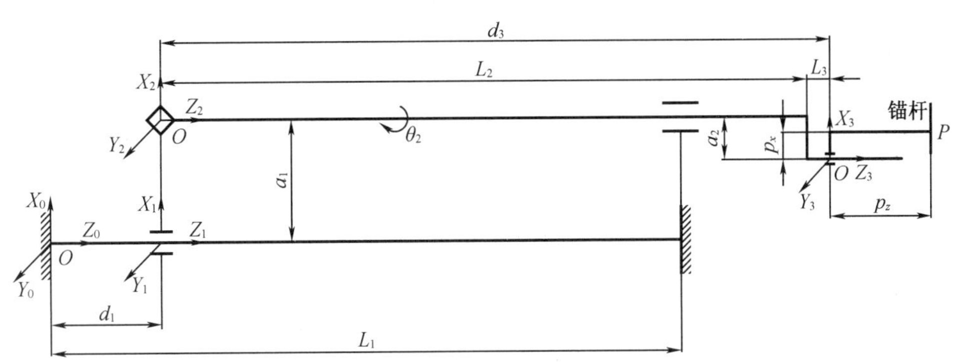

图 3-20　锚杆推进机器人机构示意图

本书采用 D-H 坐标法,如图 3-20 为锚杆推进机器人的相关关节坐标系,其中 Z 轴与各关节转动或移动轴线重合,$Z_0 \sim Z_4$ 相互平行,规定向右为正,X 轴与相邻两 Z 轴的公垂线重合;$X_0 \sim X_4$ 相互平行,规定向上为正;$Y_0 \sim Y_4$ 根据右手定则确定方向。

由锚杆推进机器人本体关节的一些固定参数,结合图 3-20 建立的各关节坐标系,可得到 D-H 参数(表 3-10)。

表 3-10　机器人 D-H 参数表

关节 i	a_{i-1}	α_{i-1}	d_i	θ_i
1	0	0	d_1	0

表 3-10(续)

关节 i	a_{i-1}	α_{i-1}	d_i	θ_i
2	a_1	0	0	θ_2
3	$-a_2$	0	d_3	0

表 3-10 中的 a_{i-1} 表示从 Z_{i-1} 到 Z_i 沿 X_{i-1} 测量的距离;α_{i-1} 表示从 Z_{i-1} 到 Z_i 沿 X_{i-1} 旋转的角度;d_i 表示从 X_{i-1} 到 X_i 沿 Z_i 测量的距离;θ_i 表示从 X_{i-1} 到 X_i 沿 Z_i 旋转的角度。连杆的坐标系{$i-1$}与相邻的坐标系{i}之间就是通过表 3-10 中的 a_{i-1}、α_{i-1}、d_i 以及 θ_i 这四个参数联系起来的,因此连杆变换矩阵 ${}_{i-1}^{i}\boldsymbol{T}$ 也是这四个参数的函数,${}_{i-1}^{i}\boldsymbol{T}$ 的一般表达通式为

$$ {}_{i-1}^{i}\boldsymbol{T}=\begin{bmatrix} \cos\theta_i & -\sin\theta_i & 0 & a_{i-1} \\ \sin\theta_i\cos\alpha_{i-1} & \cos\theta_i\cos\alpha_{i-1} & -\sin\alpha_{i-1} & -d_i\sin\alpha_{i-1} \\ \sin\theta_i\sin\alpha_{i-1} & \cos\theta_i\sin\alpha_{i-1} & \cos\alpha_{i-1} & d_i\cos\alpha_{i-1} \\ 0 & 0 & 0 & 1 \end{bmatrix} \tag{3-12} $$

结合图 3-20 坐标系并将表 3-10 中数据代入式(3-12)中,得出各个连杆之间的变换矩阵式如下:

$$ {}_{1}^{0}\boldsymbol{T}=\begin{bmatrix} 1 & 0 & 0 & 0 \\ 0 & 1 & 0 & 0 \\ 0 & 0 & 1 & d_1 \\ 0 & 0 & 0 & 1 \end{bmatrix},\quad {}_{2}^{1}\boldsymbol{T}=\begin{bmatrix} \cos\theta_2 & -\sin\theta_2 & 0 & a_1 \\ \sin\theta_2 & \cos\theta_2 & 0 & 0 \\ 0 & 0 & 1 & 0 \\ 0 & 0 & 0 & 1 \end{bmatrix},\quad {}_{3}^{2}\boldsymbol{T}=\begin{bmatrix} 1 & 0 & 0 & -a_2 \\ 0 & 1 & 0 & 0 \\ 0 & 0 & 1 & d_3 \\ 0 & 0 & 0 & 1 \end{bmatrix} \tag{3-13} $$

将以上所有连杆变换矩阵按照顺序依次相乘,便可得到锚杆推进机器人的总变换矩阵,即

$$ {}_{0}^{3}\boldsymbol{T}(d,\theta)={}_{0}^{1}\boldsymbol{T}(d_1)\cdot{}_{1}^{2}\boldsymbol{T}(\theta_2)\cdot{}_{2}^{3}\boldsymbol{T}(d_3)=\begin{bmatrix} \cos\theta_2 & -\sin\theta_2 & 0 & -a_2\cos\theta_2+a_1 \\ \sin\theta_2 & \cos\theta_2 & 0 & -a_2\sin\theta_2 \\ 0 & 0 & 1 & d_1+d_3 \\ 0 & 0 & 0 & 1 \end{bmatrix} \tag{3-14} $$

很显然,由式(3-14)可得出总变换矩阵式是 d 和 θ 的函数。机器人夹扶锚杆的机械手中心点 P 位于{3}坐标系下,记为 ${}^{3}\boldsymbol{P}=[p_x,0,p_z]^{\mathrm{T}}$,则 P 点在固定坐标系{0}下表达记为 ${}^{0}\boldsymbol{P}=[x,y,z]^{\mathrm{T}}$,应得到

$$ \begin{bmatrix} {}_{3}^{0}\boldsymbol{P} \\ 1 \end{bmatrix}=\begin{bmatrix} x \\ y \\ z \\ 1 \end{bmatrix}={}_{3}^{0}\boldsymbol{T}\cdot\begin{bmatrix} {}^{3}\boldsymbol{P} \\ 1 \end{bmatrix}={}_{3}^{0}\boldsymbol{T}\cdot\begin{bmatrix} p_x \\ 0 \\ p_z \\ 1 \end{bmatrix} \tag{3-15} $$

进一步联立式(3-13)至式(3-15)可得出

$$ {}_3^0\boldsymbol{P}=\begin{bmatrix}x\\y\\z\end{bmatrix}=\begin{bmatrix}p_x\cos\theta_2-a_2\cos\theta_2+a_1\\p_x\sin\theta_2-a_2\sin\theta_2\\p_z+d_1+d_3\end{bmatrix} \tag{3-16}$$

其中,锚杆推进机器人自身关节存在固定参数和关系,算式所涉及的参数汇总见表3-11。

表3-11 机器人自身固定参数表

参数描述	数值/mm
大丝杠滑台组总长 L_1	2 000
大滑台座可移动距离 d_1	$d_1\in[0,L_1]$
主轴轴线距大丝杠轴线距离 a_1	120
主轴轴线距小丝杠轴线距离 a_2	55
主轴远端距末端执行器距离 L_2	2 200
锚杆夹取进给可移动距离 L_3	$L_3\in[0,150]$
主轴旋转角度 θ_2	$\theta_2\in[0°,360°]$
主轴远端距小丝杠滑台距离 d_3	$d_3=L_2+L_3$
机械手中心点 P 在坐标系{3}下 X 轴分量 p_x	25
机械手中心点 P 在坐标系{3}下 Z 轴分量 p_z	230

将表3-11中的各项参数代入式(3-16)得

$$ {}_3^0\boldsymbol{P}=\begin{bmatrix}x\\y\\z\end{bmatrix}=\begin{bmatrix}-30\cos\theta_2+120\\-30\sin\theta_2\\2\,430+d_1+L_3\end{bmatrix}$$

式(3-14)的变换矩阵完整地描述了机器人末端连杆坐标系相对于固定坐标系的位姿,它是进行运动学分析的基础,式(3-16)完整地表达了末端连杆坐标系下的${}^3\boldsymbol{P}$在固定坐标系下的描述${}_3^0\boldsymbol{P}$,通过此方程可以在确定相关参数 d_1、d_3 和 θ_2 的情况下得出机械手末端位姿,即正向运动学问题分析。

为了简化计算过程以及为3.3节控制系统的编写做铺垫,本书之前将机械手中心点定义为 P 点,继而确定了${}^3\boldsymbol{P}$,实际上当 $L_3=150$ mm 时,机械手夹持的锚杆与锚孔实现轴线重合,此时只需要使锚杆置入电机工作,即可使锚杆被推入锚孔内。因此考虑不需要为锚杆单独定义坐标系{4}也可以实现正向运动学分析。假设定义此时的锚孔为点${}^3Q$,如图3-21所示,其坐标为${}^3\boldsymbol{Q}=[-45,0,p_z]^{\mathrm{T}}$,所定位的锚孔应当是 $L_3=150$ mm 时,则可结合上述分析,将数据代入式(3-16),写出点${}^3Q$在固定坐标系下的描述:

$$ {}_3^0\boldsymbol{Q}=\begin{bmatrix}x\\y\\z\end{bmatrix}=\begin{bmatrix}-100\cos\theta_2+120\\-100\sin\theta_2\\2\,580+d_1\end{bmatrix}$$

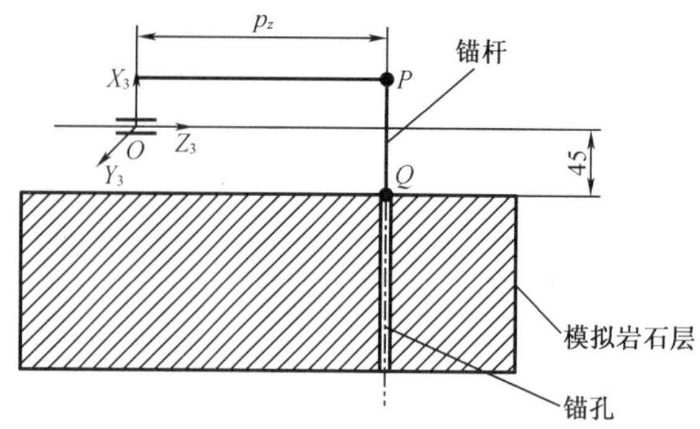

图 3-21　定位锚孔在坐标系{3}下的表达

至此完成了机器人正向运动学的分析，通过相关关节的移动距离和旋转角度，可以定位到锚孔位置以及机械手的位置，在固定坐标系下可以求出末端执行器的位姿状态。

(2)整体逆向运动学问题

逆向运动学也称为运动学反解，它与正向运动学相对，在实际的工程应用问题上逆向运动学分析显得尤为重要，是整个机器人运动轨迹规划和控制的基础。在上一小节通过正向运动学分析已经知道如果给定大丝杠滑台位移 d_1、小丝杆滑台位移 L_3 以及主轴旋转角度 θ_2 就可以知晓机械手位姿和可以定位的锚孔位置，在本小节的逆向运动学问题分析正相反，我们给出目标锚孔位置，需要反解出 d_1、L_3 和 θ_2，联系实际应用，也是知晓锚孔位置而需要机器人完成对应的锚孔插锚杆任务，也可以说明运动学反解更加重要。但不同于正解的唯一性，反解可能出现多解甚至是无解的情况，需要根据实际模型和运动确定最优解。

模型简化后的机器人可视为具有 3 个自由度，由式(3-14)可得

$$ {}_{1}^{0}\boldsymbol{T}^{-1}(d_1)\cdot{}_{0}^{3}\boldsymbol{T}(d,\theta)={}_{1}^{0}\boldsymbol{T}^{-1}(d_1)\cdot{}_{0}^{1}\boldsymbol{T}(d_1)\cdot{}_{1}^{2}\boldsymbol{T}(\theta_2)\cdot{}_{2}^{3}\boldsymbol{T}(d_3) $$

其中，${}_{1}^{0}\boldsymbol{T}^{-1}(d_1)$可由式(3-13)得到。已知末端执行器坐标系{3}的原点坐标相对于固定坐标系{1}的连杆变换矩阵表达为${}_{3}^{0}\boldsymbol{T}$，坐标系{3}相对于坐标系{1}的坐标旋转算子为

$$ \boldsymbol{R}=\begin{bmatrix} n_x & o_x & a_x \\ n_y & o_y & a_y \\ n_z & o_z & a_z \end{bmatrix} $$

则${}_{3}^{0}\boldsymbol{T}$此时可表示为

$$ {}_{3}^{0}\boldsymbol{T}=\begin{bmatrix} n_x & o_x & a_x & P_{ox} \\ n_y & o_y & a_y & P_{oy} \\ n_z & o_z & a_z & P_{oz} \\ 0 & 0 & 0 & 1 \end{bmatrix} $$

因此有

$$\begin{bmatrix}1&0&0&0\\0&1&0&0\\0&0&1&-d_1\\0&0&0&1\end{bmatrix}\begin{bmatrix}n_x&o_x&a_x&P_{ox}\\n_y&o_y&a_y&P_{oy}\\n_z&o_z&a_z&P_{oz}\\0&0&0&1\end{bmatrix}=\begin{bmatrix}\cos\theta_2&-\sin\theta_1&0&a_1\\\sin\theta_2&\cos\theta_2&0&0\\0&0&1&0\\0&0&0&1\end{bmatrix}\begin{bmatrix}1&0&0&-a_2\\0&1&0&0\\0&0&1&d_3\\0&0&0&1\end{bmatrix} \tag{3-17}$$

令矩阵方程(3－17)两端的元素(3,3)对应相等,则可得

$$\begin{cases}P_{ox}=-a_2\cos\theta_2+a_1\\P_{oy}=-a_2\sin\theta_2\\P_{oz}-d_1=d_3\end{cases} \tag{3-18}$$

解算式(3－18)得

$$d_1=P_{oz}-d_3、\theta_2=\arctan\left(\frac{P_{oy}}{P_{ox}-a_1}\right)$$

注意当 $P_{ox}=a_1$ 时,θ_2 的求解式子没有意义,因此需要讨论此特殊位置下的 θ_2,在这种情况下,是输入的点 Y 方向坐标为 120 时发生的,此时 θ_2 转动的角度为 90°的奇数倍,又因为本设计的机器人只在 0°～360°内发生旋转,因此,只能取到 90°和 270°。综上所述,当输入的锚孔点 Y 坐标为 120 时,应根据当前旋转运动取值旋转角度为 90°或 270 °。又因锚孔的坐标点 Q 在坐标系{3}下的描述为 ${}^3\boldsymbol{Q}=[-45,0,p_z]^{\mathrm{T}}$,而式(3－18)所求是由坐标系之间直接变化得来,因此结合 Q 点坐标最终得出逆向运动学表达如下,它代表了给定目标锚孔位置坐标时,大丝杠应行走的距离 d_1 以及主轴应转动的角度 θ_2:

$$d_1=Q_z-2\ 580$$

$$\theta_2=\arctan\left(\frac{Q_y}{Q_x-120}\right) \tag{3-19}$$

根据式(3－19)即可在给定锚孔坐标的情况下解算出行走机构行走距离以及周向旋转机构的旋转角度。

2. 夹持机构的运动学分析

机械手夹持机构是整个机器人系统中最核心的部位,夹持机构能否稳定按照设定目标运动是决定锚杆能否夹取成功的决定性因素,也是锚杆推入锚孔的前提条件,因此有必要对夹持机构进行运动学分析,了解夹持臂与转角之间的运动关系,这为正确编写机械手夹持部分控制策略提供直接指导。夹持机构的结构简图如图 3－22(a)所示:

(1)自由度计算

如图 3－22(a)所示,在夹持机构中共有 11 个活动构件,包括 5 根连杆,1 根舵机转盘等效的连杆,5 个由轴承等效出的滑块;它们共有 16 个平面低副(5 个滑动副和 11 个转动副),无高副存在。因此,根据自由度计算公式可得其自由度数为

$$F=3N-2P_L-P_H=3\times11-2\times16-0=1$$

由上式可看出机构的自由度数为 1,且实际中仅有一个原动件舵机,这说明机构是具有确定运动的,这与夹持实际表现是相符合的。

(2)转角与夹持距离的关系

从图3-22(a)结构简图可以看出从 B 点开始往上部分是对称的,现在取出一半来做运动学分析,即取出 $OABCD$ 来研究,如图3-22(b)所示。其中 $OABCD$ 位置是机械手右夹持臂处于松弛状态下的最远位置,O 点是舵机的扭矩中心点。如图3-22(b)所示,对机械手的运动学分析转化为当 OA 转动 α 角度转到位置时,$l_{D'D}$ 值的大小问题。

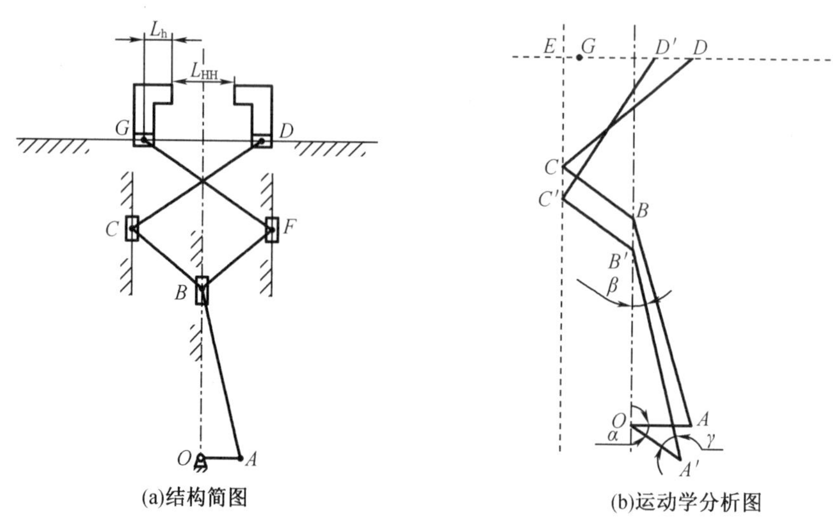

(a)结构简图　　(b)运动学分析图

图3-22　夹持机构结构简图及分析图

分析此机械手的运动学,本书利用图解法得到相关关系式。首先单独分析三角形 $OA'B'$,可由正弦公式得到

$$\frac{l_{A'B'}}{\sin(\alpha+90^\circ)}=\frac{l_{OA'}}{\sin\beta}=\frac{l_{B'O}}{\sin\gamma}$$

$$\alpha+90^\circ+\beta+\gamma=180^\circ \tag{3-20}$$

利用余弦公式可由式(3-20)得到

$$\beta=\arcsin\left(\frac{l_{OA'}\sin(\alpha+90^\circ)}{l_{A'B'}}\right)$$

$$\gamma=90^\circ-\alpha-\beta=90^\circ-\alpha-\arcsin\left(\frac{l_{OA'}\sin(\alpha+90^\circ)}{l_{A'B'}}\right)$$

$$l_{OB'}=\sqrt{(l_{OA'})^2+(l_{A'B'})^2-2l_{OA'}l_{A'B'}\cos\left(90^\circ-\alpha-\arcsin\left(\frac{l_{OA'}\sin(\alpha+90^\circ)}{l_{A'B'}}\right)\right)} \tag{3-21}$$

单独分析三角形 OAB,可由余弦公式求得

$$l_{OB}=\sqrt{(l_{AB})^2-(l_{OA})^2} \tag{3-22}$$

则在平行四边形 $CC'B'B$ 中,有

$$l_{CC'}=l_{BB'}=l_{BO}-l_{B'O} \tag{3-23}$$

单独分析三角形 ECD,有

$$l_{EC}=\sqrt{(l_{CD})^2-(l_{ED})^2} \tag{3-24}$$

单独分析三角形 $EC'D'$，有

$$l_{ED'}=\sqrt{(l_{C'D'})^2-(l_{EC}+l_{CC'})^2} \tag{3-25}$$

最后可联立以上算式得

$$\begin{aligned}l_{D'D}&=l_{ED}-l_{ED'}\\&=l_{ED}-\sqrt{(l_{C'D'})^2-(l_{EC}+l_{CC'})^2}\\&=l_{ED}-\sqrt{(l_{C'D'})^2-\left[\sqrt{(l_{CD})^2-(l_{ED})^2}+\sqrt{(l_{AB})^2-(l_{OA})^2}-\sqrt{(l_{OA'})^2+(l_{A'B'})^2-2l_{OA}l_{A'B'}\cos\left(90^\circ-\alpha-\arcsin\left(\frac{l_{OA'}\sin(\alpha+90^\circ)}{l_{A'B'}}\right)\right)}\right]}\end{aligned} \tag{3-26}$$

在机械手夹持机构部分中，有 $l_{OA'}=l_{OA}=7\ \text{mm}$，$l_{A'B'}=l_{AB}=35\ \text{mm}$，$l_{C'B'}=l_{CB}=15\ \text{mm}$，$l_{C'D'}=l_{CD}=28\ \text{mm}$，$l_{ED}=22\ \text{mm}$，将数据代入式(3-26)，化简可得右夹持臂移动距离 $l_{D'D}$ 与舵机转动角度 α 的关系式为

$$l_{DD'}=22-\sqrt{784-\left[51.61-\sqrt{1\,274-490\sin\left(\alpha+\arcsin\frac{\cos\alpha}{5}\right)}\right]^2} \tag{3-27}$$

式(3-27)求解结果是单个夹持臂位移与旋转角度之间的运动学关系，欲求夹持臂间距 L_{HH}，则有

$$L_{HH}=l_{ED}-2\cdot l_{D'D}-l_{EG}-2\cdot L_h \tag{3-28}$$

将边距差 $l_{ED}=1\ \text{mm}$、夹持臂厚 $L_h=3.5\ \text{mm}$ 代入式(3-28)，并与式(3-27)联立可解得

$$L_{HH}=2\times\sqrt{784-\left[51.61-\sqrt{1\,274-490\sin\left(\alpha+\arcsin\frac{\cos\alpha}{5}\right)}\right]^2}-30 \tag{3-29}$$

对式(3-29)进行反函数求解，即对机械手的逆运动学分析，得

$$\sqrt{1\,274-490\sin\left(\alpha+\arcsin\frac{\cos\alpha}{5}\right)}=51.61\mp\sqrt{784-\left(15+\frac{L_{HH}}{2}\right)^2} \tag{3-30}$$

由图3-22(b)可知，$\alpha\in[0,90]$，将其代入式(3-30)中，可得上式左侧结果区间值为[28,34.29]<51.61，明显可看出等式右侧应舍弃正号取负号，因此式(3-30)可变为

$$\sin\left(\alpha+\arcsin\frac{\cos\alpha}{5}\right)=\frac{1\,274-\left[51.61-\sqrt{784-\left(15+\frac{L_{HH}}{2}\right)^2}\right]^2}{490} \tag{3-31}$$

此时视 α 为自变量，$l_{D'D}$ 为因变量，式(3-29)为原函数，则逆向运动学就是求式(3-29)的反函数，且在求解过程中发现若对式(3-31)继续求解反函数非常困难。由数学知识知反函数存在的充分必要条件是原函数在区间内是单调函数，因此首先得出式(3-27)的函数图像，如图3-23所示。

从图3-23中可以显然看出在0~90°内，函数是单调递减的，因此尽管对式(3-31)继续求解十分困难，但其反函数必然存在，即旋转角度值与夹持间距值是一一对应的。因此本书后续小节将利用函数图像快速得到某一刻角度与位移的对应关系对机械手部分进行控制策略制定和相关实验。

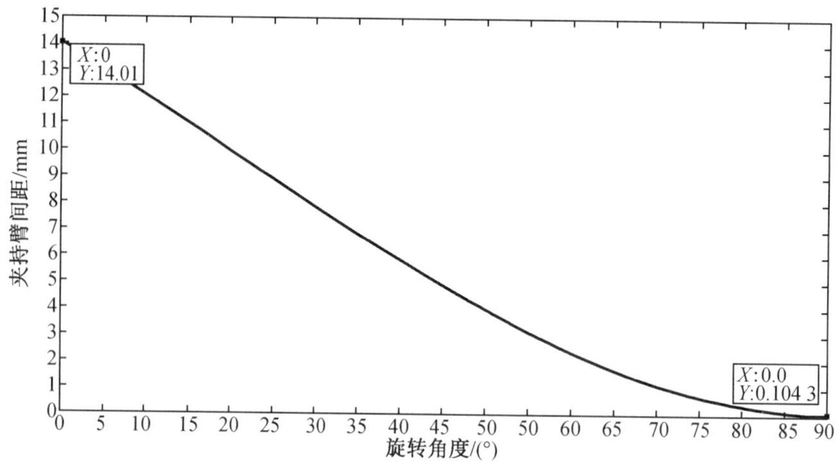

图 3-23 舵机旋转角度与夹持臂间距对应关系图

3.2.3 关键机构静力学分析及动力学仿真分析

静力学分析通常忽略结构阻尼、自身惯性以及载荷随时间的变化，主要研究结构在静力载荷作用下的响应，是有限元分析中最基础也是极为重要的内容。通过对机构进行静力学分析，可以得到结构的变形、刚度、强度等技术参数。静力学分析又分为非线性和线性两个类别，当材料为线性材料时可视为线性分析。本小节主要对锚杆推进机器人中的两个关键机构进行静力学分析，视作线性静力学分析。对于线性静力学分析而言，由经典力学理论可知静力学有限元表达式为

$$[K]\{x\} = \{F\} \tag{3-32}$$

式中 $[K]$——一个常量矩阵；

$\{F\}$——在模型上加载的静态载荷，与时间无关。

分析线性静力学，其结构变形是呈线性变化的，在通常情况下所施加的力都是静态载荷，不随时间而改变，应力与应变呈线性变化。

3.2.3.1 周向旋转机构静力学分析

周向旋转机构包含了步进电机、齿轮副、轴承和空心连接主轴，在给定锚孔坐标的情况下，机器人需要主轴可靠地旋转以定位锚孔，并且在不断深入模拟岩洞的过程中，主轴总是受到来自末端执行器各零部件带来的力和力矩，整个机构势必产生微小的变形量，如果材料刚度、强度不满足要求，势必造成锚孔定位困难甚至错误，无法完成入锚任务，因此对主轴进行静力学分析十分有必要，本节将利用 ANSYS Workbench 这一有限元分析工具按照静力学分析的一般流程进行分析，主要分析连接主轴的等效应力、应变以及主轴各支撑点间的支反力情况。

自 SolidWorks 中建立起的是工程应用中的实际模型，通常需要转换为可以分析的物理模型，适当简化模型，将对分析结果无关或影响微弱的部分原有模型用合理的约束代替以

提升分析计算效率节省时间。简化后的模型如图3－24所示，主轴使用材料为0Cr19Ni9不锈钢，其余零件使用45#钢，其主要材料性能参数见表3－12。

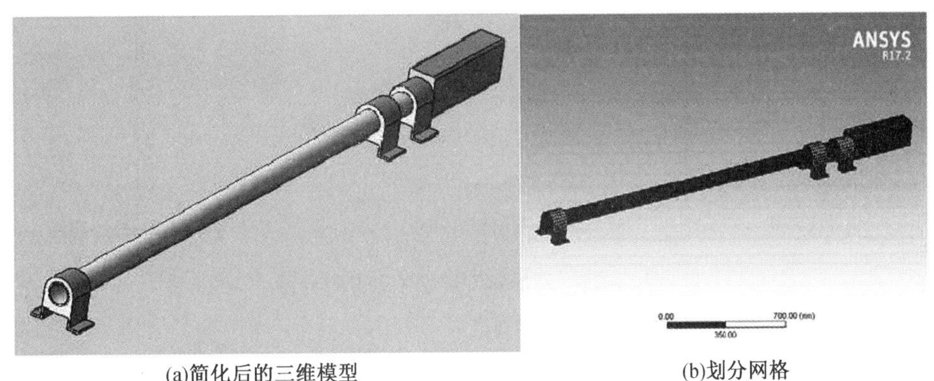

(a)简化后的三维模型　　(b)划分网格

图3－24　周向旋转机构简化模型

表3－12　材料力学性能参数

材料	密度	弹性模量	泊松比	屈服强度
0Cr19Ni9不锈钢(主轴)	7 750 kg/m^3	193 GPa	0.31	207 MPa
45#钢(其余零件)	7 850 kg/m^3	210 GPa	0.26	355 MPa

将简化后的装配体模型导入ANSYS Workbench的Static Structural中，按表3－12定义主轴和其余零件材料参数，为了分析两支座与三支座不同的支反力情况，在分析两支座时压缩第三支座(靠近末端执行器的支座)。

删除默认的接触关系，设置主轴与末端执行器接触关系为Bonded，支座与主轴接触关系为Frictional，摩擦系数为0.2，定义支座底端约束为Fixed Support。网格单元的划分影响了分析结果的精确程度，因此对实体模型手动划分网格，最终选用四面体网格划分模式，尺寸大小设置为15 mm。

由前文可知，机器人在运行过程中，有两点支撑和三点支撑的转化，因此本小节首先分析在两点支撑下的主轴变形情况和应力分布及大小，然后同样方法分析在三点支撑情况下的大小，将两方案对比，得出了三点支撑的必要性，反映出平行双曲柄支撑机构存在的必要性。由于两点支撑和三点支撑的变化点为1.77 m，因此取大滑台座板与固定支撑间跨距三个关键位置做对比，分别是最大跨距2.2 m，变化跨距1.77 m，最小跨距0.2 m。

将两点支撑模型划分后生成网格模型得其单元数为23 283，节点数为46 814，平均质量为0.77，网格质量较好。对机构正确施加边界条件，分别对主轴和末端执行器建立坐标系，按照第3.1节的载荷分布情况对主轴面竖直方向上的坐标轴分量施加向下的力519.2 N，对末端执行器上表面竖直方向上施加向下的力140 N，完成后选择Total Deformationd单独查看在静力作用下主轴的变形情况，如图3－25所示，选Equivalent(von－Mises)Stress查看主轴的应力情况，如图3－26所示。

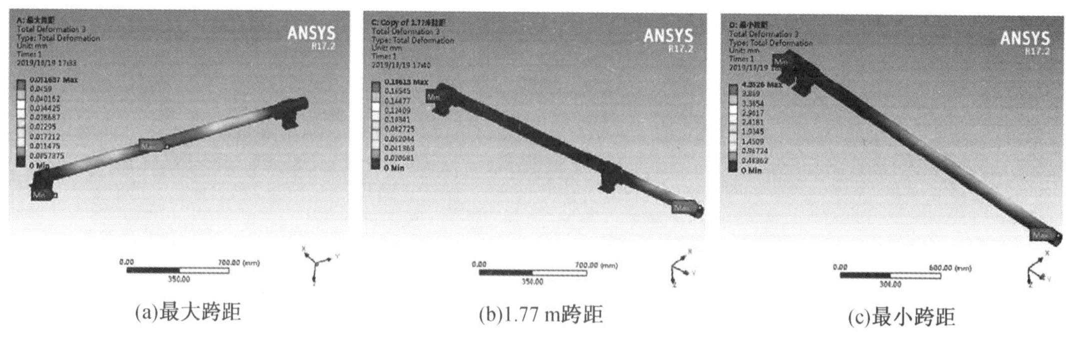

(a)最大跨距　(b)1.77 m跨距　(c)最小跨距

图 3-25　两支座下连接主轴变形云图

从图 3-25 中可以看出，若始终是依靠两支座(大滑台板处支撑和固定支撑)支撑主轴和末端执行器时，当两支座跨距最大 2.2 m 时，主轴的变形量较小，位置处于主轴的中间段部分，位移量较小，为 0.05 mm，符合要求；但随着两支座跨距减小，即随着机器人不断深入模拟巷道中时，主轴的变形量开始增大，至两支撑点跨距 1.77 m 时，此时末端执行器恰好完全位于模拟巷道中而主轴位于巷道外，变形量为 0.18 mm，位于主轴和末端执行器的连接处，势必造成同轴度误差；而当处于最小跨距 0.2 m 时，连接处的位移变形量将急剧增大，为 4.35 mm，已经完全无法满足要求。因此，两支座支撑始终无法满足精度要求。

从图 3-26 中也可以看出，当两支座跨距为最大跨距 2.2 m 时，在主轴上各处应力普遍较小，最大应力发生在主轴尾部，为 4.33 MPa；当跨距为 1.77 m 时，由于末端执行器自重的原因主轴最大应力发生在固定支撑处，为 8.60 MPa；至跨距为 0.2 m 最小跨距时，主轴应力增大，为 35.46 MPa，仍然发生在固定支撑处位置；因此，主轴无论处在何处，最大应力都远低于主轴材料的屈服强度 207 MPa，符合强度要求，但由于两支座支撑不满足精度要求，因此不能采用此方案。

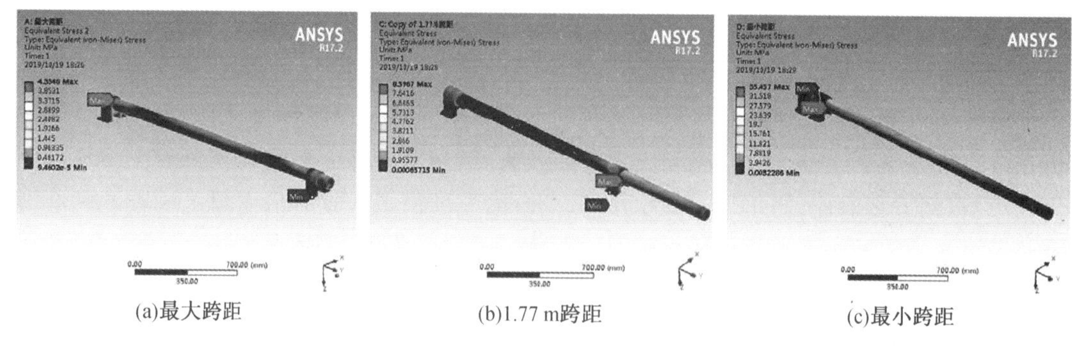

(a)最大跨距　(b)1.77 m跨距　(c)最小跨距

图 3-26　两支座下连接主轴应力云图

将三点支撑模型划分后生成网格模型得到其单元数为 16 296，节点数为 85 369，平均质量为 0.77，网格质量较好。查看三支座下连接主轴变形云图和应力云图分别如图 3-27 和图 3-28 所示。

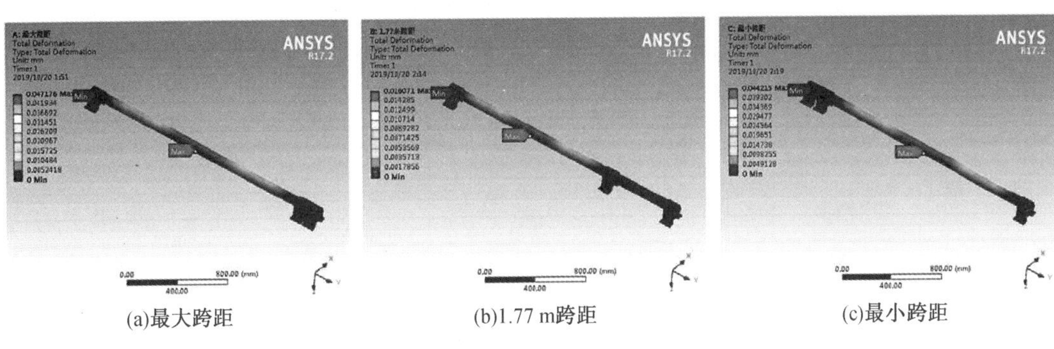

(a)最大跨距　(b)1.77 m跨距　(c)最小跨距

图 3－27　三支座下连接主轴变形云图

从图 3－27 中可以看出，当最大跨距 2.2 m 时，主轴变形量为 0.047 mm，与两点支撑时差别极小，这是因为固定支撑与平行双曲柄的稳定支撑机构间距很小的原因；跨距为 1.77 m 时，变形量为 0.016 mm，远小于两点支撑下的 0.18 mm；至跨距最小为 0.2 m 时，变形量仅为 0.044 mm，完全满足精度要求，而两点支撑下这一数值为 4.35 mm，这说明了三点支撑的必要性，它能够保证机构精度，使主轴在洞内顺利运动。

对比两支座下连接主轴应力云图，从图 3－28 中看出，在三点支撑下，应力分布情况也得到了极大改善，三个位置下的最大应力为 5.68 MPa，远小于两点支撑同跨距位置下的 35.46 MPa，也远小于主轴所用材料的屈服强度值。经以上分析，三点支撑方案完全符合对机构的精度和强度要求。

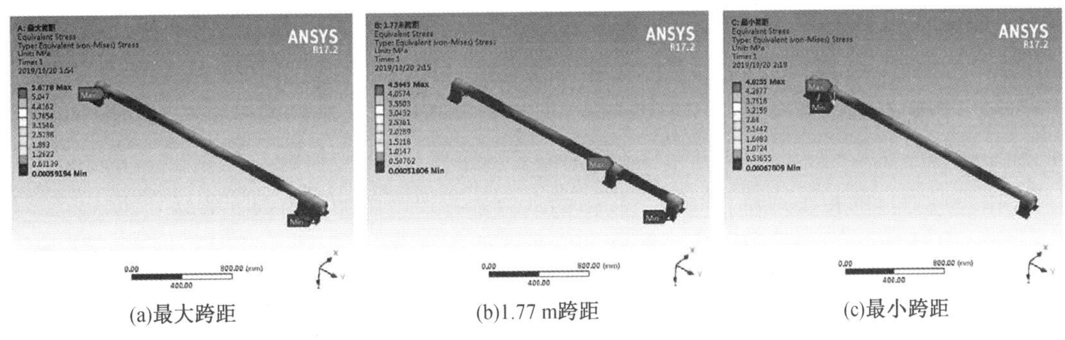

(a)最大跨距　(b)1.77 m跨距　(c)最小跨距

图 3－28　三支座下连接主轴应力云图

利用 ANSYS Workbench 下的 Probe 功能可测出每个支撑座处支反力大小，可与第 2 章的计算结果做对比。经过对比发现：当支座跨距较大时，支反力分析结果与理论解析结果相差较小，而当主轴跨距较小时，支反力分析结果与理论解析结果有差距，但从差距比例来看，仍处于正常范围，结果不十分一致的主要差别原因在于理论解析忽略支座宽度，而将其简化为一点处理造成结果差异，另外，网格划分精度也是一项原因。

将以上分析结果汇总见表 3－13 所示。

表 3-13 主轴静力分析结果汇总表

支撑形式	对比项	最大跨距 2.2 m	节点跨距 1.77 m	最小跨距 0.2 m
两点支撑	各支撑点支反力 R/N	$R_A=241.53\uparrow$	$R_A=149.59\uparrow$	$R_A=3\,905.4\downarrow$
		$R_B=518.46\uparrow$	$R_B=510.41\uparrow$	$R_B=4\,565.4\uparrow$
	主轴最大挠度 δ/mm	0.05	0.18	4.35
	主轴最大应力 σ/MPa	4.33	8.60	35.46
三点支撑	各支撑点支反力 R/N	$R_A=242.36\uparrow$	$R_A=177.26\uparrow$	$R_A=426.49\downarrow$
		$R_B=382.36\uparrow$	$R_B=385.67\uparrow$	$R_B=726.61\uparrow$
		$R_C=42.28\uparrow$	$R_C=96.27\uparrow$	$R_C=359.09\uparrow$
	主轴最大挠度 δ/mm	0.047	0.016	0.044
	主轴最大应力 σ/MPa	5.68	4.56	4.82

3.2.3.2 锚杆夹持机构力学分析

本设计的锚杆推进机器人为了提升入锚效率，设计了杆仓机构预先存储锚杆。因此在完成入锚的过程中，需要从锚杆仓中取出锚杆，这部分的工作是由机械手来完成的。它是机器人整体的一个极其重要的组成部分，位于末端执行器内。作为直接的执行部件，机械手本身结构尺寸对夹取效率、状态以及成功率都有直接影响；且在成功夹取到锚杆之后会受到其他电机工作带来的激振频率，若所设计机械手模型的固有频率与激振频率发生共振，可能会直接影响机械手夹持稳定性，使得锚杆脱落直接影响后续入锚操作。运行ANSYSWorkbench进行模态分析可以快速大致确定结构的固有频率和振型，从而使结构设计避免共振问题。因此基于以上原因考虑，本小节主要从机械手的模态分析和应力变形方面确定机械手机构是否满足要求，不满足则需要继续优化模型。

由经典力学的相关理论可知一个物体的动力学方程可由如下有限元表达式表达：

$$[M]\{\ddot{x}\}+[C]\{\dot{x}\}+[K]\{x\}=\{F(t)\} \tag{3-33}$$

式中 $[M]$——质量矩阵；

$[C]$——阻尼矩阵；

$[K]$——刚度矩阵；

$[F(t)]$——力矢量，与时间 t 有关的函数；

$[x]$——位移矢量；

$[\dot{x}]$——速度矢量，对位移矢量求一阶导数；

$[\ddot{x}]$——加速度矢量，对位移矢量求二阶导数。

如果只研究静力平衡关系，不考虑速度和加速度，那么忽略公式的前两项，式(3-33)可简化为式(3-32)，演化为静力学分析的有限元方程表达式；由于机械手结构阻尼较小，为了计算方便，忽略系统阻尼的影响，则演变为无阻尼模态分析，无阻尼模态分析是经典的特征值问题，式(3-33)变化为

$$[M]\{\ddot{x}\}+[C]\{\dot{x}\}=\{F(t)\} \tag{3-34}$$

即此时位移为正弦函数：

$$x=x\sin(\omega t) \tag{3-35}$$

将式(3-35)代入式(3-34)得

$$([K]-\omega^2[M])\{x\}=\{0\} \tag{3-36}$$

式(3-36)是经典的特征值问题，此方程的特征值为ω_i^2，i 的范围是从 1 到自由度的数目，自振频率为$f=\dfrac{\omega_i}{2\pi}$。特征值ω_i对应的特征向量$\{x\}_i$为自振频率$f=\dfrac{\omega_i}{2\pi}$对应的振型。模态分析实际上就是进行特征值和特征向量的求解，模态分析中的材料的弹性模量、泊松比和材料密度是必须要定义的。

相对而言，机械手是一个比较复杂的结构，因此转入 ANSYS Workbench 前应进行正确的模型简化，将机械手的一些倒角特征等对分析结果影响不大的部分去除。所用材料为0Cr19Ni9 不锈钢材质，材料力学性能如之前所述，简化后的机械手模型如图 3-29(a)所示，网格单元大小设置为支撑板 2 mm，针对连杆、销钉等其他部件局部加密为 1 mm，共含有个 147 924 节点，78 264 个单元格，网格划分结果如图 3-29(b)所示：

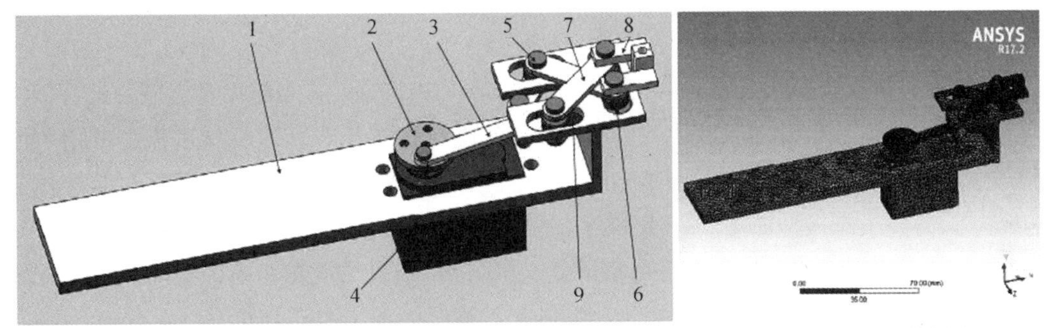

(a)简化后的原始机械手模型　　(b)原始机械手网格划分

1—托臂板;2—舵机转臂;3—连杆;4—舵机;5—销钉;6—轴承;7—中间连杆;8—夹持臂;9—导柱。

图 3-29　机械手模型及网格划分结果

(1)静力学分析

现在将机械手闭合移动到最前端，进行锚杆处于被夹取状态下的典型工况受力分析。

在舵机底面上施加 Fixed 固定约束，在闭合的机械手上施加 10.2 N 的向外的力，以模拟机械手夹取锚杆时所要克服的永磁铁磁力，在销钉连接的连杆与连杆之间、夹持臂与连杆之间关节运动定义 Revolute 旋转，导柱与托臂板之间关节运动定义 Translational 平移，各轴承与夹持臂环形槽之间运动定义为 Slot 槽，机械手模型有限元分析结果如图 3-30所示：

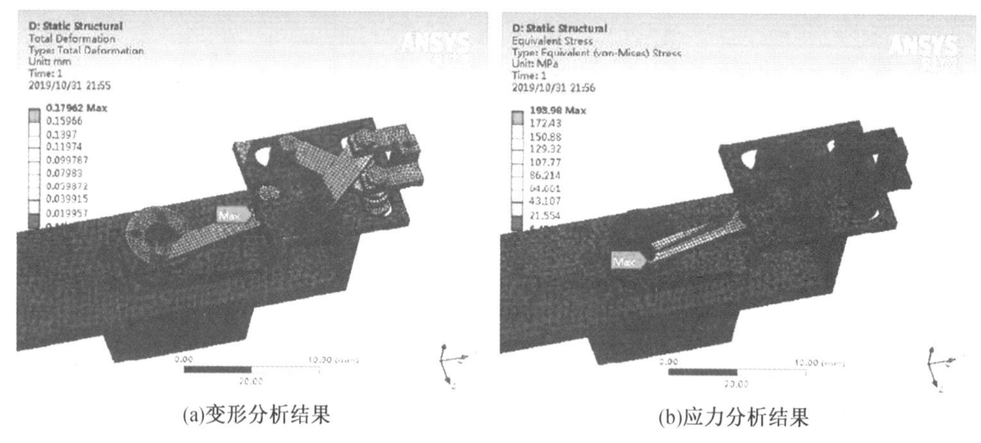

(a)变形分析结果　　(b)应力分析结果

图 3－30　机械手模型有限元分析结果

由图 3－30 可知，机械手整体变形较小，在导向处有最大位移产生，最大位移值为 0.18 mm，由于最大位移值很小而且导向销位于设定的槽内滑动，因此在舵机扭矩足够的情况下考虑此基本不会对机械手夹取效果产生影响，满足位移要求；在连杆连接舵机转盘处有最大应力产生，最大应力值为 193.98 MPa；由表 3－12 可知，选用的 0Cr19Ni9 不锈钢材料的屈服极限为 207 MPa，大于最大应力值，由此可认为原始机械手模型位移量和应力值均在许用范围内，满足工作使用要求。

(2)模态分析

在静力分析符合要求之后，本文将利用 ANSYS Workbench 的 Modal 对机械手夹持机构进行模态分析，通常来讲，低阶振型更具有指导意义，因此本小节获取机械手模型的前六阶固有频率及振型，分析机械手夹持结构在锚杆已被夹取状态下的振动特性，以对结构优化提供参考，各阶模态振型如图 3－31 所示。将各阶振型数据和振型特点汇总见表 3－14。位移结果的大小在频率分析中是没有实际意义的，位移结果只能在相同的振动模式中比较模型不同部位的相对位移，并只能用于相同的振动模式。本节模态分析只计算固有(共振)频率及对应的振动模式(形状)。

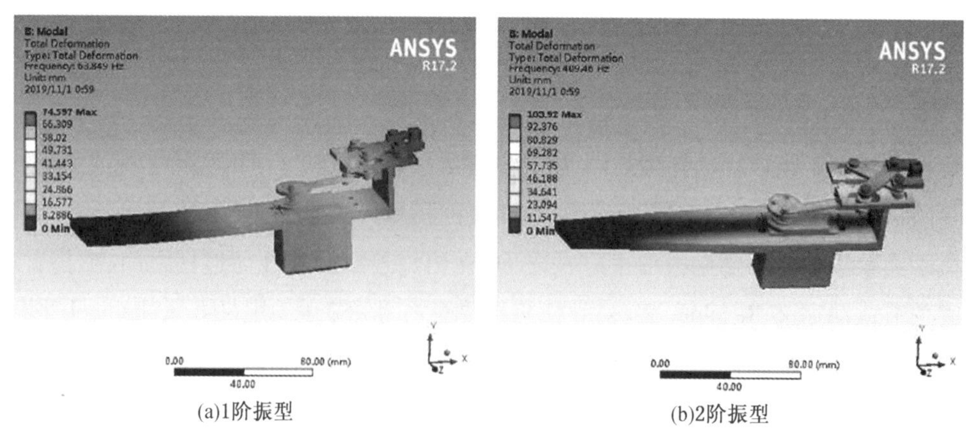

(a)1阶振型　　(b)2阶振型

图 3－31　各阶模态振型

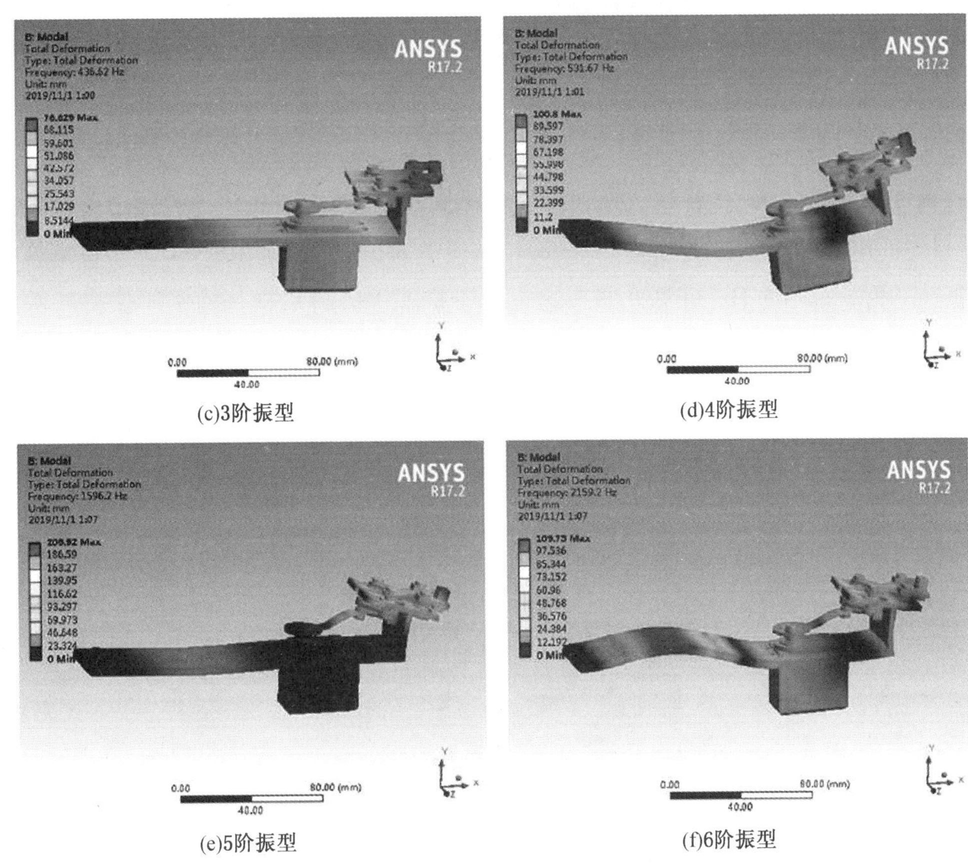

(c)3阶振型　(d)4阶振型

(e)5阶振型　(f)6阶振型

图 3－31(续)

表 3－14　机械手夹持机构各阶振型分析

振型阶数	振动频率/Hz	振型描述
1 阶	63.85	夹持机构支撑板绕 z 轴向 y 轴正方向发生弯曲
2 阶	409.46	夹持机构整体沿 x 轴方向发生扭转
3 阶	436.62	夹持机构支撑板体向着 y 轴负方向发生弯曲
4 阶	531.67	夹持机构整体绕 z 轴方向产生弯曲压缩，夹持臂产生偏移
5 阶	1 596.2	夹持机构的夹持臂部分向着 x 轴正向倾斜
6 阶	2 159.2	夹持机构支撑产生波浪状弯曲，夹持臂部分向 x 轴倾斜

分析夹持机构的各阶振型云图，可得出机构在各阶次振型下特点不同，对机构的最大影响部位也不同，具体表现如表 3－14 描述。由于固有频率以及振型是一个机械结构的固有特征，且低阶固有频率在很大程度上影响着结构的刚度，低阶的固有频率越高，模态刚度表现就越佳。表现越佳，夹持机构受影响就越小，就越能按照要求工作。因此应尽可能使用机械手的低阶固有频率高于工作频率，避免机械手和外部激励共振问题发生，提升机械手的结构刚度。

当机械手夹取锚杆后，需要锚杆置入电机工作，将锚杆推入锚孔，此时由外部驱动所引发的激励中，锚杆置入电机激振频率是影响最大的因素。假设 f 为激振频率，n 为电机转速，δ 为上下浮动误差，则电机的激振频率可由下式求得

$$f=\frac{n\pm\delta}{60} \tag{3-37}$$

在锚杆置入过程中，锚杆置入电机需要经由同步带传动、齿轮传动将转矩传递到双丝杆上，设定此电机的工作转速为 180 r/min，浮动误差为 3 r/min，则由式(3－37)计算得电机的激振频率为 3 ±0.05 Hz，可见此频率远远低于机械手夹持机构任何 1 阶振型所示的频率，判断不会因为此电机引发共振现象，机械手在激振下符合正常使用要求。

(3)仿真分析

本小节在 ADAMS 建立机械手夹持机构仿真模型，对机械手夹持机构进行动力学仿真分析。并将仿真结果与式(3－10)得出的理论计算结果相对比，以验证分析正确性，机械手夹持机构仿真模型如图 3－32 所示。

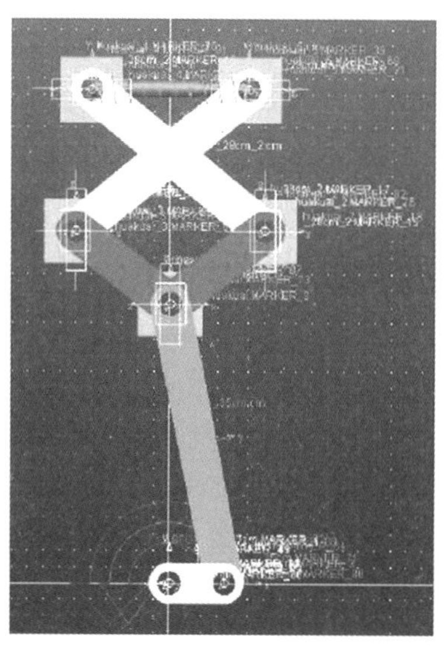

图 3－32　机械手夹持机构仿真模型

在 ADAMS 中，按照前文机械手夹持机构自由度计算中所述为仿真模型添加 16 个平面低副(5 个滑动副和 11 个转动副)；在原动件处添加舵机驱动扭矩 M，方向为顺时针；在两个夹持臂之间添加一个弹簧(刚度系数为 6，阻尼系数为 0.2)；其实，在实际结构中弹簧并不存在，此处添加是为了便于探测夹持臂间的夹持力 F 的大小。

由式(3－10)可知，欲分析扭矩与夹持力之间的关系，必须要知道 ψ、β、γ 三个角度值的大小；由式(3－27)可知，夹持臂移动距离与舵机转角 α 亦存在关系，因此首先利用 ADAMS 得出机械手夹持机各参数值随时间的变化曲线，如图 3－33 所示。

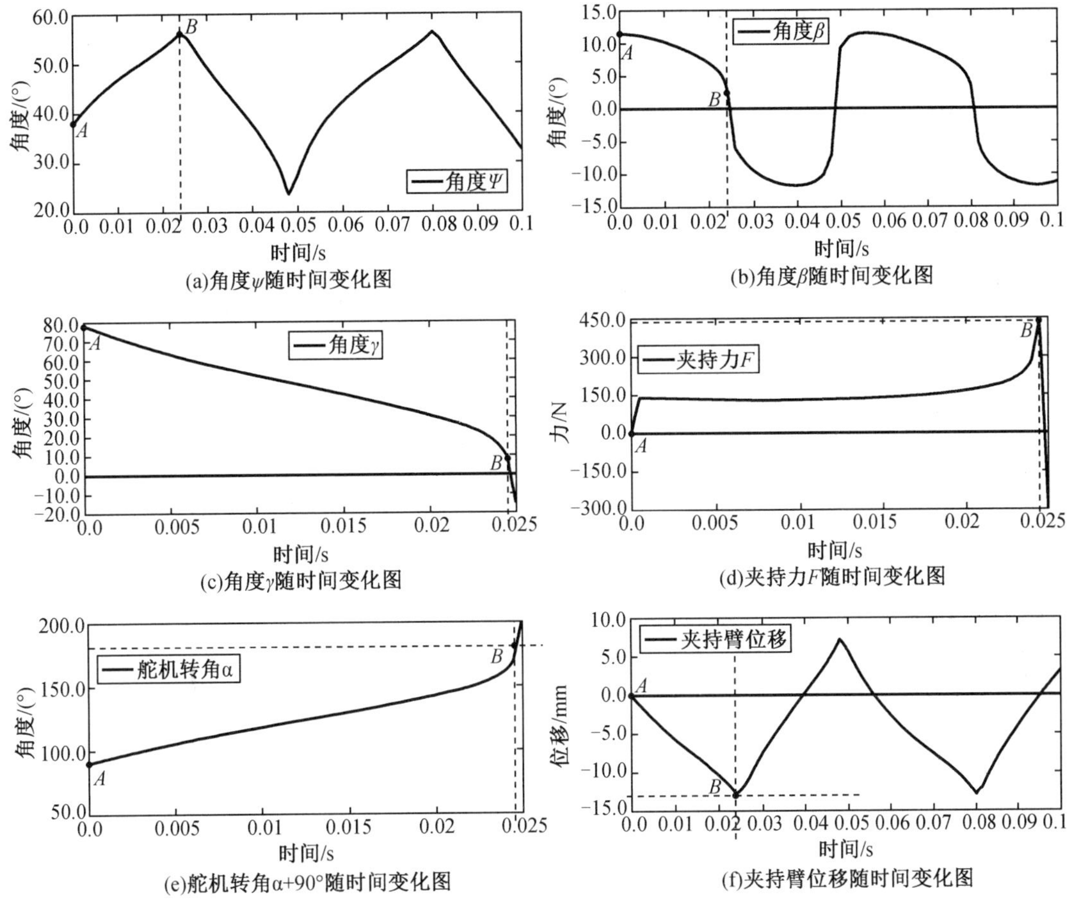

(a)角度ψ随时间变化图

(b)角度β随时间变化图

(c)角度γ随时间变化图

(d)夹持力F随时间变化图

(e)舵机转角α+90°随时间变化图

(f)夹持臂位移随时间变化图

图3－33 机械手夹持机构各参数值随时间变化图

为了便于分析,将机械手夹持机构松持状态记为 A 点,夹持状态记为 B 点,则 A 到 B 即为一个周期,图3－33中 A、B 两点坐标值见表3－15所示。

表3－15 A、B 两点坐标值

对应图名	图3－33(a)	图3－33(b)	图3－33(c)	图3－33(d)	图3－33(e)	图3－33(f)
A 点横坐标	0.000	0.000	0.000	0.000	0.000	0.000
A 点纵坐标	38.213	11.532	78.468	0.000	90.000	0.000
B 点横坐标	0.024 5	0.024 5	0.024 5	0.024 5	0.024 5	0.024 5
B 点纵坐标	57.054	2.359	9.521	438.681	168.120	－12.907

结合图3－33和表3－15综合分析:

(1)在此ADAMS仿真中,一个周期变化时间约为0.024 5 s。在一个周期内,角度ψ由38.213°增大到57.054°;角度β由11.532°减小到2.359°;角度γ由78.468°减小到9.521°。这与前文分析的“β、γ两角度均不断减小,而角度ψ不断增大”的结论是相一致的;

(2)由图3－33(e)可知:机械手夹持机从松持到夹持状态变化过程中,舵机共转动了78.12°,即$\alpha=78.12°$;而在实际机械手夹持时舵机转动近90°,两者结果的差异很大一部分原因是仿真时若$\alpha=90°$,则有$\beta=\gamma=0°$,进而导致程序无法得出有效的数值解,因此仿真中会取约数,由此产生误差;仿真中的末位B点仅对应实际模型中舵机转动78.12°时的情形,实际中舵机可以转动到90°;

(3)由图3－33(d)可知:夹持力的仿真结果为438.681 N;将末位B点数据$\psi_B=57.054$、$\beta_B=2.359$、$\gamma_B=9.521$,以及舵机转动力臂$R=0.7$ cm、转矩$M=16$ kg·cm代入式(3－10),可得夹持臂间夹持力F的理论解为

$$F=\frac{M\cdot\cos\beta}{2\cdot\tan\psi\cdot R\cdot\sin\gamma}=\frac{16\times9.8\times\cos(2.359°)}{2\times\tan(57.054°)\times0.7\times\sin(9.521°)}=438.44\ \text{N}$$

可见夹持臂夹持力大小的仿真结果与理论分析结果是一致的,这也验证了前文机械手舵机选型计算分析结果的正确性;

(4)由图3－33(e)和图3－33(f)可知:当舵机转动角度$\alpha=78.12°$时,对应两个夹持臂总移动距离为12.907 mm,则单个夹持臂移动距离为6.45 mm;将$\alpha=78.12°$代入式(3－27)可得单个夹持臂移动距离$l_{DD'}$为

$$l_{DD'}=22-\sqrt{784-\left[51.61-\sqrt{1\,274-490\sin\left(78.12°+\arcsin\frac{\cos(78.12°)}{5}\right)}\right]^2}=6.76\ \text{mm}$$

可见夹持臂移动距离的仿真结果与理论分析结果基本是一致的,这也验证了前文分析结果的正确性。综合以上分析结果来看,仿真结果与理论分析结果基本一致,本文还将在后续章节中对此部分进行实验验证。

3.2.4 小结

本节首先详细描述了机器人的运动过程,而后根据第一节的总体设计构建了机器人的结构模型及运动学方程,并对整体以及机械手夹持机构进行了正向及逆向运动学问题的分析,得出了机器人各关节变量与目标锚孔之间的关系,以及机械手夹持臂与舵机转角之间的关系,为后续的运动控制策略制定提供依据;然后对机器人的周向旋转机构进行了静力学分析,验证了连接主轴的结构刚度和强度满足设计要求,同时验证了第一节各支撑位置支反力理论分析结果的正确性;对锚杆夹持机构进行了静力学分析、模态分析以及仿真分析,在模态分析中得到了夹持机构的六阶振型,通过分析各阶振型特点得出了锚杆夹持机构不会因电机工作振动而影响夹持稳定性的结论;通过比较夹持机构的仿真分析结果与理论分析结果,由两者结果一致验证了关于机械臂夹持力、转矩、夹持距离及转角部分理论分析的正确性,这将为后续的实验结果提供对比对象。

3.3 机器人的运动控制系统设计

在上一节中已经对设计的锚杆推进机器人进行了详细的运动学分析，包括正向运动学和逆向运动学，得出了锚孔坐标位置和机器人各关节动作之间的关系以及机械手夹持臂距离与舵机转角的关系，在本节中将使用上一节得到的相关数据结合软硬件进行控制系统设计，以组成一个完整的样机控制系统。由于本机器人需要在受限的空间内动作，需要保证机器人各关节动作的精确性，而各关节运动是依赖各电机来控制的，因此本节将研究锚杆推进机器人所涉及的驱动电机的控制策略，以此设计编写下位机控制程序。

3.3.1 机器人控制系统设计

控制系统是整个机器人系统中的重要组成部分，它决定着机器人系统的自动化水平，因此控制系统设计尤为重要。一般来说，控制系统设计分为上位机和下位机控制，本节所涉及的锚杆推进机器人的下位机程序是使用 STM32F103 作为主控制器，上位机则是基于 LabVIEW 开发的，STM32 和 LabVIEW 之间是通过串口转 WiFi 实现无线通信的。

1. 控制系统总体方案

本节研制的锚杆推进机器人样机涉及七个电机和一个舵机，电机全部采用的是步进电机。步进电机与舵机的控制方式不同，对于前者而言主要是通过控制器发送确定的脉冲数量给电机驱动器驱动步进电机旋转期望的角度的，进而可以扩展到可计算出转动速度；对于后者舵机而言，则主要是由单片机发送 PWM 波控制的，调整占空比即可使其旋转期望角度。

在整个控制系统中，首先应使上位机和下位机建立通信，正常通信后在上位机软件界面的电机控制区域发送控制指令传递到下位机，下位机接收后判断接收指令不同的标志位进入不同的下位机程序代码中运行，进而执行程序发送脉冲数量或 PWM 波给预期运动的电机或舵机动作，执行完毕后再由下位机发送完成标志位给上位机，完成一个周期操作。本节采用的电机均带有编码器，因此电机动作时可以回传反馈信息给 STM32 单片机，以便校准发送的脉冲数量。根据上述简要原理，得出锚杆推进机器人控制系统框图如图 3－34 所示。

(1) 虚线表示回传、反馈，通信失败则可启用备选的手动控制方案；

(2) 基于 LabVIEW 开发的上位机软件包括串口通信配置区、电机信号控制区和摄像头信息区等区域块。上位机下位机无线通信是靠两块串口转 WiFi 模块通信中继完成的，AB 状态不同，即只存在两种工作状态：A 发 B 收和 B 发 A 收；

(3) 电机 A 指机构行走进给电机、电机 B 指周向旋转电机、电机 C 指稳定支撑机构电机、电机 D 指杆仓旋转电机、电机 E 指锚杆夹取进给电机、电机 F 指锚杆置入电机、电机 G 指预紧力施加电机，舵机指锚杆夹取机械手处的舵机。

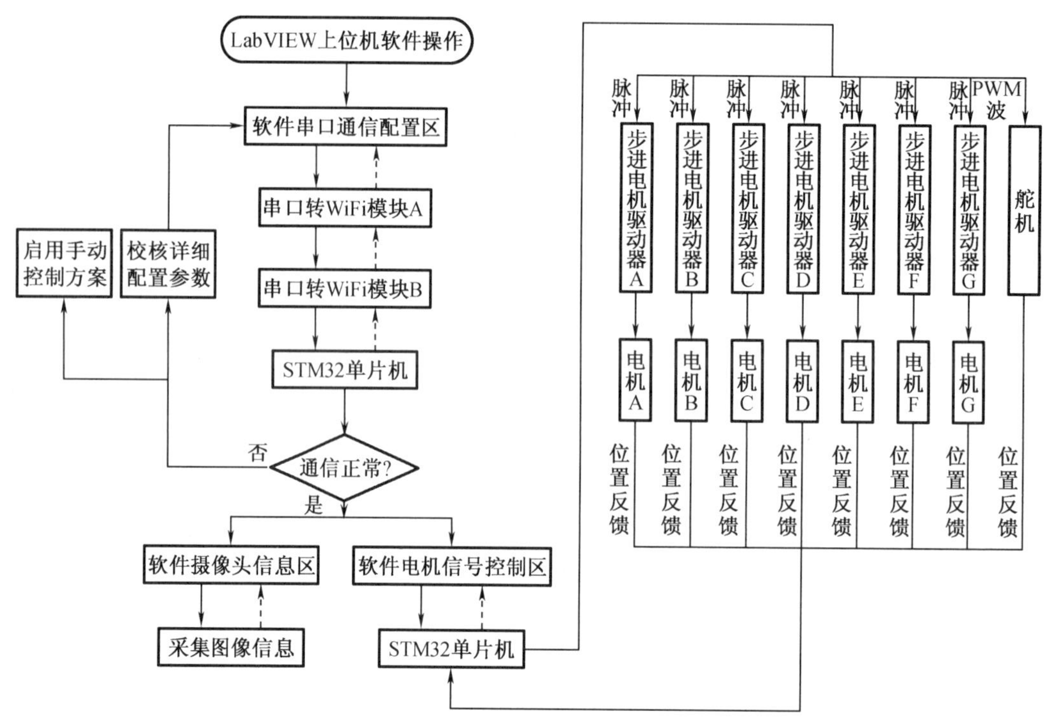

图 3－34　机器人控制系统框图

2. 通信方式选择

一般来说,控制系统包含上位机下位机两部分,上位机指的是直接向外发出操作指令的计算机(程序),而下位机则是直接控制操作设备的,上位机下位机之间指定通信方式进行通信,传递命令。本节中上位机指基于 LabVIEW 开发的锚杆推进机器人控制软件,下位机指 STM32 单片机,它们之间通信方式的选择尤为重要,它是上位机与下位机之间的桥梁,缺少通信则下位机处于自由状态不再受上位机指令限制。

如图 3－35 所示,在 STM32 中有 3 个 USART 和 2 个 UART,都挂载在 APB 总线上。前者 USART 可进行同步通信和异步通信,而后者 UART 只能进行异步通信,一般而言,平时用到的串口通信指的都是 UART。串口外设在 STM32 中的应用最多的仍然是对外输出程序调试信息,了解程序运行状态,UART 具有 TX 和 RX 两个功能引脚,用于数据传输。通信双方之间将 TX 与 RX 引脚交叉相连,即可实现通信,简单实现远距离通信。同样,UART 也可以产生 DMA 请求,当需要传输的数据量较大时,可开启 DMA。

在控制系统编写过程中,需要不断地修改烧录程序到 STM32 单片机上,查看调试信息,确定程序运行状态,而上位机 LabVIEW 中又封装好了串口通信的 VISA 函数,操作简单,因此,为了方便,本系统采用的是 STM32 的串口通信方式。通过串口,可实现上位机下位机的连接。

3. 机器人的两种控制方式

如图 3－34 所示,考虑到如果在实际应用中,上位机与下位机之间不能实现正常通信,此时机器人处于自由脱机状态,若机器人处于初始位置则影响后续工作,若机器人处于洞内工作状态，则机器人会失控无法复位。因此在本节所设计的机器人运动控制系统中，设计了两种机器人控制方式，当通信正常时，依靠上位机软件发出命令，下位机响应自动程序控制机器人动作；当通信失败时切换到手动控制方案，依靠下位机预先编写好的手动控制程序和控制按钮继续机器人的相关操作。

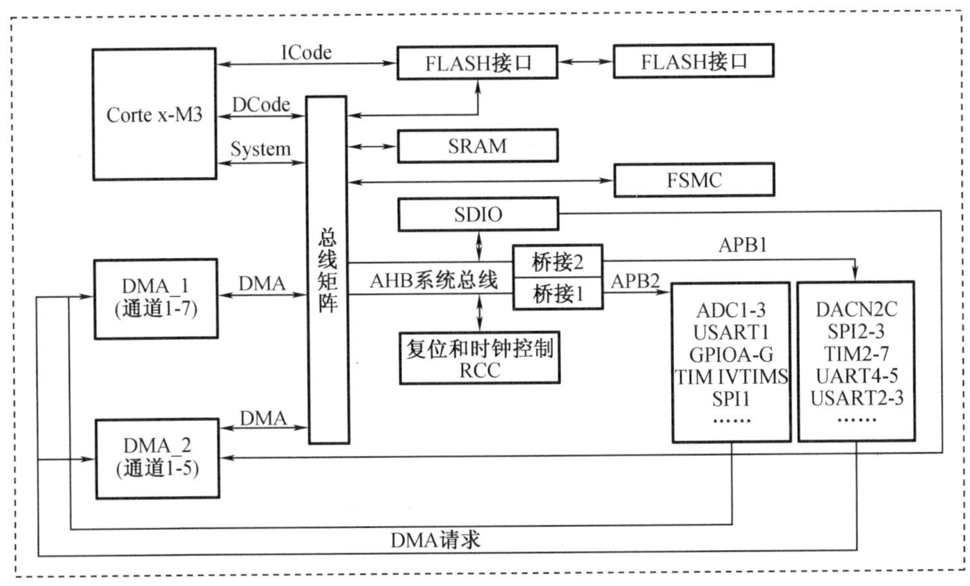

图 3－35　STM32F1 系统结构

(1)无线 WiFi 通信下的自动控制方式

采用无线 WiFi 控制可以使机器人控制更简单，也可以使操作者实现远程控制。在本节所设计的锚杆推进机器人中，由于涉及电机较多，相比较单纯使用按钮控制电机，使用上位机软件控制可以同步实现小范围精准控制各电机动作和监测视像观察，入锚过程更加顺利。

本节利用无线 WiFi 传输的方式在上位机与下位机之间传递有效信息，无线 WiFi 通信主要利用了串口转 WiFi 模块 ESP8266－01S，它是安信可基于 ESP8266 WiFi 芯片封装的 WiFi 模块，2.4 G 板载天线，内置超低功耗 32 位微型 MCU、10bit 高精度 ADC、TCP/IP 协议栈，支持 802.11 b/g/n 协议、UART/GPIO 等接口，更有 STA/AP/STA＋AP 三种工作模式，功耗极低、功能强大，是一款在实验中广泛使用的无线模块。

本节将使用两组串口转 WiFi，设置为 STA＋AP 模式，一组连接电脑端，另一组连接 STM32 单片机端，两组之间进行无线通信，一组处于 STA 模式时，另外一组处于 AP 模式，最终实现上位机命令传递到下位机，下位机回传有效信息给上位机。

(2)手动控制方式

前文已述手动控制方案是备选方案，手动控制系统是用于在上位机下位机通信异常情况时继续控制锚杆推进机器人，又因手动控制方案未设置触摸屏，无法显示或输入具体的脉冲数目，因此首选方案仍然是无线自动控制方案。手动控制系统的核心是 STM32F103ZET6 微控制器；其输入部分包括各式按钮开关，限位开关等，输入量均为开关量控制；输出部分包括指示灯、蜂鸣器等，输出量包括开关量和 PWM 脉冲。

各个开关一端连接到 STM32 的指定引脚上，另一端与 STM32 共 GND，通过设定 STM32 GPIO 的输出模式，可以实现当按下按钮的时候，引脚能够接收到低电平或高电平，进而引入判断机制，判断出被按下的按钮键对应的控制代码响应，STM32 对该按钮键对应的电机发送脉冲及控制电机转向。因为无法通过按钮输入确定的脉冲数目以控制步进电机具体位置，因此在大丝杠首末位置两处设有限位开关，防止超出限位损坏机器人本体，当触及限位开关时整体行走进给电机停转，并接通指示灯以提醒；另外两处限位开关设置在控制锚杆置入电机处，主要因为该处设有同步带、双丝杆、导杆等零件，为确保不被损坏和锚杆置入过位，引起锚杆入孔失败设置；其余几处如主轴旋转等电机在手动控制系统中不适宜加入限位开关的地方未加入限位开关。手动控制系统电气控制原理图如图 3－36 所示，A～F 对应电机与前文所述一致，不再赘述，＋、－、＊分别对应控制符号前字母代号电机的三个按钮，如 A＋、A－对应电机 A 正转按钮和反转按钮。

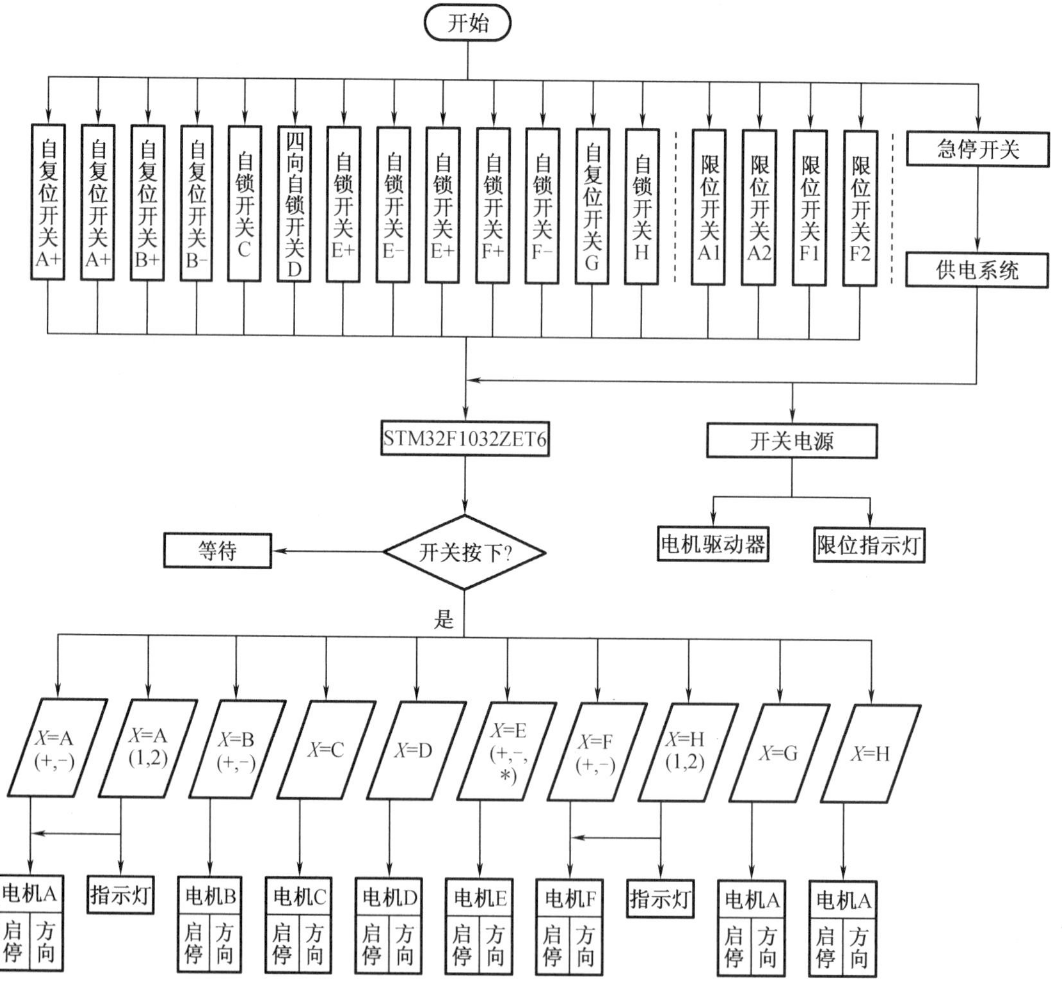

图 3－36　手动控制系统电气控制原理图

依据原理图搭建的手动控制电控系统实物图如图 3 - 37 所示。

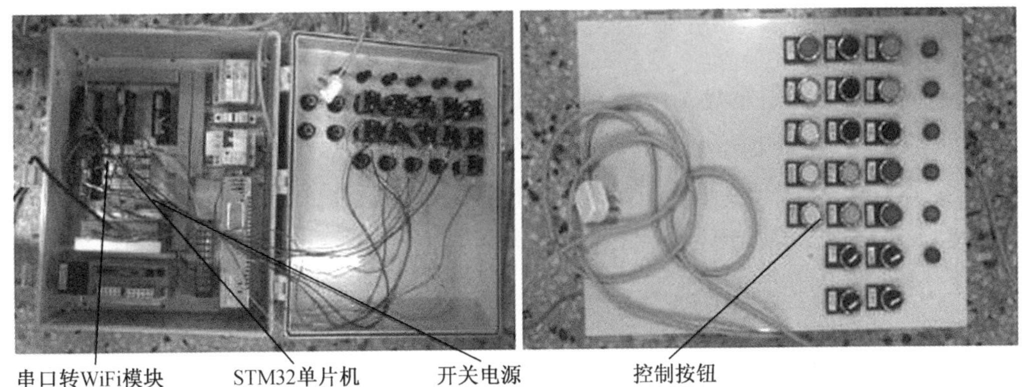

图 3 - 37 手动控制电控系统实物图

3.3.2 驱动电机的运动控制策略

各个关节的协同运动是建立在电机精确控制上的,因此为了提升电机的系统精度和可靠性,本小节主要研究在锚杆推进机器人设计过程中所使用的步进电机和舵机的精确控制策略。

1. 步进电机的控制策略

常规 PID 控制与模糊 PID 控制是两种十分常见的步进电机控制策略。

(1)步进电机的数学模型建立

由前文可知,本设计机器人涉及的步进电机工作频率均不高,当步进电机运行在较低频率时容易与电机本身转子的自由频率发生共振,称为低频振荡。振荡发生时,会使电机运行失稳,影响精度,而锚杆推进机器人对定位精度有一定要求,为了减少或防止这种现象发生,本小节将步进电机视为被控制对象,以此建立数学模型加以分析,求出步进电机的传递函数。机器人使用的电机为两个三相混合式和五个两相混合式步进电机,因为其求传递函数步骤基本相同,因此为了简述过程,以三相混合式步进电机为例进行电机传递函数求解。

以微分方程形式表示三相步进电机的数学模型为

$$\begin{bmatrix} u_a \\ u_b \\ u_c \end{bmatrix} = \begin{bmatrix} R_a & 0 & 0 \\ 0 & R_b & 0 \\ 0 & 0 & R_c \end{bmatrix} \begin{bmatrix} i_a \\ i_b \\ i_c \end{bmatrix} + \begin{bmatrix} L_{aa} & L_{ab} & L_{ac} \\ L_{ba} & L_{bb} & L_{bc} \\ L_{ca} & L_{cb} & L_{cc} \end{bmatrix} \begin{bmatrix} \dfrac{\mathrm{d}i_a}{\mathrm{d}t} \\ \dfrac{\mathrm{d}i_b}{\mathrm{d}t} \\ \dfrac{\mathrm{d}i_c}{\mathrm{d}t} \end{bmatrix} + \frac{\partial}{\partial\theta} \begin{bmatrix} L_{aa} & L_{ab} & L_{ac} \\ L_{ba} & L_{bb} & L_{bc} \\ L_{ca} & L_{cb} & L_{cc} \end{bmatrix} \begin{bmatrix} i_a \\ i_b \\ i_c \end{bmatrix} \frac{\mathrm{d}\theta}{\mathrm{d}t} \tag{3-38}$$

步进电机转子的力矩平衡方程式为

$$J\frac{\mathrm{d}^2\theta}{\mathrm{d}t^2}+D\frac{\mathrm{d}\theta}{\mathrm{d}t}+T_1=T_0 \tag{3-39}$$

$$T_0=\frac{1}{2}\sum\frac{\partial L_{jj}}{\partial\theta}i_j^2+\frac{1}{2}\sum\frac{\partial L_{jk}}{\partial\theta}i_ji_k \tag{3-40}$$

式中　u_a、u_b、u_c——步进电机 A 相、B 相、C 相的电压；

i_a、i_b、i_c——步进电机 A 相、B 相、C 相的电流；

R_a、R_b、R_c——步进电机 A 相、B 相、C 相的电阻；

L_{jj}、L_{jk}——各相的自电感和互电感，$j=a,b,c$、$k=a,b,c$、$j\neq k$；

θ——电机转子的角位移；

J——电机总转动惯量；

D——黏滞摩擦系数；

T_0、T_1——电磁转矩和负载转矩。

如果将电感中的高次谐波忽略不计，则步进电机各相自电感和互电感可视为由平均分量和基波分量组成：

$$\begin{gathered}L_{aa}=L_0+L_1\cos(Z_r\theta)\\L_{bb}=L_0+L_1\cos\left(Z_r\theta-\frac{2\pi}{3}\right)\\L_{cc}=L_0+L_1\cos\left(Z_r\theta-\frac{4\pi}{3}\right)\\L_{ab}=L_{ba}=L_{01}+L_{12}\cos\left(Z_r\theta-\frac{\pi}{3}\right)\\L_{bc}=L_{cb}=L_{01}+L_{12}\cos(Z_r\theta-\pi)\\L_{ca}=L_{ac}=L_{01}+L_{12}\cos\left(Z_r\theta-\frac{2\pi}{3}\right)\end{gathered} \tag{3-41}$$

以上所述式子即为三相步进电机的微分形式的数学模型。在求解得出微分方程后，为了下一步分析控制过程，可以利用拉普拉斯变换求解此微分方程，这样做既可以使得微分运算转换为代数运算，又能表征初始条件的影响，最终使微分方程求解变得较为简便。已知传递函数是在零初始条件下，线性定常系统的输出量的象函数与输入量的象函数的比值。而在步进电机控制系统中，输入即是阶跃脉冲下理论情况一个标准步距角，记为 θ_1，输出即为此脉冲数值对应实际转过的角度值，记为 θ_2，则由此可理解针对步进电机的传递函数为

$$G(s)=\frac{\theta_2(s)}{\theta_1(s)}=\frac{\iint\alpha_2(s)\mathrm{d}t\mathrm{d}t}{\iint\alpha_1(s)\mathrm{d}t\mathrm{d}t}$$

上式中，α_1 和 α_2 分别是系统预期理想的角加速度值和实际情况下的角加速度值。由于传递函数是通过线性方程式得到的，故此传递函数只适用于线性系统，对于非线性系统无法定义传递函数。因此需要对上述的高阶的强耦合多变量非线性系统步进电机数学模型加以简化，得到可以进行分析的方程式。

假设在单相励磁情况下，三相步进电机通电相序按照 A－B－C－A 的方式，忽略互感（即只考虑 L_{aa}、L_{bb}、L_{cc}），以 A 相位为参考相位，将式(3－41)代入式(3－40)可变为

$$T_0=\frac{1}{2}\frac{\partial L_{aa}}{\partial\theta}i_a^2=\frac{1}{2}\frac{\partial}{\partial\theta}(L_0+L_1\cos(Z_r\theta))i_a^2=-\frac{1}{2}Z_rL_1i_a^2\sin(Z_r\theta) \tag{3-42}$$

在电机空转情况下，即负载转矩 $T_1=0$ 时，将式(3－42)代入式(3－39)得到

$$J\frac{d^2\theta}{dt^2}+D\frac{d\theta}{dt}-\frac{1}{2}Z_rL_1i_a^2\sin(Z_r\theta)=0 \tag{3-43}$$

此时产生理想模型与实际输出的微小增量 $\theta_2-\theta_1$，记为 $\delta\theta$，则将 $\delta\theta$ 代入式(3－43)得

$$J\frac{d^2(\delta\theta)}{dt^2}+D\frac{d(\delta\theta)}{dt}=\frac{1}{2}Z_rL_1i_a^2\sin(Z_r(\delta\theta))$$

由于此增量 $\delta\theta$ 很小，此时可认为 $\sin x$ 与 x 等价，可将上式正弦函数近似等效，化为线性方程：

$$J\frac{d^2(\delta\theta)}{dt^2}+D\frac{d(\delta\theta)}{dt}=\frac{1}{2}Z_r^2L_1i_a^2(\delta\theta) \tag{3-44}$$

同样由于 $\delta\theta$ 很小，式(3－44)最终又可以整理成为

$$J\frac{d^2\theta_2}{dt^2}+D\frac{d\theta}{dt}+\frac{1}{2}Z_r^2L_1i_a^2\theta_2=\frac{1}{2}Z_r^2L_1i_a^2\theta_1 \tag{3-45}$$

将初值以 0 代入式(3－45)，因为其为线性方程，因此可对其做拉氏变换，得

$$\left(S^2J+SD+\frac{1}{2}Z_r^2L_1i_a^2\right)\iint\alpha_2(s)\,dtdt=\frac{1}{2}Z_r^2L_1i_a^2\iint\alpha_1(s)\,dtdt \tag{3-46}$$

整理得到电机的传递函数 $G(s)$ 为

$$G(s)=\frac{\alpha_2(s)}{\alpha_1(s)}=\frac{\dfrac{Z_r^2L_1i_a^2}{2J}}{S^2+\dfrac{D}{J}S+\dfrac{Z_r^2L_1i_a^2}{2J}} \tag{3-47}$$

将自然角频率记为 $\omega_n=\sqrt{\dfrac{Z_r^2L_1i_a^2}{2J}}$，则传递函数式可简化为

$$G(s)=\frac{\omega_n^2}{S^2+\dfrac{D}{J}S+\omega_n^2} \tag{3-48}$$

根据第一节所选用的三相步进电机型号 110J12160EC－1000，补充其计算所需参数见表3－16 所示：

表3－16　三相步进电机参数

电感 L/H	齿数 Z_r	转子惯量 J/(kg · cm^2)	黏滞摩擦系数 D	相电流 i_a/A
0.019	100	14.8	0.3	6.0

将表中数据带入式(3－48)得

$$G(s)=\frac{231.08}{S^2+2.03S+231.08} \tag{3-49}$$

从式(3-49)不难看出,步进电机开环传递函数是二阶系统。从实际意义角度出发,了解步进电机系统如何响应是非常有必要的,而系统的阶跃响应可以看出系统是否稳定,因此利用仿真,做其单位阶跃响应如图3-38所示。

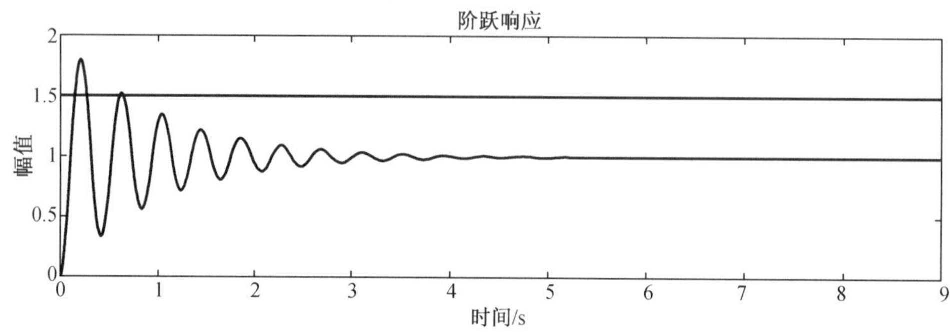

图3-38　电机系统单位阶跃响应

由图3-38可以看出,步进电机系统的动态过程是振荡衰减的,可见步进电机系统在开环运行时是稳定的,但也同样反映出在开环运行下,系统达到稳态所需时间过长,超调量过大等问题。此外,开环控制还容易造成启动丢步。因此,在实际步进电机控制中,一般不采用单纯的开环控制,对此系统而言,应采取更为有效的控制行为以使系统更快、更好地趋于稳态。PID控制由于具有高可靠性、算法简单等特点,是目前应用最广泛的控制策略,因此本小节的步进电机控制策略考虑引入PID控制以解决单纯开环控制的不足。

在实际应用中,要实现步进电机定位快速且准确,还必须要防止丢步和骤停时的过冲现象,因此本小节建立PID步进电机S型曲线加减速控制算法,以获得更好的系统响应。

(2)PID控制与S型曲线加减速控制算法

如果 $y_d(t)$ 为系统设定值,$y(t)$ 为实际输出,$u(t)$ 为控制量,则模拟PID控制系统原理图如图3-39所示。

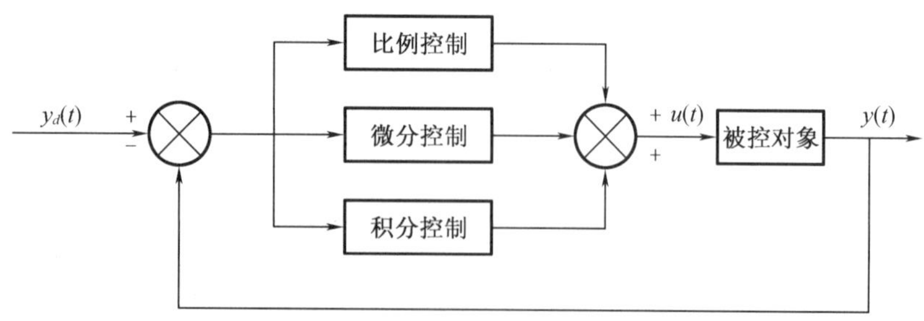

图3-39　模拟PID控制系统原理图

模拟 PID 的控制规律为

$$u(t) = k_{\mathrm{p}}\left[\mathrm{error}(t) + \frac{1}{T_{\mathrm{I}}}\int_{0}^{t}\mathrm{error}(t)\,\mathrm{d}t + \frac{T_{\mathrm{D}}\mathrm{derror}(t)}{\mathrm{d}t}\right] \tag{3-50}$$

式中 $\mathrm{error}(t)$——控制偏差值，$\mathrm{error}(t) = y_d(t) - y(t)$；

k_{p}、T_{I}、T_{D}——比例系数、积分时间常数、微分时间常数。

式(3-50)写成传递函数形式为

$$G(s) = \frac{U(s)}{E(s)} = k_{\mathrm{p}}\left(1 + \frac{1}{T_I s} + T_D s\right) \tag{3-51}$$

PID 的三个控制环节对系统的作用层面是不同的，一般来讲，PID 控制器的各个控制环节的作用可如下表述：

(1)比例控制：其将偏差信号成比例地反映出来，控制器即时作用于偏差，减小偏差。当控制系统仅存在比例控制时，系统存在稳态误差。

(2)积分控制：其可作用于稳态误差，使得稳态误差逐渐减小至零。因此比例控制加上积分控制，也称为 PI 控制，可使控制系统进入稳态后无稳态误差。

(3)微分控制：其可预测控制系统误差的变化趋势，提前抑制误差，减小调节时间。因此比例控制加上微分控制，也称为 PD 控制，可改善控制系统在调节过程中的动态响应。

将原有的模拟 PID 离散化，在采样周期内用数值计算方法逐渐逼近即是在计算机控制中所采用的数字 PID，原则上只要采样周期足够短，逼近结果就足够精确。基于这种原则，可得到两种标准的数字 PID 控制方法，即位置型和增量型数字 PID。位置型控制算法即式(3-52)，增量型控制算法即式(3-53)。

$$u(k) = k_{\mathrm{p}}\mathrm{error}(k) + k_{\mathrm{i}}\sum_{j=0}^{k}\mathrm{error}(j)T + k_{\mathrm{d}}\frac{\mathrm{error}(k) - \mathrm{error}(k-1)}{T} \tag{3-52}$$

式中 k_{p}、k_{i}、k_{d}——比例、积分、微分系数，$k_{\mathrm{i}} = k_{\mathrm{p}}/T_{\mathrm{I}}$，$k_{\mathrm{d}} = k_{\mathrm{p}}T_{\mathrm{d}}$；

T——采用周期。

$$\begin{aligned}\Delta u(k) &= u(k) - u(k-1)\\ &= k_{\mathrm{p}}(\mathrm{error}(k) - \mathrm{error}(k-1)) + k_{\mathrm{i}}\mathrm{error}(k) +\\ &\quad k_{\mathrm{d}}(\mathrm{error}(k) - 2\mathrm{error}(k-1) + \mathrm{error}(k-2))\end{aligned} \tag{3-53}$$

常规 PID 的参数整定，即 k_{p}、k_{i}、k_{d} 值大小的确定一直是控制系统设计最关键的部分，也是比较复杂和困难的。本研究所用 PID 整参方法为试凑法，即边观察系统运行波形情况，边修改参数，直至达到预期要求。试凑法的主要步骤如下：

(1)首先设 $k_{\mathrm{i}} = k_{\mathrm{d}} = 0$，使系统转为纯比例调节系统，确定 k_{p}。具体为从零开始逐步增大 k_{p}，直至系统响应波形出现振荡现象，后再减小 k_{p} 使振荡现象再次消失为止时的 k_{p} 即为预期比例参数系数。

(2)确定 k_{p} 后再确定 k_{i}。具体为先设定一个较大初值给 k_{i}，然后逐步减小，直至系统出现振荡现象，后再增大 k_{i} 使振荡现象再次消失为止时的 k_{i}，即为预期积分参数系数。

(3)最后确定 k_{d}。k_{d} 并不是必需的，有时 PI 调节足够控制系统。因此，k_{d} 一般很小，要视系统响应输出情况而确定，确定方法与 k_{p} 类似。

而 S 型曲线控制步进电机加减速的中心思想是控制被控对象的加速度，使其不发生突变，以此使速度得到良好控制。由步进电机工作特点可以推出电机转动角度 θ 与接收脉冲数量 K 以及步距角 θ_0、驱动器细分 N 之间存在如下关系式：

$$\theta=\frac{K\cdot\theta_0}{N} \tag{3-54}$$

当不存在细分或细分为 1 时，我们知道此时步进电机控制收到 1 个脉冲后，步进电机将立即转动 1 个步距角，那么想要获得更高的精度，就只能选择更小的步距角电机，这是非常昂贵且不便的。因此针对这种情况，电机驱动控制器一般都加入了细分技术，加入细分后，可以实现输入 N 个脉冲数（细分数为 N）时转动 1 个步距角，这就大大地提升了步进电机控制精度，且成本较低，实现方便。

上式（3－54）对时间 t 求导可得角速度 ω 和脉冲频率 f 之间的关系为

$$\omega=\frac{\mathrm{d}\theta}{\mathrm{d}t}=\frac{\mathrm{d}K}{\mathrm{d}t}\cdot\frac{\theta_0}{N}=\dot{K}\frac{\theta_0}{N}=\frac{f\theta_0}{N} \tag{3-55}$$

在电机空转无负载时可将式（3－39）变换为如下形式：

$$J\frac{\mathrm{d}^2\theta}{\mathrm{d}t^2}+D\frac{\mathrm{d}\theta}{\mathrm{d}t}=T_0$$

即

$$\frac{\mathrm{d}\omega}{\mathrm{d}t}+D\frac{D}{J}\omega=\frac{T_0}{J} \tag{3-56}$$

显然，由高等数学知识可知，式（3－56）可视为 1 阶线性非齐次微分方程，利用其通解公式可解得

$$\omega=e^{-\int\frac{D}{J}\mathrm{d}t}\left(\int\frac{T}{J}e^{\int\frac{D}{J}\mathrm{d}t}+C\right)=e^{-\frac{D}{J}}\left(\frac{T}{D}e^{\frac{D}{J}t}+C\right)$$

上式中 C 为常数，将初始值 $t=0,\omega=0$ 代入上式可解得 $C=-\frac{T}{D}$，则上式可变为

$$\omega=\frac{T}{D}-\frac{T}{D}e^{-\frac{D}{J}t} \tag{3-57}$$

对式（3－57）再次求导可得在 S 型曲线下的电机系统角加速度值为

$$\alpha=\frac{T}{J}e^{-\frac{D}{J}}t \tag{3-58}$$

对式（3－58）进行拉普拉斯变换，从时域变换至频域可得在 S 型曲线下的传递函数为

$$G_1(s)=\frac{T}{J}\cdot\frac{1}{S+\frac{D}{J}} \tag{3-59}$$

将表 3－2 及表 3－16 中数据带入式（3－59）可得传递函数：

$$G_1(s)=\frac{16}{14.8}\times\frac{1}{S+2.03}=\frac{1.08}{S+2.03} \tag{3-60}$$

联立式（3－49）及式（3－60）可得此时系统总传递函数为

$$G_2(s)=G(s)\cdot G_1(s)=\frac{231.08}{S^2+2.03S+231.08}\times\frac{1.08}{S+2.03} \tag{3-61}$$

由式（3－59）可知，研究角加速度值与电机驱动细分数目之间并无直接联系。因此若

研究系统细分数目的影响,可由式(3－55)得$f=(\omega \cdot N)/\theta_0$,然后将其代入式(3－57)可得

$$f=\frac{TN}{D\theta_0}(1-e^{-\frac{D}{J}t}) \tag{3-62}$$

对式(3－62)进行拉普拉斯变换,从时域变换至频域可得在S型曲线下的传递函数为

$$G_1'(s)=\frac{TN}{D\theta}\left(\frac{1}{S+\frac{D}{J}}\right) \tag{3-63}$$

由上式(3－63)即可建立电机频率的阶跃响应仿真模型,研究细分数对系统产生的影响。对本小节而言,研究的是角加速度值,因此建立式(3－61)对应的PID控制下系统总传递函数的仿真模型,观察电机的角加速度值的阶跃响应。通过试凑法整定PID参数,最终得到比例系数$k_p=0.2$,$k_i=2.44$,$k_d=0.01$时控制效果较为理想,相应的输出结果如图3－40所示。

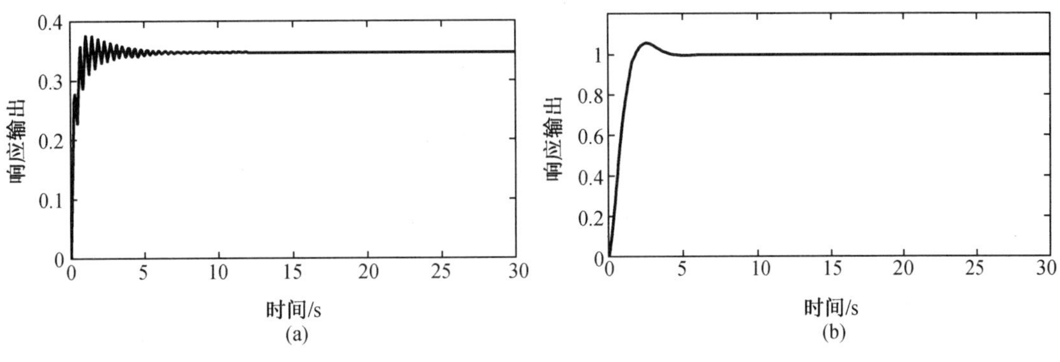

图3－40　系统响应输出

从图3－40的仿真阶跃响应曲线可以看出,在没有采用PID控制方案下,响应输出值较预期值相差甚远,且出现振荡现象,约10 s后才进入稳态,因此根本无法满足使用要求;而采用PID控制方案后,步进电机的角加速度值很快达到了预期值,且超调量较小,约为5%,无振荡现象产生,在约4 s时即进入了稳态,无稳态偏差,采用常规PID控制S曲线加减速下的步进电机取得了较为理想的控制效果和精度。

又因为本小节所研究机器人所属工况较为复杂,步进电机在工作工程中不可避免地受到外界影响,负载突变,则应对上述PID控制系统进行外部扰动仿真,以试验本小节所建立的传统常规PID控制系统是否满足工况要求。

本小节假定所属控制系统在工作到第15 s时及第20 s时存在一正弦规律变化的瞬时外部扰动,扰动作用时间为0.3 s,则建立控制系统仿真模型如图3－41所示,其仿真输出结果如图3－42所示。

由上图3－42可以很明显地看出在经典的PID控制下建立的控制系统方案无法应对负载突变等外部干扰情况,抗干扰能力不强。在仅引入了持续0.3 s的外部扰动情况下,控制系统需要耗费3 s左右的时间才能再次达到稳定状态,且出现了较大的超调,因此判定仅

依照常规 PID 控制建立的系统无法满足实际要求，故考虑加入模糊自适应 PID 调节提升系统抗干扰能力。

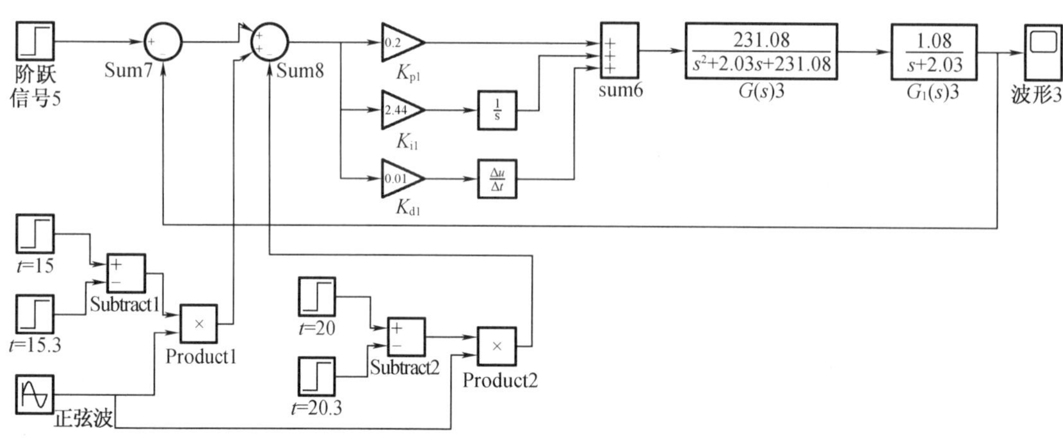

图 3-41　瞬时扰动下的经典 PID 控制方案仿真模型

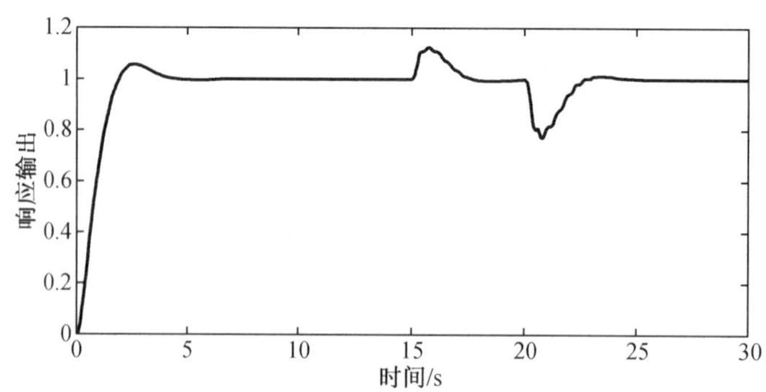

图 3-42　瞬时扰动下仿真波形

模糊自适应 PID 控制器结构形式多样，但其基本工作原理一致：将控制误差 e 和控制误差变化率 ec 作为模糊控制器的两个输入量，将比例系数 k_p、积分系数 k_i 和微分系数 k_d 作为三个输出量。核心在于找出三个输出量参数与两个输入量参数之间的模糊关系，在运行中一直检测输入量数值，根据模糊控制规则对三个输出量参数即时调整，以满足不断变化的外部情况。模糊自适应 PID 的控制器结构图如图 3-43 所示。

模糊控制器的组成部分包括模糊化、模糊推理以及解模糊，如图 3-44 所示。

根据模糊控制器的组成，按照步骤依次进行模糊化、模糊推理以及解模糊：

(1)模糊化：语言变量及隶属度函数的确立

在模糊 PID 调节中，需要针对 PID 控制器的全部输入量及输出量定义语言变量。因此将两个输入量和三个输出量在各自的论域上定义语言变量 e、ec、Δk_p、Δk_i、Δk_d。

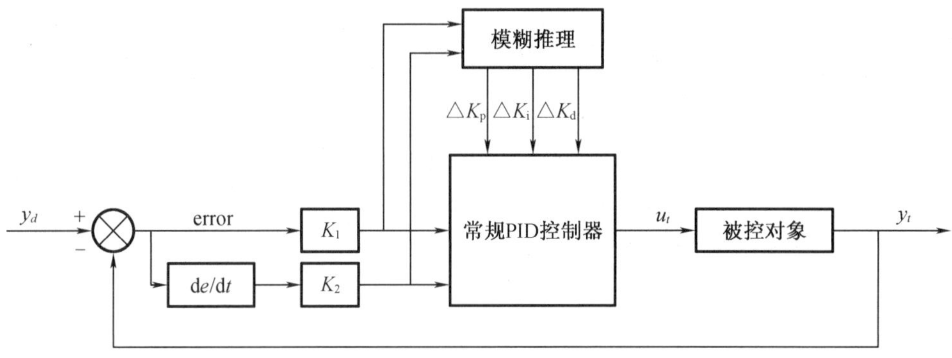

图 3－43 模糊 PID 控制器结构图

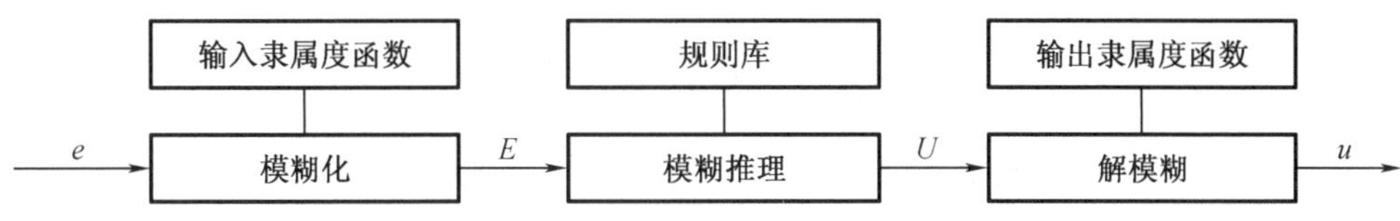

图 3－44 模糊控制器的组成

由于模糊控制器以查询表为主要表现形式，因此一般将语言变量论域定义为有限整数的离散论域，又在工程实际应用中，以{NB，NM，NS，ZO，PS，PM，PB}表示模糊子集，他们分别代表{负大，负中，负小，零，正小，正中，正大}。因此按照此规则此处设置 e 和 ec 的论域为{－3，－2，－1，0，1，2，3}，结合常规 PID 的调节参数分别设置 Δk_p 论域为{－0.06，－0.04，－0.02，0，0.02，0.04，0.06}，Δk_i 论域为{－0.3，－0.2，－0.1，0，0.1，0.2，0.3}，Δk_d 论域为{－0.03，－0.02，－0.01，0，0.01，0.02，0.03}。

由以上语言变量论域和经验指导，运用仿真使用简单的三角形构造可得它们的隶属度函数曲线如图 3－45 所示。

（2）模糊推理：模糊控制规则的建立

模糊控制规则是模糊 PID 控制的关键所在，也是难点，它被用于调节 PID 参数，根据步进电机阶跃响应情况，结合现有的控制规则经验得到可供使用的模糊规则表，见表 3－17 至表 3－19。

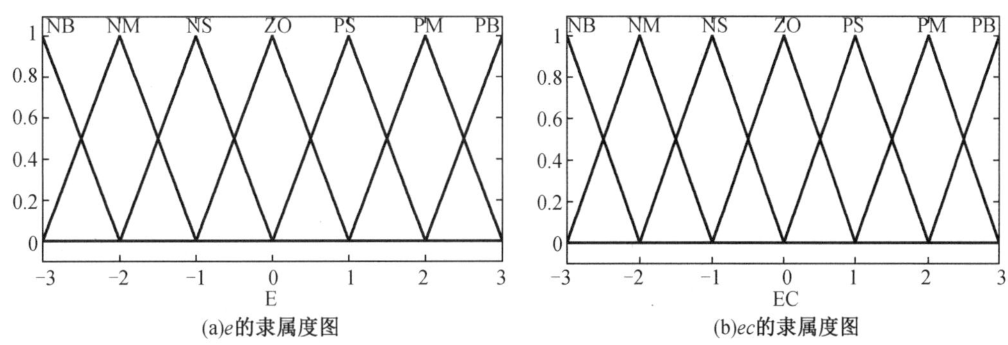

(a)e的隶属度图　(b)ec的隶属度图

图 3－45 隶属度函数图

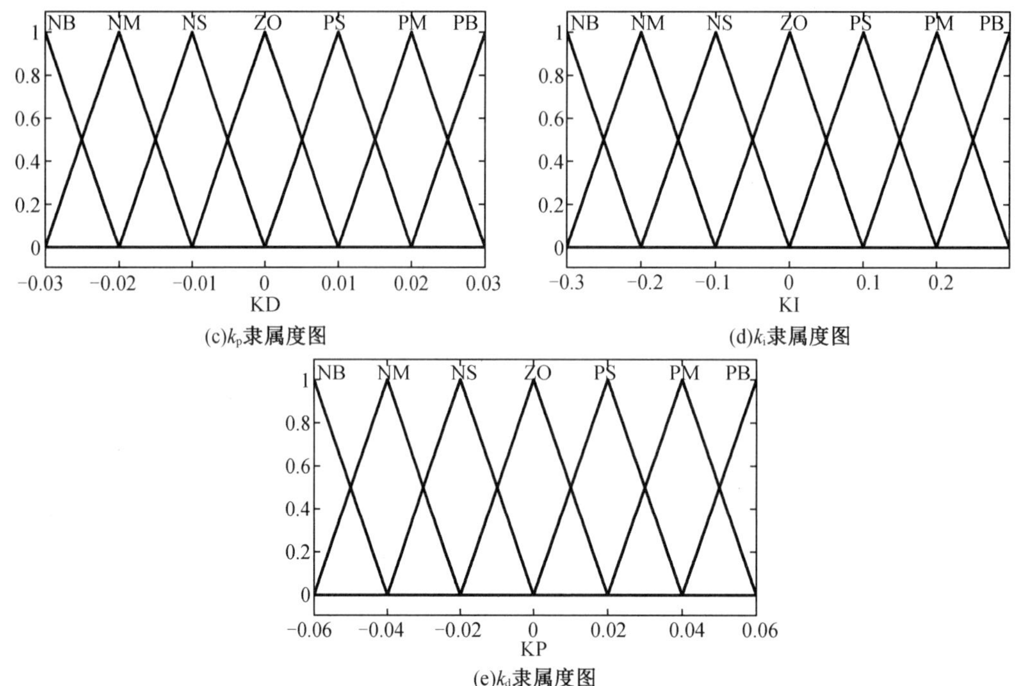

(c)k_p隶属度图

(d)k_i隶属度图

(e)k_d隶属度图

图 3-45(续)

表 3-17 Δk_p 模糊规则表

e \ ec	NB	NM	NS	ZO	PS	PM	PB
NB	PB	PB	PM	PM	PS	ZO	ZO
NM	PB	PB	PM	PS	PS	ZO	NS
NS	PM	PM	PM	PS	ZO	NS	NS
ZO	PM	PM	PS	ZO	NS	NM	NM
PS	PS	PS	ZO	NS	NS	NM	NM
PM	PS	ZO	NS	NM	NM	NM	NB
PS	ZO	ZO	NM	NM	NM	NB	NB

表 3-18 Δk_i 模糊规则表

e \ ec	NB	NM	NS	ZO	PS	PM	PB
NB	NB	NB	NM	NM	NS	ZO	ZO
NM	NB	NB	NM	NS	NS	ZO	ZO
NS	NB	NM	NS	NS	ZO	PS	PS
ZO	NM	NM	NS	ZO	PS	PM	PM

表 3-18(续)

e \ ec	NB	NM	NS	ZO	PS	PM	PB
PS	NM	NS	ZO	PS	PS	PM	PB
PM	ZO	ZO	PS	PS	PM	PB	PB
PB	ZO	ZO	PS	PM	PM	PB	PB

表 3-19 Δk_d 模糊规则表

e \ ec	NB	NM	NS	ZO	PS	PM	PB
NB	PS	NS	NB	NB	NB	NM	PS
NM	PS	NS	NB	NM	NM	NS	ZO
NS	ZO	NS	NM	NM	NS	NS	ZO
ZO	ZO	NS	NS	NS	NS	NS	ZO
PS	ZO	ZO	ZO	ZO	ZO	ZO	ZO
PM	PB	NS	PS	PS	PS	PS	PB
PB	PB	PM	PM	PM	PS	PS	PB

模糊控制规则使用“If…And…Then”的形式,共创建 49 条控制规则,给出首条规则释义,剩余其他规则同理可推:

If(e is NB) And(ec is NB) Then(Δk_p is PB, Δk_i is NB, Δk_d is PS)…

(3)解模糊

解模糊是利用各种方法较好地输出隶属度函数计算结果,便于准确控制对象。本小节采用重心法解模糊,它的理论表达式如下式(3-64)。

$$z_0 = \frac{\sum_{i=0}^{n} \mu_c(z_i) \cdot z_i}{\sum_{i=0}^{n} \mu_c(z_i)} \tag{3-64}$$

式中 z_0——输出量解模糊后的精确值;

z_i——模糊控制量论域内的值;

$\mu_c(z_i)$——z_i 的隶属度值;

将模糊 PID 与常规 PID 的输出结果进行对比,相应输出结果如图 3-46 所示。

由图 3-46 所示曲线可以明显看出:(1)模糊 PID 控制较常规 PID 控制响应速度更快,但从响应时间来看,模糊规则下的模糊 PID 响应时间较常规 PID 久,模糊 PID 响应时间约为 2 s,而常规 PID 响应时间约为 1.56 s;(2)常规 PID 下系统有较大超调量,超调量约为 5%,而模糊 PID 控制下系统超调量几乎为零;(3)常规 PID 控制下系统受到外界干扰时需要较长时间重新进入稳态且波动范围较大,抗干扰能力差,而使用模糊 PID 控制后,系统抗干扰能力加强,很快地重新达到了稳态。

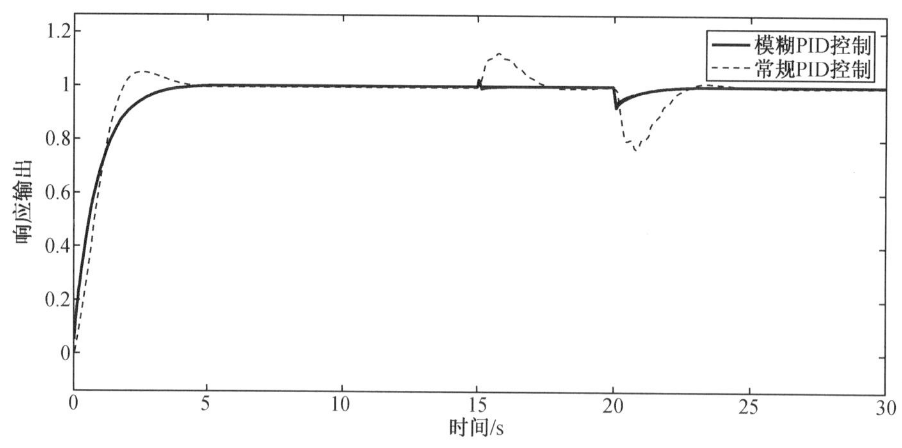

图 3-46 模糊 PID 与常规 PID 输出结果对比

2. 锚杆夹持机械手舵机的控制策略

使用舵机驱动机械手结构,以此来达到夹取锚杆的目的,其控制原理图如图 3-47 所示。由前述第二节可知夹持机械手的运动学方程描述,通过控制舵机转角即可控制两个夹持臂之间的间距,最终实现夹持或松持锚杆。

舵机是一种位置(角度)伺服驱动器,因其控制简单、可靠性高,目前在机器人控制领域使用较为普遍。舵机主要由小型直流电机、变速齿轮组、可调电位器和控制板等部件组成。因此舵机的控制本质上是控制其内部的小型直流电机运动,此部分用到 PWM 控制。本设计中使用数字舵机,其控制电路比模拟舵机增加了微处理器和晶振,大大提升了舵机性能,只需要发送一次 PWM 波信号,而不需要不断发送即可完成控制。

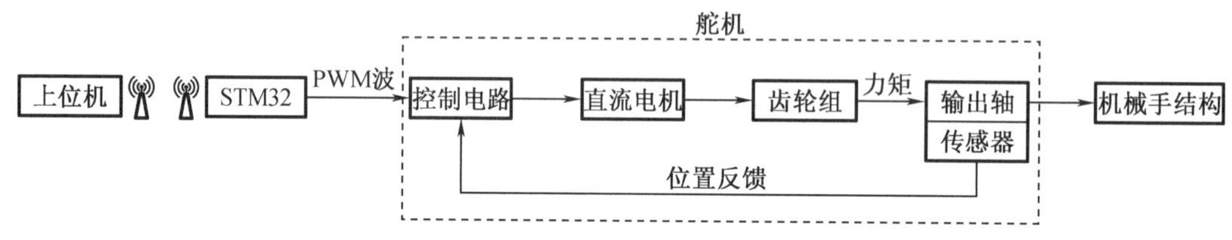

图 3-47 机械手夹持机构控制原理图

在舵机的实际控制中,接收的输入 PWM 波占空比与输出的角位移之间存在着绝对的对应关系。对于本舵机 RB-150MG 的控制而言,所需 PWM 波周期为 20 ms,即输入频率须为 50 Hz,可控旋转角度为 180°。占空比与角位移对应关系如图 3-48 所示。

在 STM32 的舵机控制程序中,只要正确设置系统时钟,并控制舵机 PWM 波输出的那一路定时器的周期和预分频系数参数值的乘积值,使系统时钟频率与乘积值的商为 50 Hz,即可得到周期为 20 ms 的 PWM 波;然后即可配置定时器输出的占空比值完成对应舵机输出角度控制。而这个输出角度就对应着夹持臂的间距,对应关系式如机械手部分运动学描述,这样就初步完成了夹持机械手机构的控制。

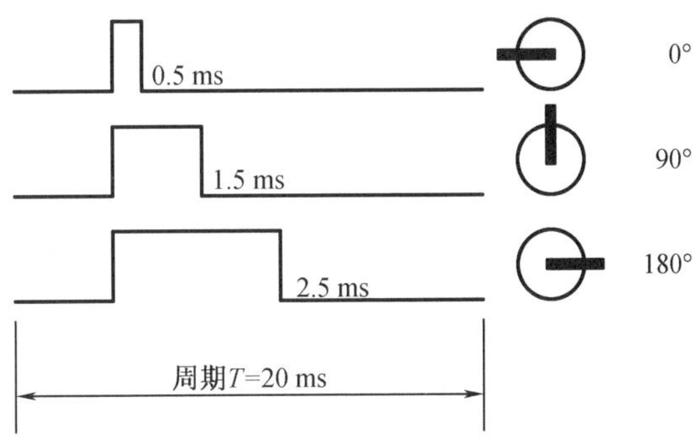

图3－48 舵机控制中占空比与角度对应关系

由于本小节使用的是180°控制舵机，本质上输入不同占空比值的PWM波只可以控制角位移位置，却无法控制输出轴旋转时的速度，存在惯性冲击和速度突变。因此在对需要可靠性较高的实际应用中常因此速度值过大而造成舵机齿轮组损坏严重，使所在机构无法继续可靠工作。故需要采取一定措施限制从初始位置到目标位置的舵机旋转速度。

在舵机的额定电压范围内，降低供电电压，可使舵机在一定程度上降低转速，但供电电压降低也会使舵机输出转矩减小。对于RB－150MG，供电电压在5 V到7.2 V时舵机可以正常工作，在7.2 V时扭矩大小为16 kg·cm，在5 V时扭矩大小仅为13 g·cm，由第3.2节舵机选型部分可知，所需扭矩大小为15.51 kg·cm，因此只有在7.2 V时才能满足系统要求，所以无法降低供电电压使夹持机构的舵机可靠工作。

为了缓解惯性冲击和速度突变影响，本设计在原有的PWM输出时增加位置式PID算法共同控制舵机。控制理论基础如前文步进电机控制节式(3－52)所示，以此引入两个算式：

$$\text{Bias} = \text{Target} - \text{Measure}$$

$$\text{PWM} = k_p \cdot \text{Bias} + k_i \cdot \sum \text{Bias} + k_d \cdot (\text{Bias} - \text{Last\_Bias})$$

通过位置PID，不再使用单纯的PWM值来直接控制舵机运作，而是将输入的PWM目标值与当前实际反馈测量值做差，定义为偏差Bias，将偏差累积ΣBias求出偏差的积分，并将偏差值和上一次的偏差值求差Bias－Last_Bias，即求微分值，之后按照算式即可求出目标PWM。按照这个思路，在程序中编写代码即可控制舵机速度，使舵机接近目标位置时速度降低，持续可靠工作。

同样通过试凑法得到合适的PID控制三个环节参数，分别为$k_p=0.06$，$k_i=0$，$k_d=0.03$。为了简化锚杆夹取过程，将锚杆夹取过程转换为舵机转动的两个关键位置，定义为机械手开与机械手合，分别用于松开锚杆与夹取锚杆。则按如上理论，得到机械手夹取锚杆原理图如图3－49所示，虚线内为未使用位置式PID算法控制下的直接控制。

3.3.3 基于LabVIEW的上位机控制系统软件设计

1. 上位机控制程序功能实现

(1)程序界面设计

基于LabVIEW开发的上位机控制系统上层界面如图3－50所示，主要包括坐标逆向解、串口配置、电机控制、电机标号确定、摄像头监测五个大版块，它们互相联系，与底层程序框图共同组成了上位机控制系统。其中：

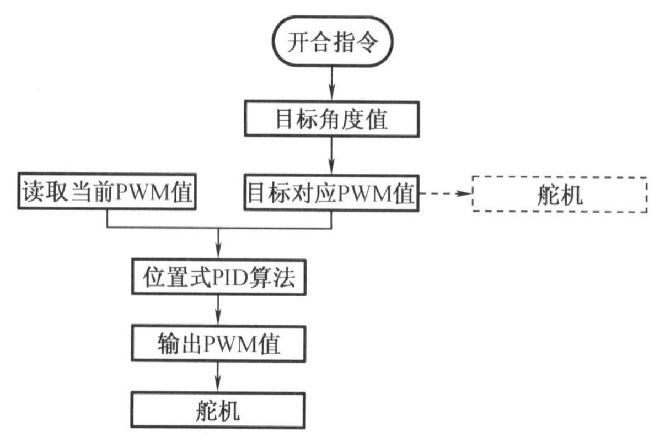

图 3－49　锚杆夹取原理图

坐标逆向解版块是根据第二节的逆向运动学方程式（3－19）编写的，主要功能是将输入的锚孔坐标转化为整体行走距离和主轴旋转角度；

串口配置版块主要功能是建立上位机与下位机之间的串口通信协议，本设计以此部分结合串口转 WiFi 模块实现了机器人的远程控制；

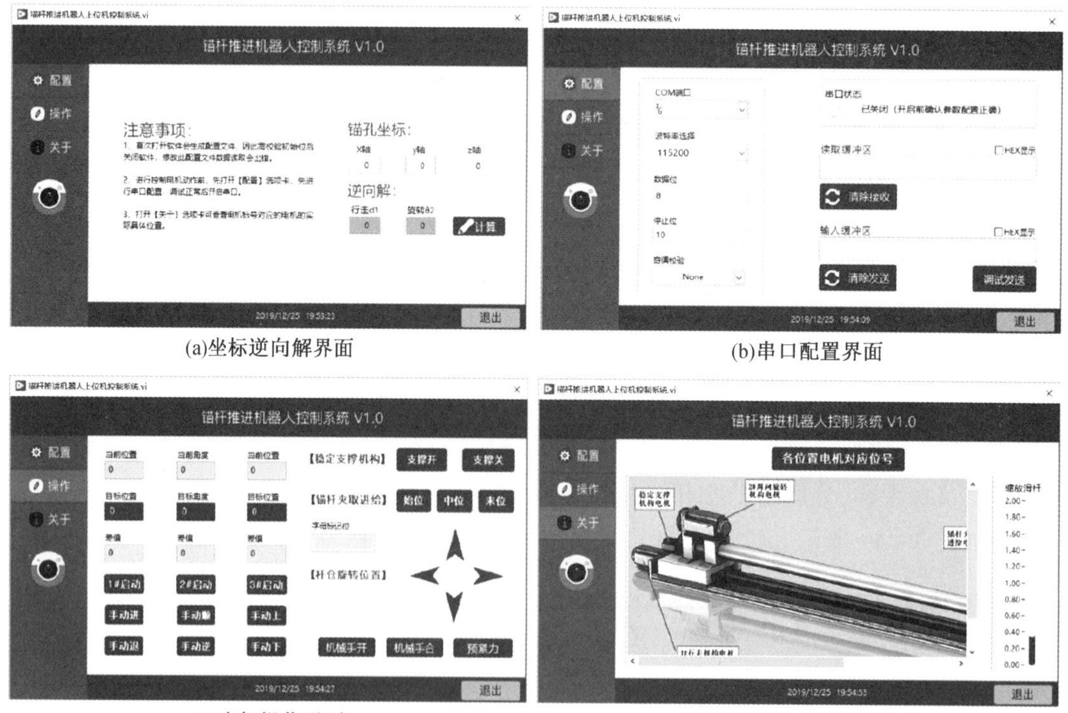

(a)坐标逆向解界面　　(b)串口配置界面

(c)电机操作界面　　(d)电机标号对应位置界面

图 3－50　上位机控制系统界面设计

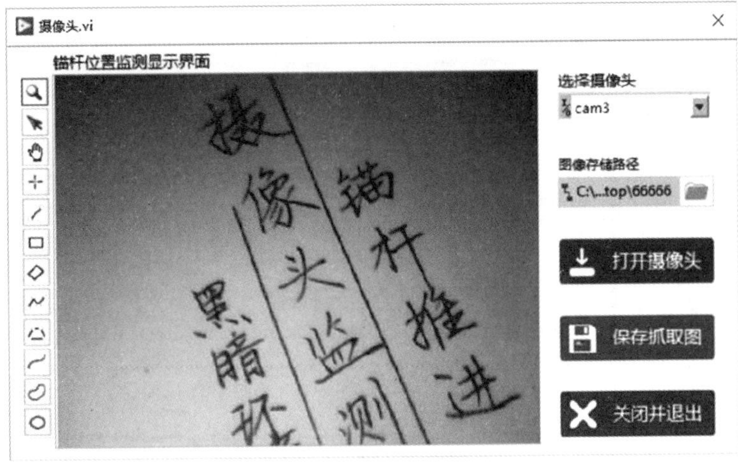

(e)摄像头监测界面

图 3-50(续)

电机控制版块主要功能是控制机器人相关驱动电机的启停及位置,进而驱动机器人各关节运动,最终使机器人达到预期姿态,是控制系统的核心内容;

由于电机标号确定版块涉及电机较多,因此设计可为操作时提供信息参考;

摄像头监测版块则主要用于监测锚杆推进过程中的动态以及随时将入锚情况,并将采集结果保存到电脑中。

(2)程序框图设计

基于 LabVIEW 开发的上位机控制系统程序框图如图 3-51 所示。整体程序编写思路:采用顺序结构,首先读取配置文件,将上一次机器人停止时的运行位置状态数据读入上位机;之后开启异步调用,将包括摄像头在内的子 VI 加载至主程序;至主程序后采用事件结构,监测控件产生事件,对不同的事件分别编写对应程序即可。

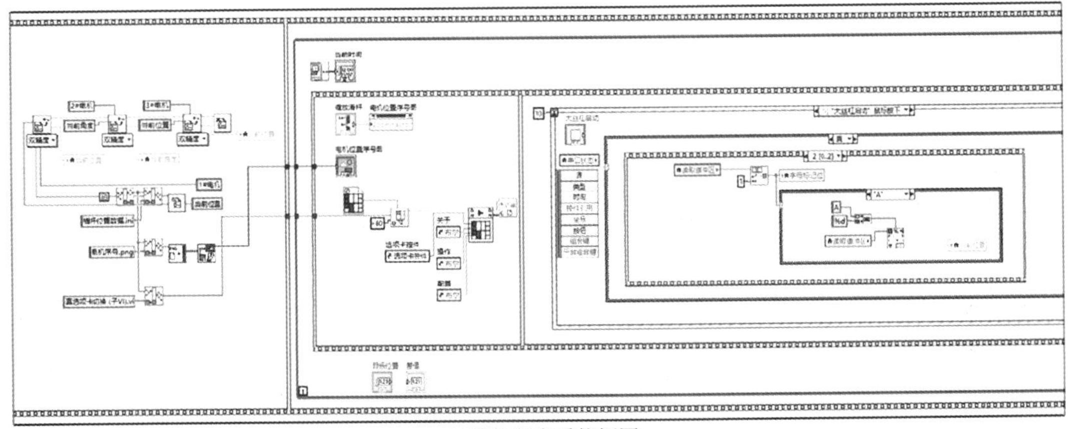

(a)整体程序系统框图

图 3-51 上位机控制系统程序框图

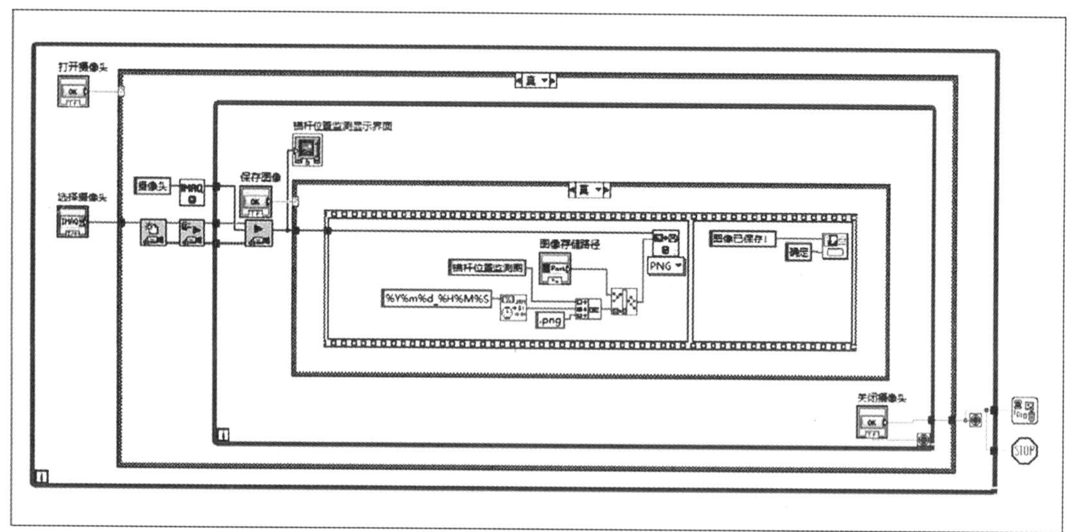

(b)摄像头监测程序系统框图

图 3－51(续)

3.4　机器人的运动控制实验研究

在前述的第 3.1 节中已经对锚杆推进机器人进行了关键部位结构设计和技术分析，第 3.2 节中又对其进行了静力学、运动学和动力学仿真分析，在第 3.3 节中设计了控制系统，编写了控制策略和上位机软件，并进行了步进电机控制仿真分析，得到了较为有效的控制方案。最终研制出了锚杆推进机器人，样机系统实物图如图 3－52 所示，主要由整体机构、电控系统和上位控制软件组成。本节将对样机整体功能进行实验，主要包括上位机下位机通信实验、定位精度实验(行走定位和旋转定位)、机械手夹持实验、锚杆推进及监测实验等实验，并验证样机各功能的可靠性，以及是否满足预期要求。

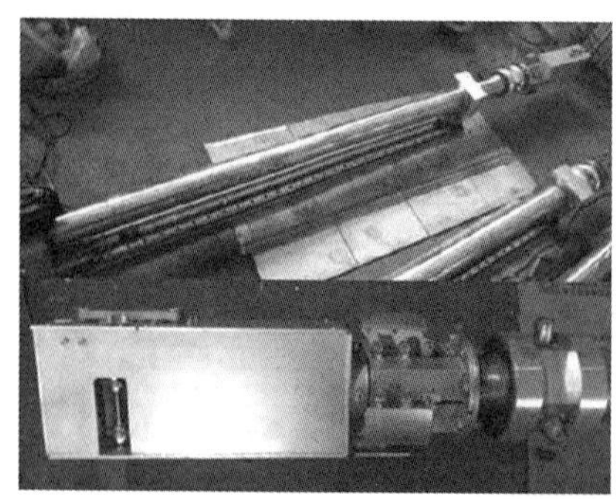

(a)机器人样机整体结构实物图

图 3－52　锚杆推进机器人样机系统

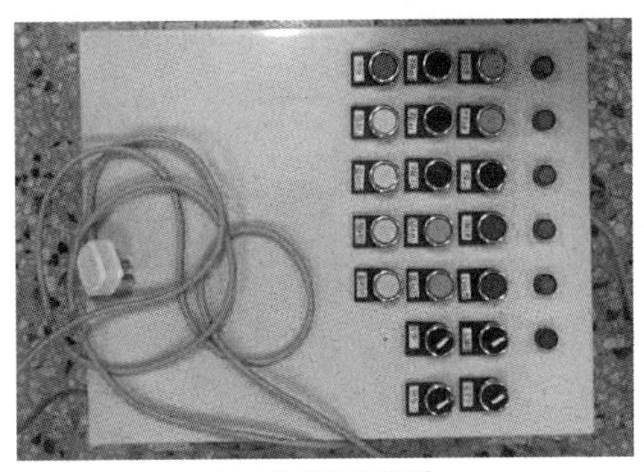

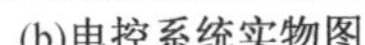

(b)电控系统实物图

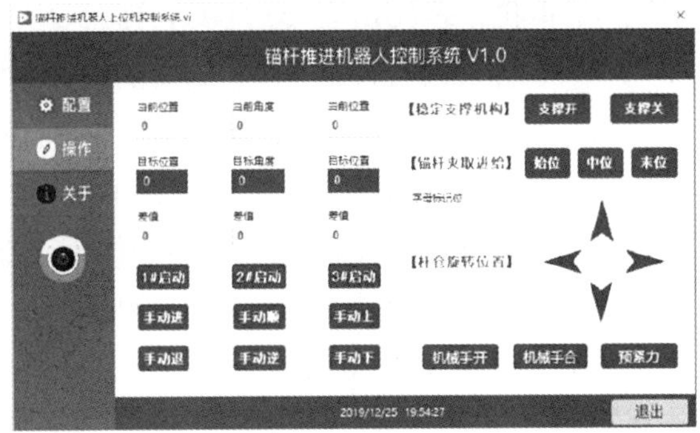

(c)上位机控制系统

图 3-52(续)

3.4.1 无线通信实验

通信实验是锚杆推进机器人能否实现远程控制的基础实验,由本章第 3.3 节分析可知,如果通信失败,只能使用手动控制方案,这将降低定位精度而且无法获得实时反馈,另外也直接影响本章节后续几个关键性实验的开展,因此本小节首要进行通信实验,验证编写的上位机软件是否可以正常控制下位控制系统。

本实验设计首先使用虚拟串口工具 Virtual Serial Port Driver 虚拟出一对串口, COM2 和 COM3 分别给推锚杆控制上位机软件和串口助手 X-COM,在两者的参数设置界面设置相同的参数,如波特率和数据位、停止位等。首先使用上位机软件发送这些指令集给串口助手,以模拟单片机接收是否正常,然后串口助手回传指令给上位机是否正常,只有接收和回传均正常才表明上位机控制成功,可以进行串口通信。然后还需测试无线通信距离对控制系统的影响,以便设计机器人在不超出限程内正常接收无线 WiFi 通信下的控制指令。STM32 单片机需要接收具有标志位的控制指令,指令集汇总见表 3-20。

表 3-20 通信方式特点

控制指令组成	指令代码
帧头	0xaa
标志位	Data_0
有效数据 1	Data_1
有效数据 2	Data_2
帧尾	0xbb

上位机与下位机进行通信,所传输数据格式为(0xaa,Data_0,Data_1,Data_2,0xbb)。其中,0xaa 与 0xbb 分别代表控制指令的起始和末尾,代表指令传输的开始与终止;Data_0 为存放标志位信息,A~F 代表着指令控制哪个电机动作;Data_1 为存放电机方向信息,代表

着 A ~ F 电机正转(01)或反转(00);Data_2 为存放电机的位移信息,由此可以计算得出 A ~ F 电机的脉冲数目,控制电机转动的圈数,最后得出机构运行距离或角度。

以行走机构电机 A 为例,首先由第二节的整体逆向运动学可以得出机器人的下一次目标距离,将此值输入编写的上位机软件中,启动此电机,则 Data_0 为 A;则上位机软件内部首先对此次目标距离与上一次的当前距离值做差,若结果为正数,则电机 A 应正转,Data_1 为 01,反之电机 A 反转,Data_1 存放 00;将上一步的差值取绝对值,存放到 Data_2 中;将以上信息加上帧头、帧尾组成控制信息发送给单片机,单片机同理按照上述控制信息组成规则解析指令,解析 Data_0 后得出需要控制的电机 A,跳转到对应电机 A 控制程序;解析 Data_1 后得出此电机 A 应正转或反转,由单片机内将电机驱动器的方向引脚电平拉高或拉低即可实现;解析 Data_2 后得出电机 A 位移信息,位移值在此部分转换为脉冲数目,输入电机 A 驱动器的脉冲口,至此完成控制。其他机构的驱动电机同理。

基于以上实验原理可进行通信验证实验,实验结果表明单片机可以正常接收到上位机发来的指令,并加以解析后控制目标电机正确动作。后续继续将下位机控制系统箱运离电脑一定距离,继续测试观察通信实验是否正常,经过实验得出,在无障碍物情况下,当上位机距离下位机约 10 m 时,仍然可以正常工作,但此时指令会出现延迟,若在上位机中连续点击多个命令,会造成程序接收混乱,延迟响应。为使得本小节设计的锚杆推进机器人可以正常工作,应当尽量缩小上位机所在的计算机与下位单片机控制系统之间的距离,最多不超出 10 m 的有效范围。

3.4.2 定位精度实验

由第 3.2 节的整体运动学分析部分可知,最终的锚杆定位位置取决于 d_1(大丝杠移动距离)、θ_2(连接主轴旋转角度)两个参数,这两个参数又直接影响着后续入锚操作。虽然为了提高控制精度已经在第 3.3 节的步进电机控制策略中使用了模糊 PID 控制对所使用的步进电机进行了算法程序优化,以及进行了仿真实验,但这两个参数具体实际表现与预期输入的误差是否满足要求,需要进行定位精度实验验证。

1. 整体行走定位精度实验

根据第 3.1 节所述技术要求,发现对锚孔间距要求,因此若使锚杆推入锚孔工作顺利进行,需要对行走机构进行定位精度实验。本小节实验设计让整体机构每次行走一个固定距离来检测行走机构定位精度,由于技术要求锚孔间距为 50 mm,因此每次行走的固定距离值取 50 mm 和 100 mm 两组,分别进行正行程和反行程实验,每组进行六次实验。经过 3.4.1 节的通信实验后,可以进入上位机的电机操作界面,在电机 1 的目标位置处分别输入每次的目标距离值,然后点击“1#启动”启动电机驱动整体机构往前行走直至主动停止,此时电机 1 的当前位置处应显示对应输入值。用游标卡尺(0.02 mm 精度)测量实际行走距离与输入值做比较。实验过程如图 3 - 53 所示,实验结果如表 3 - 21 所示。

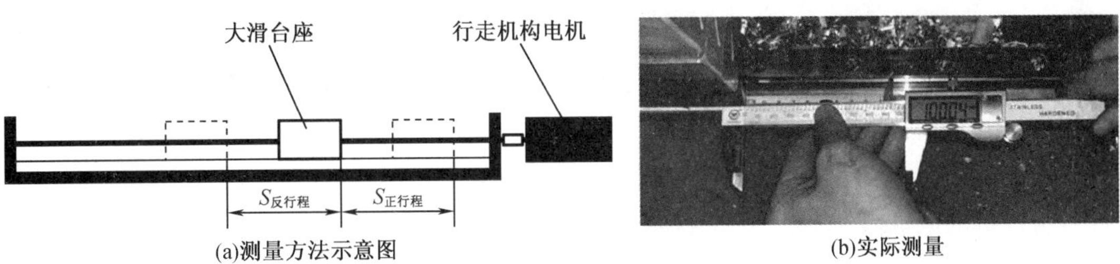

图 3-53 行走机构定位精度实验过程

表 3-21 行走定位精度实验数据

脉冲数	细分数	理论预期位移/mm	实际测量位移/mm					
			第 1 次	第 2 次	第 3 次	第 4 次	第 5 次	第 6 次
5 000	500	+100	+100.12	+99.86	+100.04	+100.16	+100.03	+99.94
5 000	500	-100	-100.28	-100.13	-100.14	-99.91	-100.08	-100.21
5 000	1000	+50	+50.07	50.10	+50.06	+49.84	+49.88	+50.04
5 000	1000	-50	-50.13	-50.18	-49.95	-50.14	-50.08	-49.91

根据表 3-21 中所测实际位移结果可知，其与理论预期位移存在偏差，将数据整理成偏差分布图如图 3-54 所示。从图 3-54 中可以很明显看出：当行走机构行走距离为 50 mm 或 100 mm 时，无论是正向行走还是逆向行走，其与理论预期偏差为 -0.3 ~ 0.2 mm，实测最大偏差值为 -0.28 mm，偏差范围仍在可接受范围之内。偏差的产生一方面可能来源于使用游标卡尺手动测量误差，一方面可能来源于编写的步进电机控制策略实际控制中存在误差，还有可能是行走机构加工精度不高，导致每次测量时存在误差。由于偏差在要求范围内，因此认为步进电机控制策略可行，锚杆推进机器人行走定位精度可靠，达到使用要求，基本不会对锚孔定位产生影响。

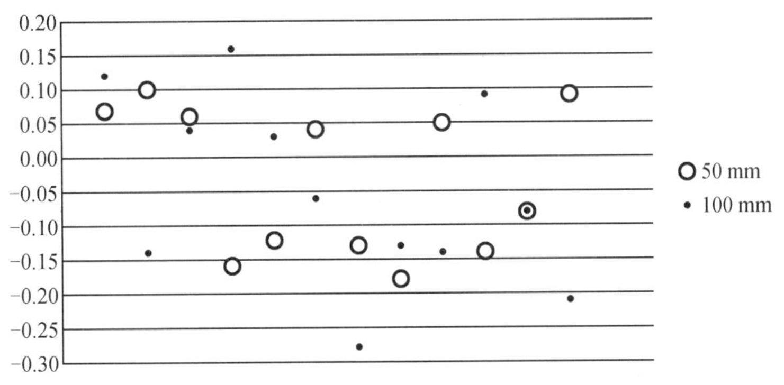

图 3-54 行走机构位移偏差分布图

2. 周向旋转定位精度实验

与整体行走定位精度实验类似，周向旋转定位精度实验同样是基于设计要求来检测旋转机构的定位精度。因需要测量圆柱体状的主轴的旋转角度十分不便,因此本小节将MPU6050置于末端执行器上部正中位置测量旋转角度。MPU6050内部整合了3轴陀螺仪和3轴加速度传感器,陀螺仪是最直观的角度检测器,其检测示意图如图3-55所示。陀螺仪可以检测物体绕坐标轴转动的角速度,通过对角速度积分可以获得角位移,即角度值。进入上位机的电机操作界面,在电机2的目标位置依次输入预期角度目标值,每次间隔为预期要求的45°。通过MPU6050的各轴角位移描述,比较实际转动值与预期输入值得出偏差值。

在实际工况中,要求连接主轴能够正向逆向转动皆可靠,因此实际测量中指定0°位置,由0°正向旋转至180°,再由180°逆向旋转至0°分析,定位精度测量方法如图3-56所示,实验设计实际操作图如图3-57所示,实验过程位姿图如图3-58所示。

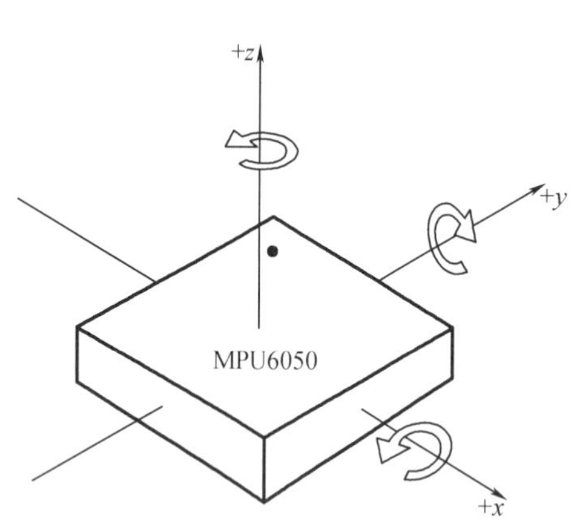

图3-55 MPU6050示意图

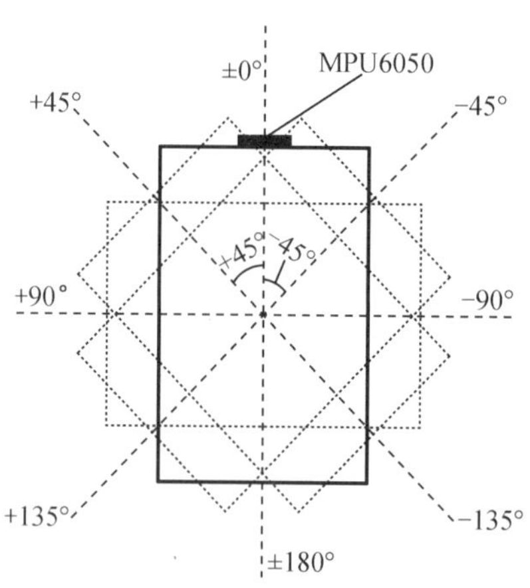

图3-56 角位移定位精度测量方法

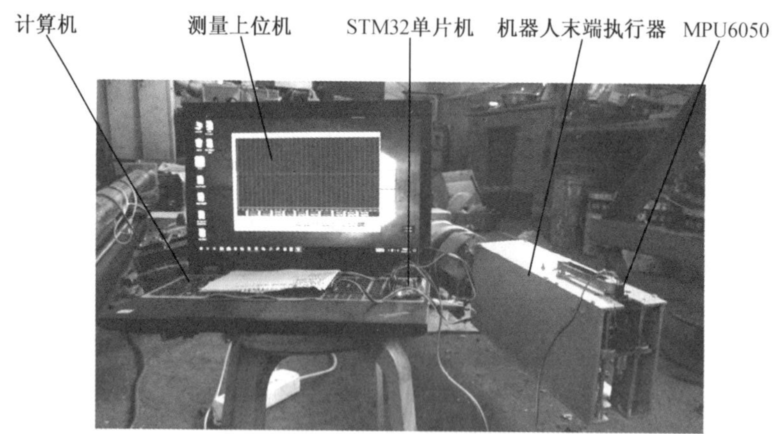

图3-57 旋转定位精度测量实操图

(a)0°　(b)45°　(c)90°

(d)135°　(e)±180°　(f)-135°

(g)-90°　(h)-45°　(i)0°

图 3－58　实验过程位姿图

由 MPU6050 配合上位机测出主轴在周向旋转过程中的角度变化曲线，如图 3－59 所示，实验数据整理见表 3－22。

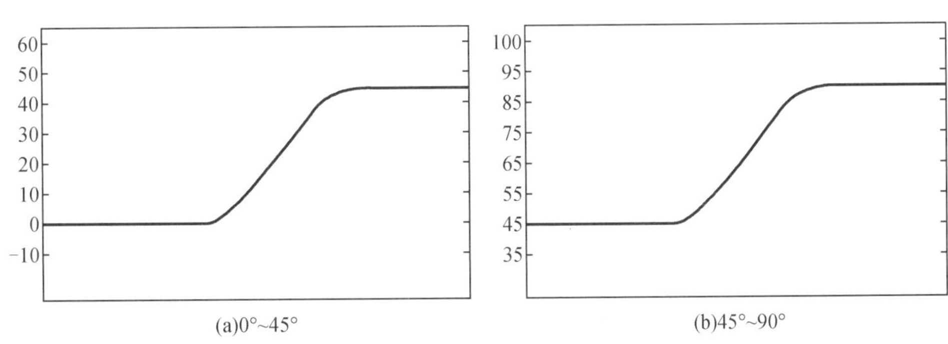

(a)0°~45°　(b)45°~90°

图 3－59　周向旋转定位角位移曲线

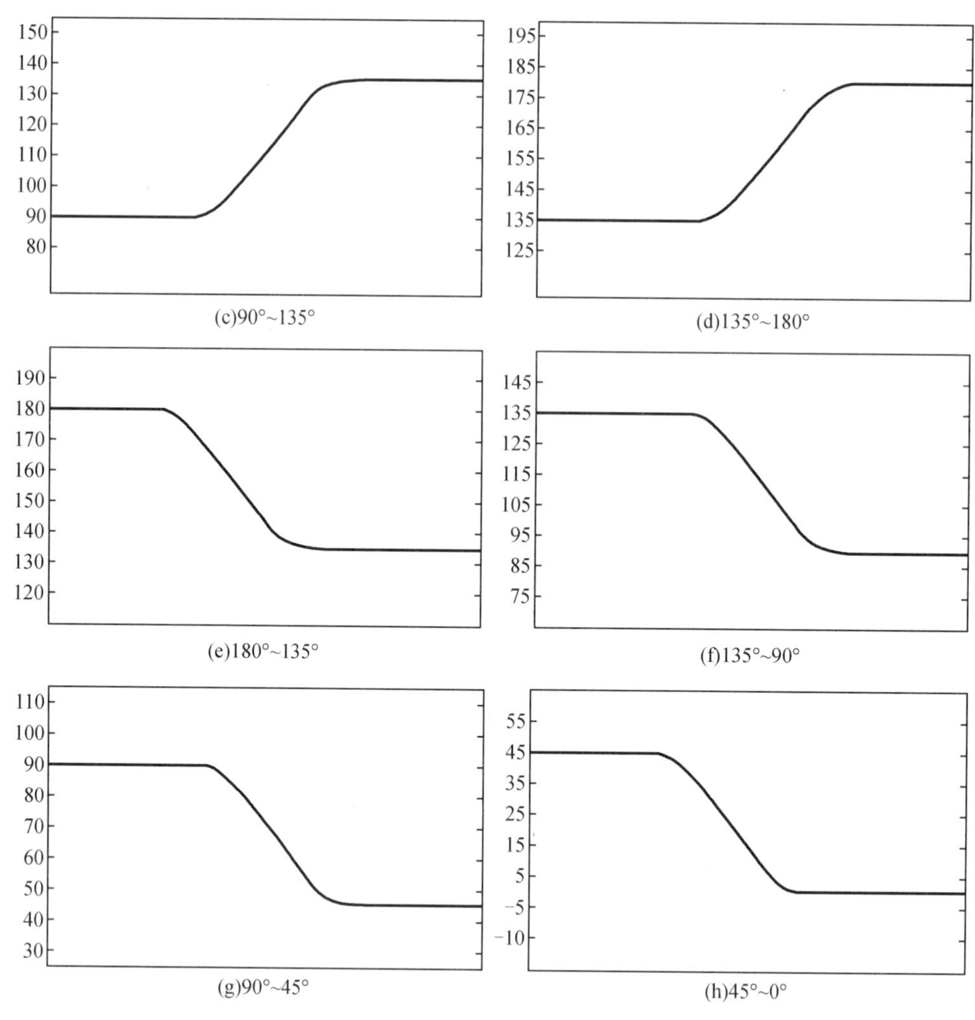

(c)90°~135° (d)135°~180°

(e)180°~135° (f)135°~90°

(g)90°~45° (h)45°~0°

图 3－59（续）

表 3－22　旋转定位精度实验数据表

预期角度/(°)		0	+45	+90	+135	+180	-45	-90	-135	-180
实际角度/(°)	第 1 次	0	+45.1	+90.0	+135.2	+180.0	-44.9	-90.0	-135.0	-179.8
	第 2 次	0	+45.0	+90.1	+135.4	+180.3	-45.1	-90.2	-134.7	-179.6
	第 3 次	0	+44.8	+90.1	+135.1	+179.9	-45.2	-90.1	-134.9	-180.2
最大误差		0	0.2	0.1	0.4	0.3	0.2	0.2	0.3	0.4

由表 3－22 分析可知，周向旋转机构每隔 45°正转时最大误差角度为 0.4°，最小误差角度为 0.1°；而每隔 45°反向转动时最大误差角度为 0.4°，最小误差角度为 0.2°；由此可知，周向旋转机构的定位精度误差在 0.1°(0.2%)到 0.4°(0.8%)，且由图 3－59 可看出，无论是正向转动还是逆向转动，运行过程皆相对平稳，故周向旋转机构定位精度满足设计要求。

3.4.3 机械手夹持效果验证实验

由前文可知,从锚杆仓中取出锚杆的工作是由机械手所在的夹持机构来完成的,机械手稳定夹持锚杆将其从锚杆仓中取出是下一步将锚杆推入锚孔内的基础,因此本小节将验证所设计的机械手是否能够胜任此项工作。

1. 锚杆夹持实验

本实验将验证机械手能否正确夹取锚杆以及夹持后的稳定性表现,具体涉及三个电机(锚杆夹取进给电机、杆仓旋转电机、机械手舵机)的动作,如图3-60所示。首先,在本小节基于LabVIEW开发的上位机控制软件界面中启动"杆仓旋转"中↓命令,通过串口转WiFi无线模块给下位单片机传递命令,单片机解析指令后通过程序控制图3-60中对应的杆仓旋转电机工作,杆仓旋转后第一根锚杆运行至被取前位置;之后同样的原理,在上位机中启动"机械手开"命令,对应上图中机械手舵机工作,夹持臂张开,准备夹取第一根锚杆;其次,在上位机中启动"夹取进给"命令,依次启动"始位""中位"命令,对应机械手夹取位置运行至第一根锚杆处;再次,启动"机械手合"命令,夹取到第一根锚杆;最后,启动"始位"命令,使机械手夹取锚杆后退出杆仓区域。

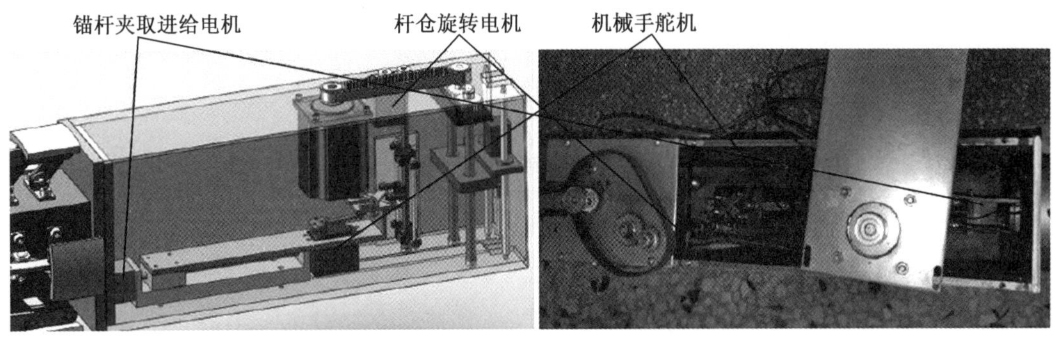

图3-60 锚杆夹持实验涉及电机图

按照上述过程进行实验,结果表明,机械手可以正确操作锚杆并退出杆仓旋转区域,因此认为本设计中机械手夹持机构满足设计要求,也验证了前文舵机选型计算的正确性。

为验证夹持的稳定性是否满足要求,本节实验中在机械手夹取锚杆后,在上位机中启动"3#启动"命令,此时对应杆仓置入电机工作(速度设定180 r/min),验证机械手夹持机构在电机振动影响情况下稳定性是否与理论分析结果一致。记录锚杆被夹持过程中的前后移动距离情况,记为偏差,将实验数据汇总见表3-23所示。

表3-23 夹持机构受外界影响移动距离

次数	1	2	3	4	5	6	7	8	9	10
偏差/mm	0.27	0.18	0.32	0.41	0.22	0.19	0.24	0.45	0.36	0.25

由表3-23可以看出,机械手夹持机构在受到锚杆置入电机振动影响的情况下,锚杆移

动距离未超出最大要求 0.5 mm,偏差范围在允许范围内,有较小偏差存在的原因可能是由于测量时人为介入因素或是加工精度不高导致,由于仍在允许范围内,因此可认为夹持机构在正常工作状态下不会因电机振动而影响夹持稳定性,这与第二节对夹持机械手的模态分析结果是一致的。

2. 锚杆松持实验

前文验证了机械手夹持机构夹取时满足设计要求,本小节将继续实验夹持臂松持锚杆实验。本小节在上位机控制软件界面启动“机械手开”命令,控制舵机旋转角度,利用游标卡尺(精度 0.02 mm)记录机械手夹持臂张开的距离,并与第 3.2 节部分的机械手夹持机构运动学部分式(3－29)的理论计算结果相对比。实验过程如图 3－61 所示,实验数据汇总见表 3－24。

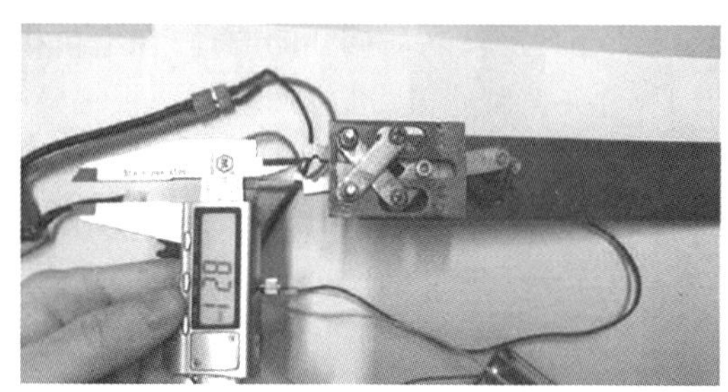

(a)舵机转动30°　　(b)舵机转动90°

图 3－61　舵机松持试验过程

表 3－24　夹持机构松持实验数据

次数	1	2	3	4	5	6	7	8	9	10
转动角度/(°)	0	10	20	30	40	50	60	70	80	90
实际距离/mm	13.88	12.26	9.82	8.21	5.97	4.15	2.43	1.26	0.48	0
理论计算/mm	14.01	12.02	9.937	7.843	5.82	3.963	2.372	1.146	0.370	0.104

将表 3－24 的数据做成曲线图,如图 3－62 所示。

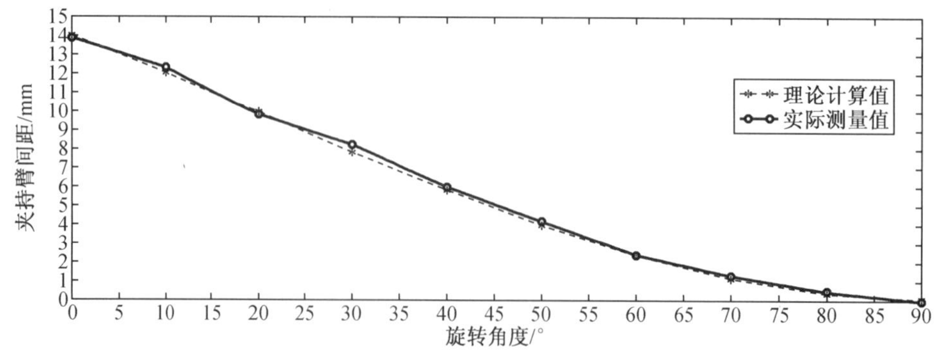

图 3－62　机械手松持下夹持臂间距与角度关系

由图3-62可以很直观地看出,机械手夹持臂之间的距离与理论计算结果十分接近。由表3-24可知,较大误差出现在角度值为10°时,为0.24 mm;最大误差出现在角度值为30°时,为0.367 mm;其余实测角度误差值均在0.2 mm以下。分析两次比较大的误差可能是机构存在加工精度误差导致实际运行过程中出现无法灵活转动的情况,其余较小的误差也可能是此原因和测量误差所导致的。由于最大误差0.367 mm小于设计要求数值0.5 mm,因此可认为机械手夹持机构夹持锚杆后可以实现正常松持,满足设计要求,同时实际测量数值与理论计算数值相吻合也验证了前文关于此部分运动学分析的正确性。

3.4.4 电机控制效果验证实验

1. 步进电机控制效果验证

因为本小节所设计的机器人,除了机械手夹持机构部分外,其余部分均为步进电机控制,控制效果直接影响各关节的运动定位精度,而入锚工作顺利进行很大程度上取决于定位精度,因此在第3.3节中对步进电机控制策略做了很详尽的阐述,并做了相关仿真实验,从仿真结果看已取得一定效果,但仍然需要从实验方面来验证。将第3.3节中得到的模糊PID规则表运用到STM32的程序编写中,即可得到此模糊规则对电机控制的实际效果,验证此结果与仿真结果是否一致。

3.4.2节中进行的定位精度实验(行走定位以及旋转定位)在一定程度上已经说明了步进电机的控制效果是满足设计要求的,本小节实验更进一步验证了测量步进电机的实际角加速度变化情况,并加以分析。因为3.4.2节中已对行走进给电机和周向旋转电机进行了定位精度实验,因此为了使实验结果更具有普适性,本小节实验选取锚杆置入电机工作为例。

首先在上位机控制软件界面输入运行距离后,启动"3#启动"命令,对应锚杆置入电机工作,通过同步带传动和齿轮传动将扭矩传递给双丝杆,使丝杆旋转,驱动滑台板和预紧力电机下移。在此过程中,由于力和扭矩传递过程较为复杂,因此可认为电机运行过程中的负载是时刻变化的。在此工况下,编写程序,利用STM32定时器中的输入捕获功能捕获实时脉冲数,确定采样时间进而可测出电机实际转速变化情况,然后确定角速度变化情况,最后结合采样时间由式(3-65)可测出实际的角加速度值变化情况,如图3-63所示。

$$\alpha = \frac{\Delta\omega}{\Delta T} = \frac{2\pi \cdot (\Delta n)}{\Delta T} \tag{3-65}$$

式中 α——角加速度,rad/s^2;

$\Delta\omega$——电机角速度变化值,rad/s;

ΔT——两次采样间隔时间,s;

Δn——电机转速变化值,r/s。

由图3-63可以看出:(1)实际测量电机角加速度值曲线基本呈现梯形分布,这与预期结果是相一致的,图中$t_1 \sim t_7$阶段分别对应7段S型曲线中的加速、匀加速、减加速、匀速、加减速、匀减速和减速段;(2)在电机运行过程中,角加速度值波动幅度较小,由此认为本文

第三节所述 PID 控制和 S 型曲线加减速控制策略在本小节的步进电机控制上是可行的；(3)分析实测中角加速度值出现波动的原因可能是编写的调节规则还不够完善导致的。

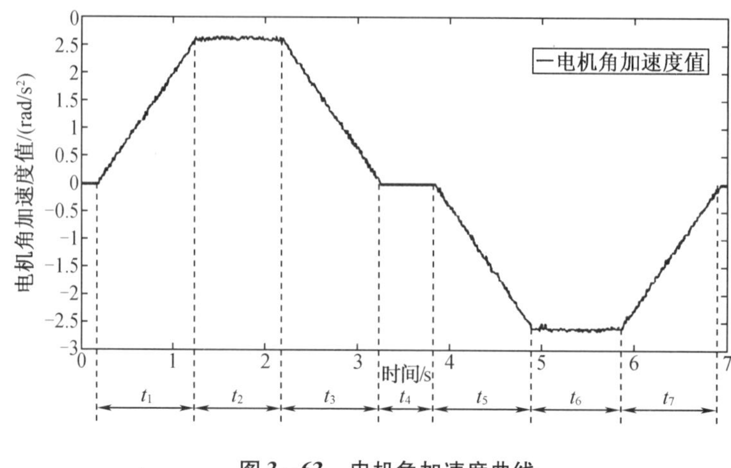

图 3－63　电机角加速度曲线

2. 舵机控制效果验证

本节实验将验证 3.3.2 节中制定的舵机转速优化控制策略对舵机转速的影响。

本实验首先在舵机内部找到转动变阻器并将输出端子引出，将其与 STM32 单片机的 PC1 引脚相连，形成闭环反馈，用万用表测量电压有对应关系，见表 3－25 所示；然后搭建舵机控制系统，分别将未加入 PID 算法和加入 PID 算法的舵机控制程序烧录到 STM32 单片机中；利用串口向 STM32 单片机发送 0°到 90°，在程序内转换为对应的占空比值由 PA1 脚出控制舵机旋转到目标角度位置；然后，由编写的 ADC 电压采集程序在 PC1 引脚完成转动过程中的电压采集工作；最后利用 STM32 的定时器每隔 50 ms 经串口发送一次未优化控制算法前电压采样值，取出采样值汇总见表 3－26 所示，每隔 200 ms 经串口发送一次未优化控制算法前电压采样值，取出采样值汇总见表 3－27 所示。舵机实验系统如图 3－64 所示。

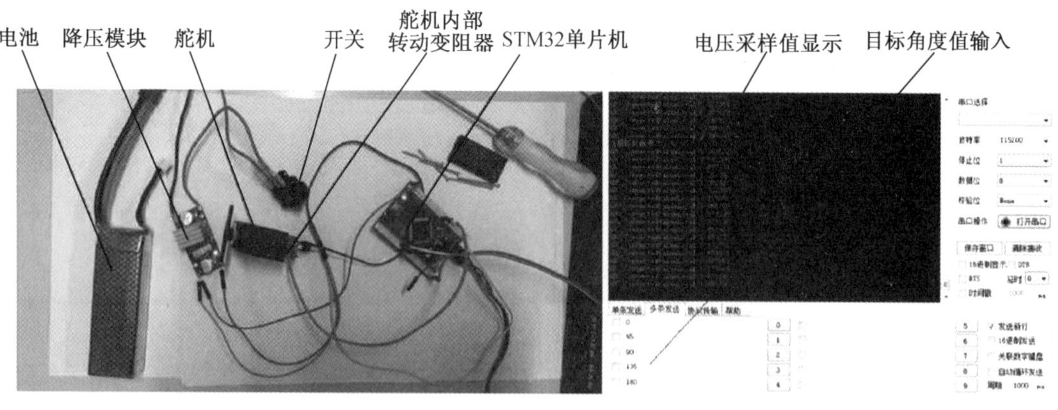

图 3－64　舵机实验系统

表 3－25 舵机转角与电压对应关系

占空比值	舵机转动角度	变阻器对应电压
50	0°	0.30 V
150	90°	1.67 V
250	180°	3.04 V

表 3－26 未优化前舵机电压采样值

采样时间/ms	0	50	100	150	200	250	300	350	400
采样电压值/V	0.3	0.64	0.78	1.05	1.27	1.5	1.62	1.67	1.67

表 3－27 优化后舵机电压采样值

采样时间/ms	0	200	400	600	800	1 000	1 200	1 400	1 600
采样电压值/V	0.3	0.72	0.98	1.17	1.32	1.41	1.48	1.53	1.57
采样时间/ms	1 800	2 000	2 200	2 400	2 600	—	—	—	—
采样电压值/V	1.60	1.63	1.65	1.66	1.67	—	—	—	—

将表 3－26 和表 3－27 中的采样数据进行拟合，得到曲线图如图 3－65 所示。

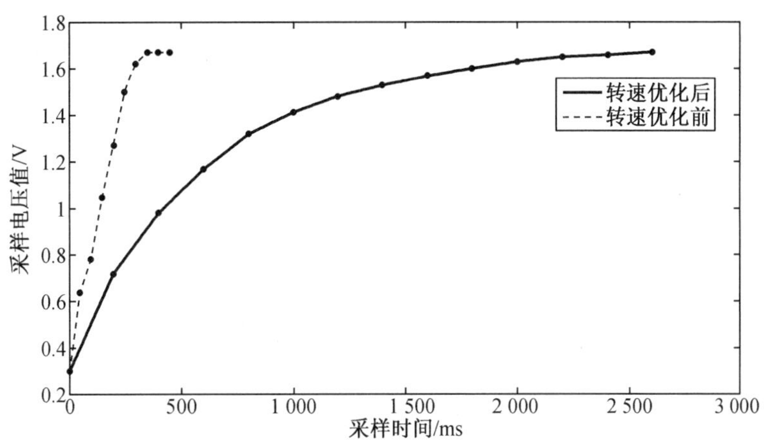

图 3－65 舵机电压采样数据拟合曲线图

由图 3－65 可得加入 PID 进行控制舵机后，经过 2.6 s 的时间舵机缓缓由 0°转动到 90°，越是接近设定目标值转动就越慢，并最终达到目标值；而未加入 PID 的普通 PWM 驱动舵机，转动十分迅速，仅经过 0.4 s 就由 0°转动到了 90°，这显然对锚杆夹持动作是不利的。两者对比来看，加入位置 PID 算法对控制舵机的转速有积极影响，进而验证了第 3.3 节对于锚杆夹持机械手的控制策略是可行的。

3.4.5 锚杆推进及监测功能验证实验

本小节前面几个小节的实验结果验证了锚杆推进机器人各关节机构运动的正确性以及控制策略的可行性，因此本小节将继续验证锚杆推进效果，并用上位机开启监测。首先将锚杆推进机器人置于原点位置处，然后在开发的上位机电机控制界面输入控制指令驱动机器人各关节运动，驱动机械手将锚杆从杆仓内取出，然后协调控制驱动锚杆夹取进给电机、锚杆置入电机以及预紧力施加电机，将锚杆推入目标锚孔内并拧紧禁锢螺母，使用上位机开启实时监测采集图像信息，过程结果如图 3－66、图 3－67 所示，最终锚杆推进结果如图 3－68 所示。

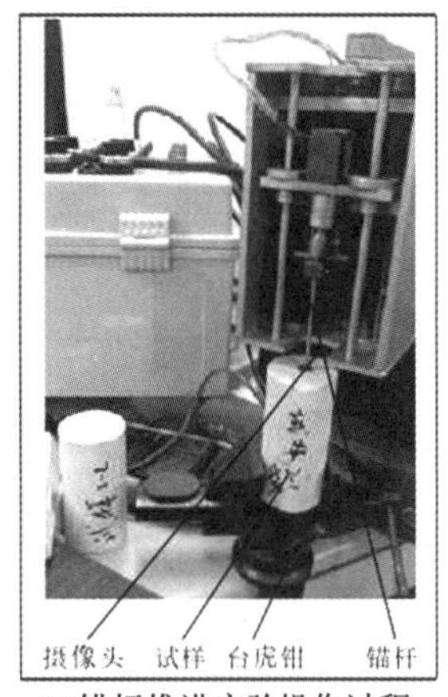

(a)锚杆推进实验操作过程

(b)上位机监测界面

图 3－66　锚杆准备进入目标锚孔

(a)

(b)

图 3－67　锚杆被完整推入目标锚孔

图3-68 锚杆推进完成后的样本

上述实验结果表明,本章研制的锚杆推进机器人能够实现远程控制正确动作,能够顺利将锚杆推入目标锚孔内,且利用上位机可采集结果图像进行保存,整体工作过程稳定,机器人能够完成预期的锚杆推进任务,实际表现符合预期要求,满足设计需求。

第4章 模拟系统用小型喷浆机器人

本章根据隧道掘进模拟系统中喷浆机器人的工况要求和技术指标，设计喷浆机器人的工序，并将喷浆机器人工作划分为连续喷涂阶段和定点喷涂阶段，按照功能需求对喷浆机器人结构进行选型和设计，整体结构包括喷枪机构、旋转机构、变径支撑机构和进给机构。对其中关键的机构部分进行力学仿真分析，验证了相关机构可以满足设计和工况需求。基于理论研究，为验证喷浆机器人的性能，搭建实验平台，进行了喷浆机器人的实验研究，包括视觉实验、弹簧变径实验、运动控制实验和喷涂实验，根据实验数据分析可知，隧道掘进模拟系统中喷浆机器人满足设计要求，能够完成对隧道的喷浆支护任务。

4.1 模拟系统中喷浆机器人组成

隧道掘进模拟系统中喷浆机器人的整体结构如图4－1所示，该喷浆机器人主要由喷枪机构、旋转机构、变径支撑机构和行进机构这四部分机构组成，其中喷枪机构具有照明、摄像监控和喷涂的功能；旋转机构的动力源为旋转步进电机，该机构具有实现精确可控周向旋转的功能；变径支撑机构具有适应管道直径和为喷涂工作提供稳定支撑的功能；行进机构的动力源为直线步进电机，该机构具有将末端执行机构直线送入、退出模拟隧道和为设备整体运行提供稳定支撑的功能。

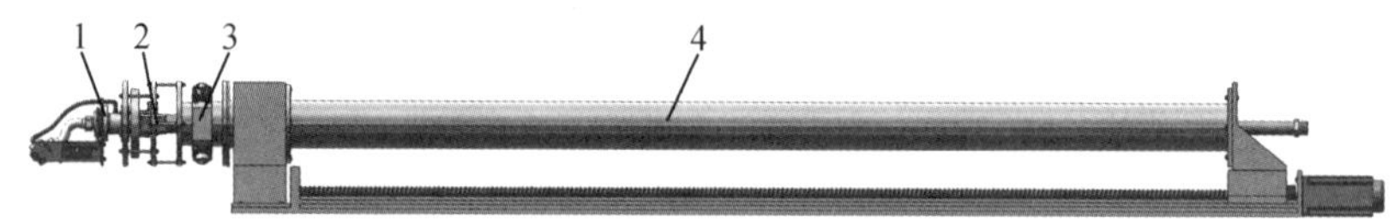

1—喷枪机构；2—旋转机构；3—变径支撑机构；4—行进机构。

图4－1 隧道掘进模拟系统中喷浆机器人的整体结构

4.2 喷浆机器人国内外相关研究现状分析

国外的泥浆喷涂技术出现较早,经过的多年的发展与完善,喷涂技术水平处于较为成熟的阶段,主要有干式混凝土喷浆机与湿式混凝土喷浆机两大类。其中具有代表性的喷浆机有以下多种类型,如图4-2所示。

(1)干式混凝土喷浆机:图4-2(a)为1907年美国著名学者和发明家Carl E. Akeley研制出最早的双室混凝土喷枪,基于相同原理的混凝土喷浆设备包括瑞士的西卡阿里瓦(SIKA-ALIVA)公司在1942年研制出的干式混凝土喷浆机,联邦德国的BSM公司在1947研制出双罐式干式混凝土喷浆机。图4-2(b)为1950年美国人Georg Senn发明出"螺旋式混凝土喷枪",由瑞士的Spribag AG公司制造生产。在螺旋式混凝土喷射机的基础上,荷兰人研制出转子式混凝土喷射机。之后苏联、日本、英国、美国陆续开始研制出各类型的干式混凝土喷浆机,图4-2(c)为瑞士西卡阿里瓦公司出品的Aliva-237,图4-2(d)为美国力得(REED)公司出品的SOVA。

(2)湿式混凝土喷浆机:为了克服干式混凝土喷浆机存在的缺点,所以人们开始着手新型喷浆机的研制,在20世纪50年代,美国的混凝土喷浆机设备厂商Eimco公司成功设计出了风送罐式湿喷机。经过多年的发展,湿式混凝土喷浆机研发出了多种类型,现在国外著名的混凝土喷浆机设备厂商有瑞典的ALIVA公司和芬兰的NOMET公司,其代表性的湿式混凝土喷浆机如图4-2(e)与图4-2(f)所示。

我国自在20世纪60年代起,煤炭部、铁道部、地矿部和水利部等相关研发部门陆续开始进行混凝土喷浆机器的研发,虽然先后研制出冶建-65型、PH30-74型和HLP-701型等各类干式混凝土喷浆机,但由于存在着结构设计不合理、可靠性差和操作复杂的缺点,这些产品没有纳入大规模生产。20世纪90年代初,随着我国经济的快速发展和基础建设能力的不断提高,国外进口的混凝土喷浆机有着采购价格高昂且维修困难的缺点,我国开始加大对该领域的扶持力度,将混凝土喷浆机列入863计划,自此我国自主研发的混凝土喷浆机研制开始不断取得成功。

目前,由于经济和技术等多方面的因素,我国的建筑施工仍以干式混凝土喷浆机为主,但随着时代的发展人们逐渐开始对湿式混凝土喷浆机重视起来。国内的各大企业也开始自主研制湿式混凝土喷浆机,因为缺少技术积累、研究理论较浅和资金投入不足的多种因素限制,导致国产湿式混凝土喷浆机的性能仍落后于同期的外国产品。国产湿式混凝土喷浆机与国外产品相比,具有价格较为便宜,更换配件方便和维修及时的优点,具有良好的经济效益和社会效益。图4-2(g)和(h)分别为三一重工有限公司研制出的HPS30型混凝土喷浆机和中国铁建重工集团有限公司研制出的HPS3016型混凝土喷浆机。

(a)双室混泥土喷枪

(b)螺旋式混凝土喷浆机

(c)Aliva-237

(d)SOVA

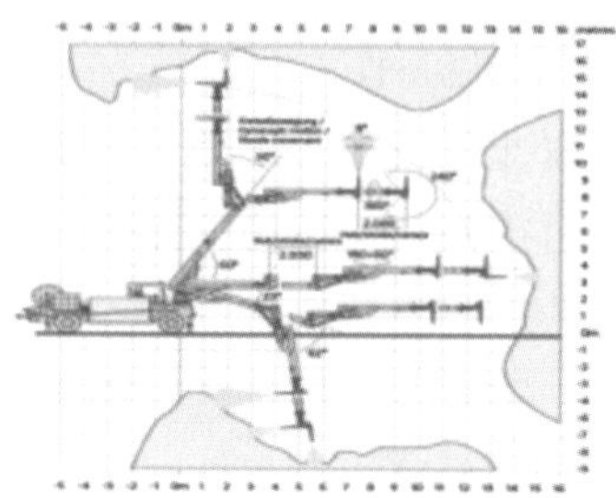
(e)Aliva-530与工况图示

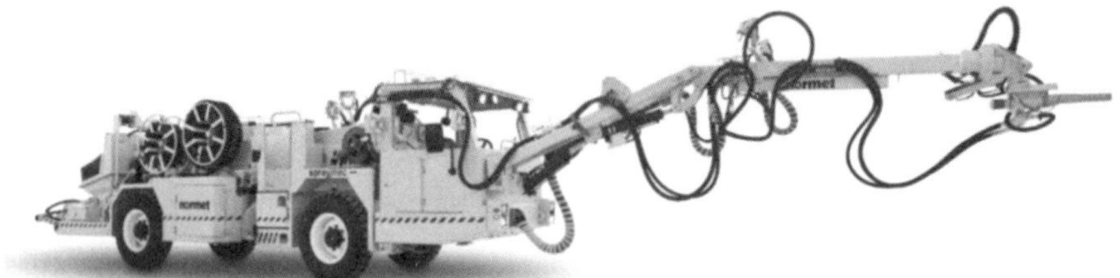

(f)NOMET Spraymec SF-050D

(g)HPS30型混凝土喷浆机

(h)HPS3016型混凝土喷浆机

图 4－2　国内外具有代表性的喷浆机

总体来说，由于干喷法自身的缺点和人们环保意思的增强，湿喷法将是混凝土喷浆机是研发的主流和重点，现如今各国对湿式混凝土喷浆机研究较为成熟，功能繁多的大、中、小型混凝土喷浆机都出现在市场中，但即使是小型的混凝土喷浆机应用的隧道直径也在数米以上。现阶段应用于深部巷道/隧道动力灾害物理模拟试验系统，这类直径为 200 mm 左右的微小型隧道的混凝土喷浆设备，国内外相关的设计与研究还比较少，本节参照现有隧道混凝土喷浆设备和国家相关行业规范，根据缩比模型实验的思想进行了隧道掘进模拟系统中喷浆机器人的设计与研制，既是对项目支护系统的重要组成部分，也是为将来微小型隧道支护机器人领域的研究提供参考与启发。

4.3 喷浆机器人总体结构设计

根据深部巷道/隧道动力灾害物理模拟试验系统中支护系统的工况要求和技术指标，按照功能需求对隧道掘进模拟系统中喷浆机器人的进行结构选型和设计，喷浆机器人的整体结构由四部分组成，包括喷枪机构、旋转机构、支撑机构和进给机构，对喷枪机构和进给机构通过静力学分析验证其材料强度与形变量是否满足设计要求，对支撑机构通过动力学仿真分析验证其弹簧的选择和机构变径能力是否满足设计要求，最后对喷浆机器人的配套设备进行了选型。

4.3.1 喷浆机器人的总体设计

1. 喷浆机器人技术指标

根据深部巷道/隧道动力灾害物理模拟试验系统对喷锚支护的实际需求，参照查阅文献资料、行业相关的国家标准和缩比模型试验思想，制定了隧道掘进模拟系统中喷浆机器人的技术指标，见表4－1。

表4－1 技术指标

参数	参数指标	参数	参数指标
水灰比	0.45～0.6	工作风压	0.2～0.4 MPa
水泥浆流量	2 m^3/h	涂层厚度	1.8～2.4 mm
输送距离	<5 m	最大伸长距离	2 m
整机长度	<3.2 m	整机宽度	<300 mm
整机高度	<300 mm	整机质量	<90 kg

对隧道掘进模拟系统中喷浆机器人提出的具体功能上的需求如下：

(1) 在隧道中进行喷涂工作，考虑到需要对机器人喷涂后涂层质量和设备自身状态的监控，因此该设备应有照明与实时摄像监控的功能，使操作人员可以在隧道外远程对设备进行监视与控制。

(2) 隧道掘进模拟系统中喷浆机器人在工作时的喷枪需要深入隧道最大的长度为2 m，考虑到机器人喷涂工作时喷嘴对喷枪的冲击和设备自身结构的稳定性，因此该设备应有相应的支撑结构，使喷枪机构可以在平稳、可靠的环境下进行喷涂支护工作。

(3) 隧道掘进模拟系统中喷浆机器人对隧道进行全面连续喷涂工作后，针对隧道本身因岩石缺口、凹坑等缺陷导致的涂层不良区域需要进行二次补喷，因此该设备应有精确定位和定点喷涂的功能。

(4)隧道掘进模拟系统中喷浆机器人对隧道进行首次全面连续喷涂时，在满足涂层质量的前提下，喷枪的喷涂范围越大越有利于提高喷涂效率，而隧道掘进模拟系统中喷浆机器人对涂层不良区域进行二次补喷时，喷枪的喷涂范围越小越有利于涂层厚度的快速积累与精确定位，因此该设备的喷枪应具有调节喷涂范围的功能。

2. 喷浆机器人的工序规划

(1)连续喷涂阶段

①调试设备，在设备喷涂工作前对喷枪的相关参数进行调试与设定。隧道掘进模拟系统中喷浆机器人对隧道进行首次全面连续喷涂工作，需通过对喷枪的参数进行合理调试，使喷枪的单位喷涂范围尽量大，并对工作风压、喷枪运动速度和水泥浆流量进行设定，使涂层厚度均匀。喷浆机器人的各参数设置完毕，各功能设为待开启状态。

②打开隧道掘进模拟系统中喷浆机器人的照明和实时摄像功能，该设备的喷枪结构开始向隧道深处行进，先通过人造岩石样本外长度为1 m框架隧道，再在人造岩石样本的隧道中行进1 m至隧道的底部。

③开始连续喷涂工作，根据之前的调试的参数开启隧道掘进模拟系统中喷浆机器人的对应开关，使喷浆机器人在隧道内匀速连续由内向外进行喷涂工作，喷涂区域到达人造岩石样本隧道与框架隧道的交界处时停止喷涂工作。关闭喷枪的进气和进液开关后，调高喷浆机器人的行进速度，使探出的喷枪机构平稳安全退出框架隧道，结束连续喷涂阶段的工作。

(2)定点补喷阶段

①对设备进行再次调试，隧道掘进模拟系统中喷浆机器人将针对隧道本身因岩石缺口、凹坑等缺陷导致的涂层不良区域需要进行二次补喷，需通过对喷枪的参数进行合理调试，使喷枪的单位喷涂范围尽量小，并对工作风压和水泥浆流量进行设定，使涂层厚度均匀。喷浆机器人的各参数设置完毕，各功能设为待开启状态。

②待上一阶段隧道表面的涂层凝固后，开始定点补喷工作。开启隧道掘进模拟系统中喷浆机器人的照明和实时摄像功能，首先使设备的喷枪结构区域到达人造岩石样本隧道与框架隧道的交界处，从此处开始对隧道涂层进行检查。操作人员通过隧道内的影像分区域查看涂层质量，摄像头随喷枪沿隧道中心360°旋转，在可视范围内无涂层不良时，喷枪行进下一区域再次开始旋转检查。当发现隧道内因岩石缺口、凹坑等缺陷导致的涂层不良区域时，对喷枪位置进行微调使喷嘴对准不良区域中心，根据之前的调试的参数开启隧道掘进模拟系统中喷浆机器人的对应开关，对不良区域进行喷涂，到该位置涂层与周围涂层相一致时停止喷涂。喷枪重复之前的检测运动方式，直到排出全部不良，运动到人造岩石样本的隧道的底部为止。

③隧道掘进模拟系统中喷浆机器人的喷枪机构在隧道的底部停留一段时间，待二次喷涂的涂层凝固后，由隧道深处由内向外，通过影像对隧道表面涂层质量复查的同时分区域退出隧道，若发现遗漏的涂层不良需进行补喷。喷浆机构行进至人造岩石样本隧道与框架隧道的交界处时停止对涂层的检查工作。关闭隧道掘进模拟系统中喷浆机器人的照明和实时摄像功能开关后，调高喷浆机器人的行进速度，使探出的喷枪机构平稳安全退出框架

隧道,结束补喷涂阶段的工作。

4.3.2 喷浆机器人的机构选型

根据深部巷道/隧道动力灾害物理模拟试验系统对喷锚支护的技术要求和规划中设备在实际工序中的功能需求,确定隧道掘进模拟系统中喷浆机器人的机构设计选型。

1. 行走机构的选型

需要设计具有变径支撑能力的被动行走机构为喷枪的喷涂工作提供稳定的工作环境。考虑到隧道内的实际喷涂工作需要喷涂功能的末端执行机构能够进行圆周的旋转运动和前后的进给运动,这就要求行走机构具有全位移运动的能力。综合考虑,选用牛眼万向轮作为隧道掘进模拟系统中喷浆机器人的行走机构,但由于牛眼万向轮机构不具有变径的能力,因此要对其结构进行改进。在牛眼万向轮与底座连接位置增加弹簧变径机构,利用弹簧的压缩实现适应管壁形状的变径能力,保证滚珠始终可以与管壁存在稳定的正压力,达到为末端执行机构提高稳定支撑。

2. 直线进给的选型

模拟人造岩石隧道与支撑通道的总长度为 2 m 以上,因此喷浆机器人深入的有效行程应大于 2 m,洞口直径为 200 mm。综合考虑,选用丝杠滑台机构作为隧道掘进模拟系统中喷浆机器人的直线进给机构。

3. 周向旋转机构的选型

隧道掘进模拟系统中喷浆机器人的周向旋转机构应满足如下要求:喷枪需要对隧道内表面沿中心轴 360°连续旋转喷涂泥浆,这就要求末端执行机构具有 360°旋转的功能;二次喷涂需要精确定位,这要求旋转控制精度好;需要深入隧道,因此应将旋转电机安装到末端执行机构之中,这要求周向旋转机构的尺寸应相对较小。结合实际工况和需求,选用齿轮传动机构中内啮合齿轮组作为隧道掘进模拟系统中喷浆机器人的周向旋转机构。

4. 喷枪机构的选型

喷枪机构是隧道掘进模拟系统中喷浆机器人最关键的机构,又是末端执行机构中的核心组成部分。全面连续喷涂和第二次补喷阶段对喷涂范围的要求不同,需要喷枪应具有调节喷涂范围的功能,可以通过对喷枪机构的结构设计使喷枪的喷射仰角和喷嘴长度可控变化实现。喷枪机构的关键部件是喷嘴,合理的喷嘴结构既可以使内部稳定流动的泥浆混合均匀,又可以提高雾化效果,使涂层的质量达到良好。综合考虑,选用气力式喷嘴结构作为喷枪机构的雾化喷嘴。

4.3.3 加载系统上料机构设计

喷浆机器人主要由喷枪机构、旋转机构、变径支撑机构和行进机构四部分机构组成。

1. 喷枪机构的设计

喷枪机构的主视图与剖视图如图 4 - 3 所示,喷枪机构在喷涂工作时,水泥浆通过外转筒和波纹管内部管路流入喷嘴,压缩空气通过进气管流入喷头座内腔后通过喷嘴内壁上均布的六个小孔进入喷嘴,这时喷嘴内的水泥浆被从小孔进入的压缩空气加快流动速度并雾化喷出。

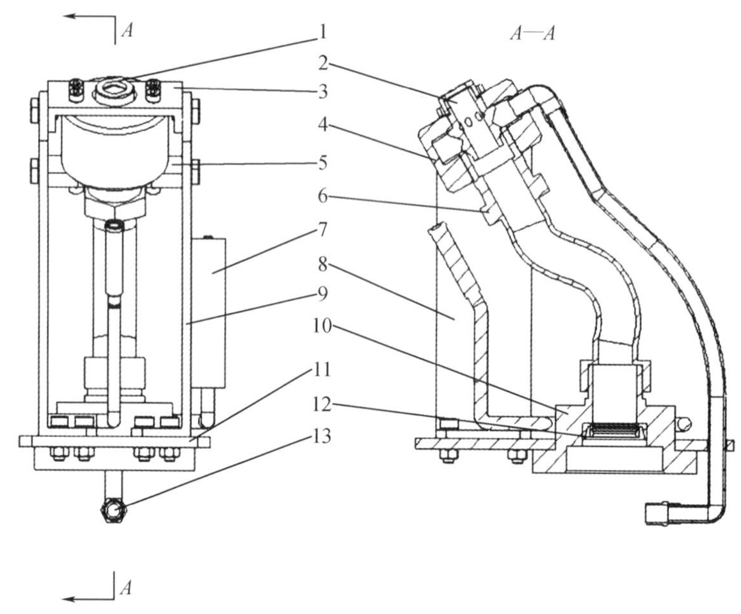

1—喷嘴帽;2—喷嘴;3—固定架;4—喷头座;5—固定块;6—波纹管;7—摄像及照明设备;
8—角度架右;9—角度架左;10—外转筒;11—底盘;12—骨架油封;13—进气管。

图 4-3　喷枪机构的轴侧图与剖视

全面连续喷涂和第二次定点补喷阶段对喷涂范围的要求不同,需要喷枪的喷射仰角和喷嘴长度可控变化来实现。喷射仰角的调节的方式是:喷嘴帽、喷嘴和喷头座被固定架和固定块固定在角度架上,角度架上有两段圆弧形槽,可以通过调节在槽内的位置实现喷射仰角从 90°到 150°的角度变化。喷嘴长度的调节的方式是:喷嘴帽和喷嘴通过细牙螺纹连接,可以通过调节两者螺纹啮合圈数的不同,控制喷嘴伸长的长度在 5 mm 之内变化。

通过采购型号为 YPC99-5 的工业内窥镜实现摄像监控和照明的功能需求,通过设备自带的 WiFi 热点将模拟隧道内的影像远程无线传输给操作员,操作员由此控制喷浆机器人对模型隧道进行全面连续喷涂和第二次定位补喷。

2. 旋转机构的设计

旋转机构的剖视图与主视图如图 4-4 所示,隧道掘进模拟系统中喷浆机器人对隧道内壁旋转喷涂时,旋转电机通过内啮合齿轮组减速后传动,大齿轮与气腔通过键连接,外转筒与气腔螺纹连接,从而实现喷枪机构按照指定的速度旋转。

流通管道中的上管道流通压缩气体,下管道流通水泥浆液,两个管道相互隔离,流道管道与气腔的接触位置有骨架油封来保证压缩气体与外界隔离密封。轴承起到了当旋转电机工作时,流体管道静止不动,气腔与喷枪机构可以旋转运动的作用。

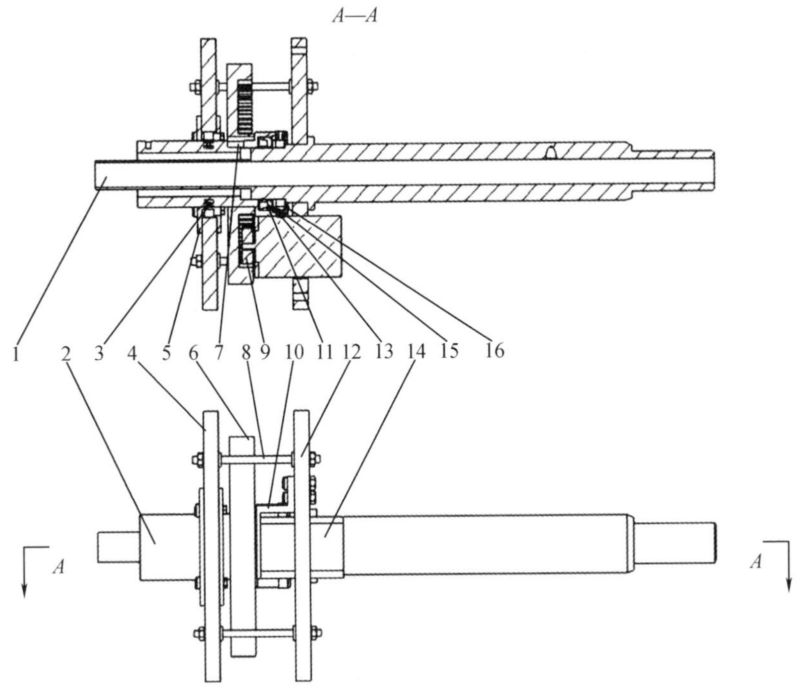

1—流通管道;2—气腔;3—61809 轴承;4—挡板;5—前端盖;6—大齿轮;7—平键;8—拉筋;9—小齿轮;10—电机座;11—骨架油封;12—挡板二;13—挡圈;14—旋转电机;15—61807 轴承;16—轴承盖。

图 4-4 旋转机构的剖视图与主视图

3. 变径支撑机构的设计

变径支撑机构的剖视图和主视图如图 4-5,牛眼万向轮沿轴线中心呈 120°均布,牛眼万向轮安装在轮底板上,导杆与支撑座固定连接,轮底板与支撑座通过弹簧连接,并通过导杆进行限位。

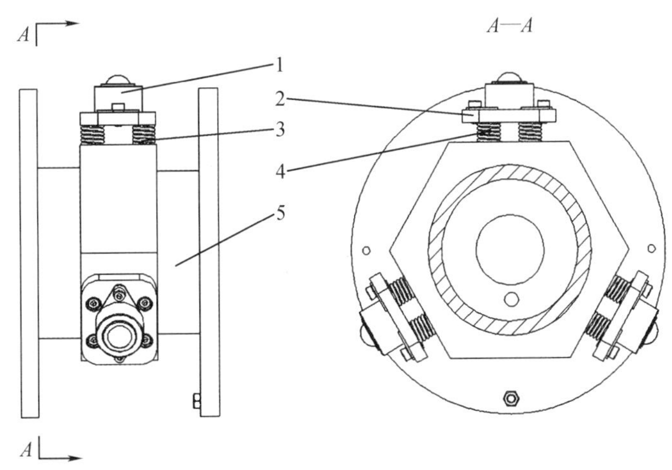

1—牛眼万向轮;2—轮底板;3—弹簧;4—支撑座;5—导杆。

图 4-5 变径支撑机构的剖视图与主视图

当隧道掘进模拟系统中喷浆机器人运动时,依靠弹簧的弹力使牛眼万向轮的滚珠贴近隧道表面,由于弹簧变径的结构设计可以适应隧道由 196 mm 到 204 mm 的直径变化范围,所以变径支撑机构可以适应隧道内岩石缺口、凹坑等不平整的隧道内壁工况,并为喷浆机器人的喷涂工作提供稳定支撑。

4. 行进机构的设计

行进机构的主视图如图 4-6 所示,平移电机驱动丝杠滑台机构运动,主轴沿隧道中心轴线前进或后退,支撑台装有聚四氟乙烯材质的轴套,轴套起到固定支撑和减小摩擦的作用。中空主轴内部安装着泥浆管和气管,两条管道一端与旋转机构中的流体管道相连接,泥浆管和气管的另一端与配套的喷浆机设备的喷浆口和出气口连接,两条管道起到流通传输的作用。通过控制箱对平移电机的控制,可实现连续直线行进或后退,也可以在指定位置停止。

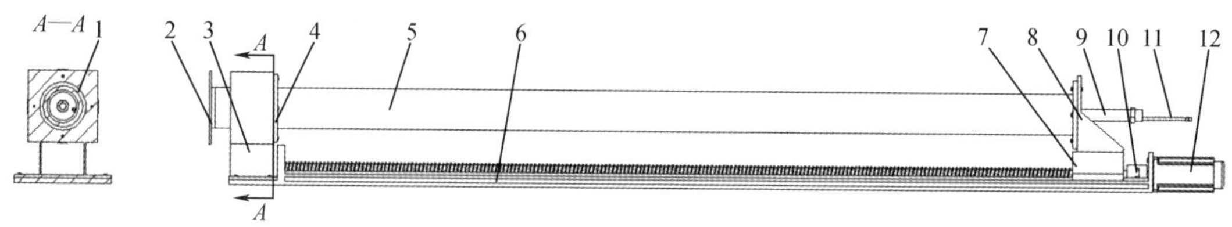

1—轴套;2—支撑台;3—法兰盘;4—端盖;5—主轴;6—丝杆底座;7—滑台;
8—固定架;9—泥浆管;10—联轴器;11—气管;12—平移电机。

图 4-6 行进机构的主视图

4.3.4 关键机构的力学仿真分析

1. 喷枪机构的静力学分析

(1)喷射反作用力的相关计算

隧道掘进模拟系统中喷浆机器人在喷浆工作时,喷嘴喷出雾化的水泥浆射流,同时会对喷枪机构产生反作用力,反作用力的方向与射流方向相反,喷头承受的反作用力 F 可以通过一般通用公式计算:

$$F = 0.745q\sqrt{p} \tag{4-1}$$

式中 q——喷嘴流道内的有效流通量,根据喷桨机器人的实际情况上取 33.3 L/min;

p——不锈钢波纹管的公称压力,取 1.6 MPa。

将相关参数带入式(4-1),计算可得到喷头承受的反作用力为 31.38 N。喷头承受的反作用力如图 4-7 所示,可以对反作用力进行分解:

$$F_x = F\sin\theta$$
$$F_y = -F\cos\theta \tag{4-2}$$

式中 F_x——喷嘴上的反作用力在中心轴线垂直方向上的分力,N;

F_y——喷嘴上的反作用力在中心轴同线方向上的分力，N；

θ——喷枪的喷射仰角，90°～150°。

喷枪的喷射仰角在90°～150°变化时，随着喷射仰角的变大，反作用力的分力 F_x 逐渐变小，而分力 F_y 逐渐增大。将相关参数带入式(4－2)，计算可知，当喷射仰角为90°时，分力 F_x 取到最大值为31.38 N，此时分力 F_y 取到最小值为0 N；当喷射仰角为150°时，分力 F_x 取到最小值为15.69 N，此时 F_y 取到最大值为27.18 N。

(2)喷射仰角为120°时的静力学仿真

对图4－3喷枪机构进行分析可知，在喷头承受的反作用力经过固定连接的结构传递到波纹管、角度架左、角度架右上，如果反作用力过大将会使受力的零件发生严重形变，导致设备无法正常工作，所以需要对喷枪机构在ANSYS Workbench环境下进行静力学分析。通过有限元分析时，忽略阻尼对系统的影响，去除对喷枪机构不产生刚度与强度影响的结构，适当简化结构并通过施加合理的约束，这种方式可以提高求解的效率并节约计算的时间，简化后的模型如图4－8所示。

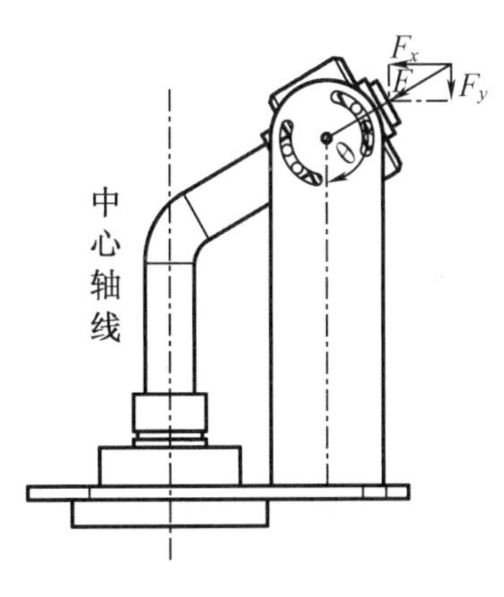

图4－7 反作用力简图

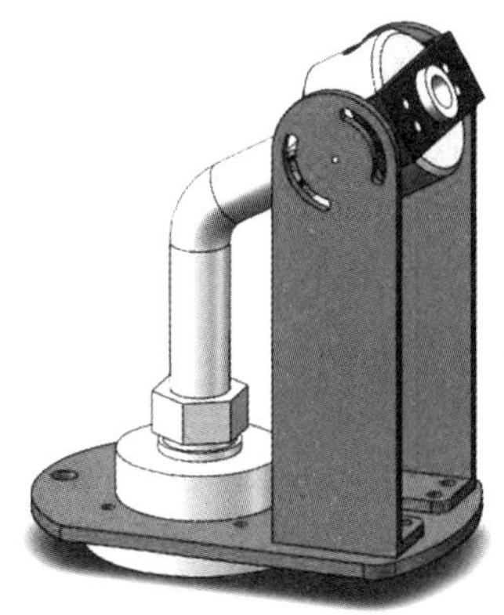

图4－8 喷枪机构简化模型

喷枪机构的加工件材质需求是易加工、耐蚀性好、耐磨性好、质量轻、力学性能和经济性好，本章选取6061铝合金作为加工部件的材料。喷枪机构中的波纹管为外购件，其材质为304不锈钢，具有加工性能好、韧性高和抗腐蚀性的优点。这两种材料的相关参数，见表4－2。

表4－2 材料相关参数

材料	抗拉强度 σ_b	屈服极限 σ_s	密度 ρ	延伸率	泊松比 λ	弹性系数
6061铝合金	124 MPa	55.2 MPa	2.75 g/cm^3	25%	0.33	68.9 GPa
304不锈钢	520 MPa	205 MPa	7.93 g/cm^3	40%	0.247	195 GPa

对于钢与铝合金等塑性材料而言，其许用应力可由一般公式计算得到：

$$[\sigma]=\frac{\sigma_s}{n} \tag{4-3}$$

式中 σ——塑性材料的许用应力,单位为 MPa;

σ_s——塑性材料的屈服极限,单位为 MPa;

n——安全系数,钢和铝合金一般取 3 ~6。

本节所设计的隧道掘进模拟系统中喷浆机器人喷射仰角可以在 90° ~150°进行调节,喷头承受的反作用力的方向随喷射仰角的变化而变化,首先对当喷射仰角为 120°时的受力情况进行静力学分析。

将喷枪机构的简化模型导入静力学仿真软件 ANSYS Workbench 中,依据实际情况设置零部件的材料。接下来对模型进行网格划分,设定相关的尺寸参数,如图 4 -9(a)所示。自动生成网格,根据系统的网格评估功能得到相关的参数,网格划分采用四面体为主,网格的单元数为 3 728 776,网格的节点数为 2 286 071,平均网格尺寸为 0.297 3,网格质量优秀,如图 4 -9(b)所示。

对喷枪机构模型施加边界条件载荷和约束,喷枪机构喷嘴承受的反作用力的大小为 31.38 N,根据式(4 -2)对反正用力进行分解,以模型中的坐标轴为基准,得到当喷射仰角为 120°时,施加载荷 $F_x=27.18$ N,$F_y=-15.69$ N,通过对喷枪机构中底板的下表面和孔位施加约束,约束类型设为 Frictionless,设定边界条件和约束,并对喷嘴施加载荷,如图 4 -9(c)所示。对模型进行求解计算得到喷枪机构变形图,为了便于观察与分析,对仿真结果进行后处理参数设置,形变结果尺寸设为 0.5Auto Scale,如图 4 -9(d)所示。

通过喷枪机构变形图 4 -9(d)可以看出:(1)喷嘴位置的形变量最大,大小为 1.74×10^{-6} m,底板和外传筒的形变量最小,大小为 5.23×10^{-14} m;(2)根据形变云图颜色变化,可以发现形变量由上到下依次减小;(3)通过对比喷枪机构的模型和变形图,可以发现波纹管、角度架左、角度架右由于受力发生了弯曲变形,这三个零件的形变是喷枪机构上部的形变量变大的原因。

(a)网格参数

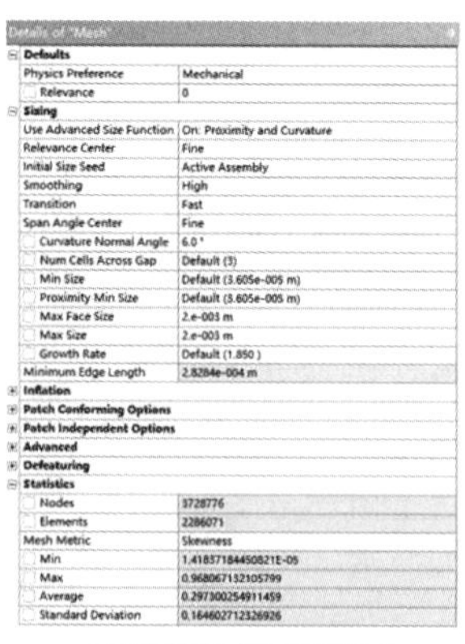

Details of "Mesh"	
Defaults	
Physics Preference	Mechanical
Relevance	0
Sizing	
Use Advanced Size Function	On: Proximity and Curvature
Relevance Center	Fine
Initial Size Seed	Active Assembly
Smoothing	High
Transition	Fast
Span Angle Center	Fine
Curvature Normal Angle	6.0 °
Num Cells Across Gap	Default (3)
Min Size	Default (3.605e-005 m)
Proximity Min Size	Default (3.605e-005 m)
Max Face Size	2.e-003 m
Max Size	2.e-003 m
Growth Rate	Default (1.850)
Minimum Edge Length	2.8284e-004 m
Inflation	
Patch Conforming Options	
Patch Independent Options	
Advanced	
Defeaturing	
Statistics	
Nodes	3728776
Elements	2286071
Mesh Metric	Skewness
Min	1.41837184450821E-05
Max	0.968067132105799
Average	0.297300254911459
Standard Deviation	0.164602712326926

(b)喷枪机构网格划分

图 4 -9　喷枪机构的静力学分析

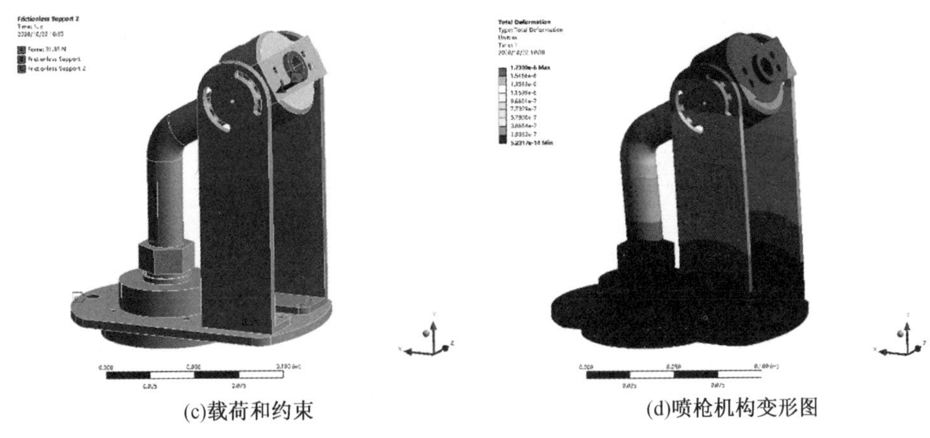

(c)载荷和约束　　(d)喷枪机构变形图

图 4－9(续)

通过喷枪机构的应力图 4－10 可以看出:(1)各零部件的连接位置和钣金件的折弯处承受较大的应力;(2)不锈钢波纹管与外传筒的螺纹连接处承受最大应力,大小为 3.04 MPa,波纹管的内转弯处的应力在 1.01～2.02 MPa,波纹管其余部分的应力在 0.67～1.01 MPa,波纹管的材质为 304 不锈钢,通过式(4－3)计算可得 304 不锈钢的许用应力最小为 86.67 MPa,分析结果均小于材料的许用应力值,符合使用要求;(3)加工件固定块与喷头座、固定块与角度架的连接处的应力在 0.34～1.68 MPa,角度架左和角度架右的折弯处的应力在 0.67～1.1 MPa,加工件的材质为 6061 铝合金,通过式(4－3)计算可得铝合金的许用应力最小为 9.2 MPa,分析结果均小于材料的许用应力值,符合使用要求。

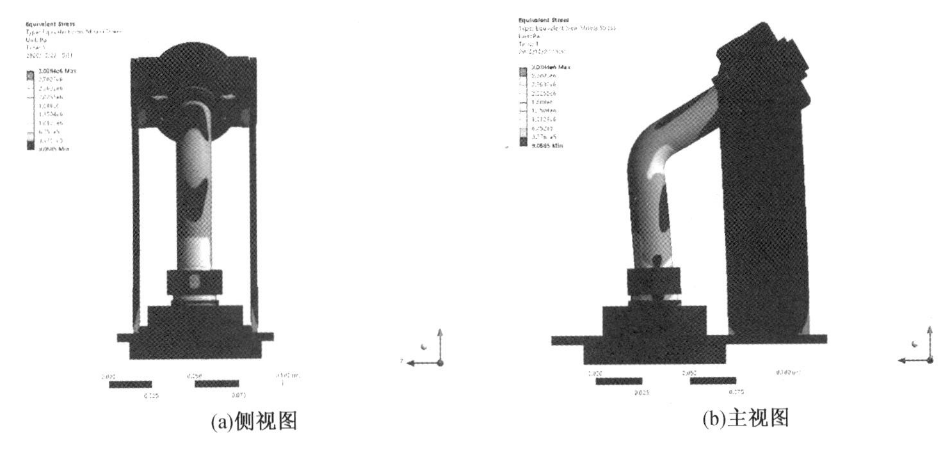

(a)侧视图　　(b)主视图

图 4－10　喷枪机构的应力图

(3)喷枪机构不同喷射仰角的静力学仿真

本节所设计的隧道掘进模拟系统中喷浆机器人喷射仰角的变化为 90°～150°,喷头承受的反作用力的方向随喷射仰角的变化而变化,不同喷射仰角对承受反作用力的零件受力情况不同。利用 ANSYS 软件进行静力学仿真,将仿真得到的最大形变量数据汇总后得到不同喷射仰角与最大形变尺寸的对照表,见表 4－3。为了便于分析将数据绘制成折线图,如

图 4-11 所示。

表 4-3 不同喷射仰角对应的最大形变尺寸

喷射仰角	90°	95°	100°	105°	110°	115°	120°
最大形变量/(10^{-6}m)	2.84	2.98	2.79	2.58	2.7	2.45	1.74
喷射仰角	125°	130°	135°	140°	145°	150°	
最大形变量/(10^{-6}m)	1.85	1.55	1.23	0.93	0.69	0.64	

对图 4-11 进行分析，得到如下结论：(1)随着喷射仰角的增大时，最大形变量整体呈下降趋势，该趋势与反作用力的 F_x分力随喷射仰角的变化规律相一致，说明 F_x 分力对喷枪机构最大形变量的影响较大；(2)虽然折线的整体呈下降趋势，但折线上明细出现有几处出现了波动，这说明形变不仅只受到 F_x分力的影响，可能是由于喷枪结构本身和 F_y分力的因素导致波动的产生；(3)在喷射仰角的变化中，折线上的变形量最大位置出现在 90°～95°，该范围内的变形量最大值为 0.003 mm 左右，对于角度架宽度 44 mm 的尺寸而言，变形影响可以忽略，因此喷枪机构设计符合设计要求。

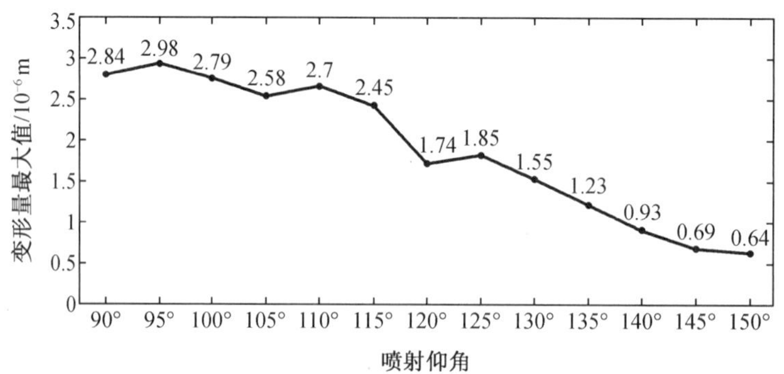

图 4-11 不同喷射仰角与最大形变量的折线图

利用 ANSYS 软件对现有方案进行静力学仿真，将仿真得到的波纹管(304 不锈钢)和加工件(6061 铝合金)的最大应力数据汇总后得到不同喷射仰角对应的最大应力，见表 4-4。

表 4-4 不同喷射仰角对应的最大应力

喷射仰角		90°	95°	100°	105°	110°	115°	120°
最大应力/MPa	304 不锈钢	3.8	15.79	15.72	15.24	5.02	15.07	3.04
	6061 铝合金	3.15	2.27	2.23	2.23	2.2	1.74	1.68

喷射仰角		125°	130°	135°	140°	145°	150°
最大应力/MPa	304 不锈钢	11.74	8.62	6.67	5.57	2.32	1.47
	6061 铝合金	1.68	1.29	1.21	1.16	1.12	1.1

对表4-4进行分析，得到如下结论：(1)对于材质为6061铝合金的加工件，随着喷射仰角的增加，加工件的最大应力逐渐变小；对于材质为304不锈钢的波纹管，除部分异常点外，整体上随着喷射仰角增大，波纹管的最大应力逐渐变小；(2)304不锈钢波纹管在喷射仰角为95°时，承受的应力最大值为15.79 MPa，小于材料的许用应力值86.67 MPa，符合使用要求；(3)6061铝合金的加工件在喷射仰角为90°时，承受的应力最大值为3.15 MPa，小于材料的许用应力值9.2 MPa，符合使用要求。

2. 行进机构的静力学分析

模拟人造岩石隧道与支撑通道的总长度为2 m左右，因此隧道掘进模拟系统中喷浆机器人的行进机构需要2 m左右的有效行程，在深入隧道内喷涂工作时由于受到外部载荷和主轴行程较长等因素影响，如果行进机构的主轴设计不合理、强度和刚度不能满足要求，将会出现结构变形过大或断裂的情况，导致设备无法正常运行工作。本节在对行进机构设计时，主轴为薄壁圆柱壳体，具体参数：长为2.5 m，中经曲率半径为48 mm，钢管厚度为2.5 mm，选用45号钢作为主轴的材料，45号钢的材料参数见表4-5所示。行进机构简化模型中的其余零部件材料为6061铝合金。

表4-5 45号钢材料参数

材料	抗拉强度 σ_b	屈服极限 σ_s	密度 ρ	延伸率	泊松比 λ	弹性系数
45#钢	600 MPa	355 MPa	7.85 g/cm^3	16%	0.269	210 GPa

喷浆机器人前部进入模拟隧道，变径支撑机构、支撑台和滑台共同对主轴提供稳定的三点支撑，对此时的行进机构通过ANSYSY软件进行静力学仿真。具体过程与上一小节喷枪机构的仿真相同，取行进机构的主轴进给的四个位置(0.5 m、1 m、1.5 m和2 m)进行分析，支撑座、支撑台和滑台设为无摩擦固定约束，对主轴施加载荷(主轴自身和连接部件的质量)，载荷的大小为541 N，方向竖直向下，对支撑座施加载荷(包括末端执行器的质量和喷射反作用力)，载荷的大小为149.2 N，方向竖直向下。对行进机构进行静力学仿真，得到相应的形变图和应力图，如图4-12和图4-13所示。

由图4-12可以看出：(1)主轴被三个支撑部件分成了长短不一的两部分，较长的部分容易产生较大的形变；(2)随着行进距离的变大，最大形变量的位置由后部支撑台和滑台之间过渡到前部支撑座和支撑台之间；(3)不同行进距离对应的形变量分别为0.041 mm、0.003 8 mm、0.014 mm到0.037 mm，这表明随着行进距离的变大，最大形变量先由大到小，之后又由小到大；不同行进距离对应形变量中最大值为0.041 mm，相较于主轴直径198 mm的尺寸而言，变形影响可以忽略，因此喷枪机构设计符合设计要求。

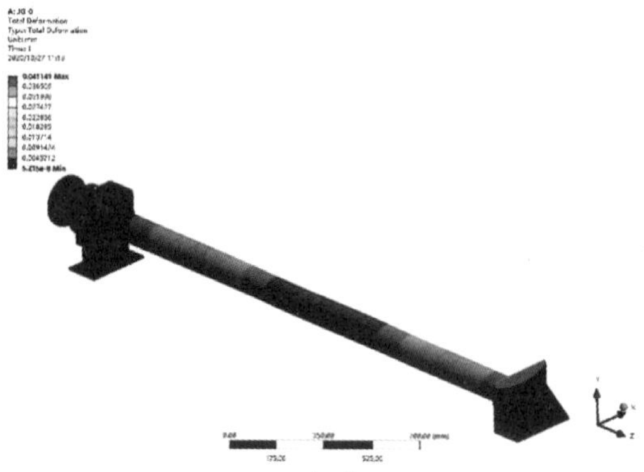

(a)行进0 m 　　(b)行进1 m

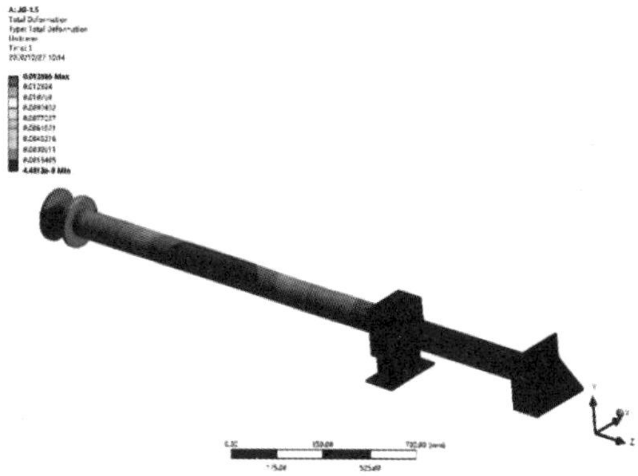

(c)行进1.5 m 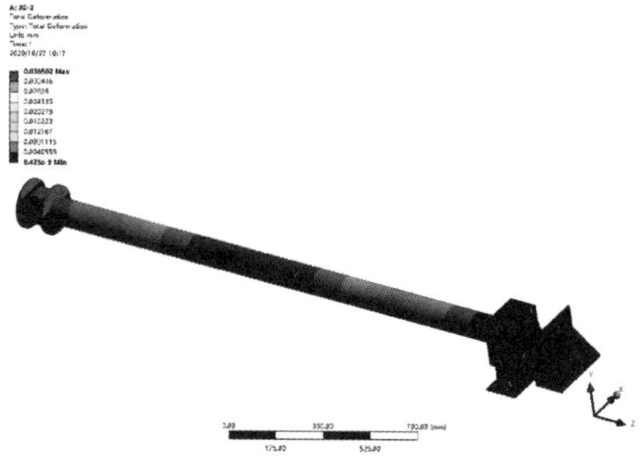　　(d)行进2 m

图 4-12　不同行进距离行进机构的形变图

图 4-13 可以看出:(1)行进机构出现应力集中的位置,主要以主轴两段的各自中心和各部件的连接处为主;(2)不同行进距离对应的最大应力值分别为 4.65 MPa、1.98 MPa、4.32 MPa 和 8.36 MPa,这表明随着行进距离的变大,最大应力值先由大到小,之后又由小到大;应力值的最大值为 4.65 MPa,主轴加的材质为 45 号钢,通过式(4-2)计算可得 45 号钢的许用应力最小为 59.17 MPa,分析结果均小于材料的许用应力值,符合使用求。

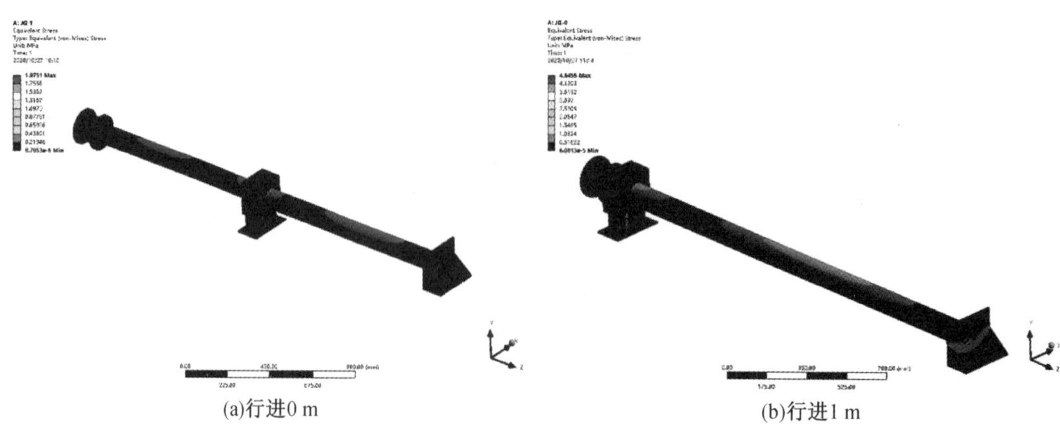

(a)行进0 m　　(b)行进1 m

图 4-13　不同行进距离行进机构的应力图

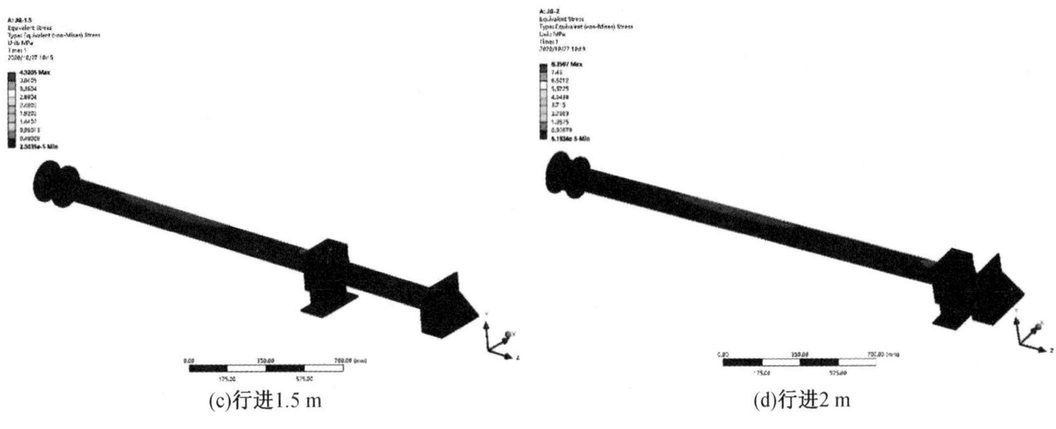
(c)行进1.5 m (d)行进2 m

图 4－13(续)

在对行进机构进行静力学仿真时，使用 ANSYS 的 Probe 功能测得变径支撑机构中支撑座对应的支撑反力大小，行进距离 1 m、1.5 m、2 m 对应的支撑反力分别为 246.53 N、305.55 N 和 358.04 N，表明随着喷浆机器人前部进入模拟隧道，需要变径支撑机构提供的支撑反力依次增大，其中支反力最大值为 358.04 N。通过静力学仿真得到的支撑反力数据，为下一小节变径支撑机构的动力分析提供了帮助。

3. 变径支撑机构的动力学分析

(1)变径支撑机构弹簧的相关计算

当行进机构向前进给深入模拟隧道内部时，前端的变径支撑机构与支撑台和滑台构成三点支撑，为隧道掘进模拟系统中喷浆机器人的工作提供稳定的支撑。支撑台上连接三组弹簧变径结构单元，沿圆周呈倒 Y 型 120°对称分布，每组变径单元由一个牛眼万向轮、底板、四个限位滑道和四根弹簧构成，变径支撑机构的整体受力情况如图 4－14(a)所示，变径单元的受力情况如图 4－14(b)所示。

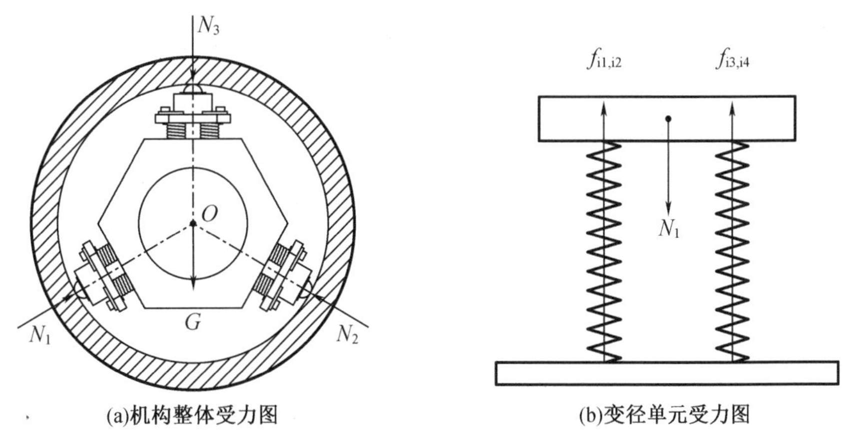

(a)机构整体受力图 (b)变径单元受力图

图 4－14 变径支撑机构受力图

如图 4－14(a)，主轴及其连接部件总重力和喷射反作用力经在三个支撑点共同分担后，变径支撑机构承受的部分负载力为 G，三组变径单元受到管壁提供的支撑力分别为 N_1、N_2、N_3，假设变径支撑机构在提供稳定支撑时，是由下方两组变径单元的支撑力 N_1、N_2为主，上方变径单元提供的支撑力 N_3为零(或力很小，忽略不计)，可以得到力平衡方程如下：

$$\sum N = \overline{N_1} + \overline{N_2} + \overline{N_3}$$

$$N_1\cos 60° + N_2\cos 60° = G$$

$$N_1\sin 60° - N_2\sin 60° = 0 \tag{4-4}$$

变径支撑机构承受的部分负载力 G 随主轴的行进而发生变化，根据上一小节对不同行进为距离时对应支撑台的支反力数据可知，随着向隧道内深入的距离的增加，支撑台的支反力随之变大，当主轴行进距离为 2 m 时达到最大支反力，大小为 358.04 N，因为负载力和支反力的大小相等，所以负载力 G 的最大值也为 358.04 N。当负载取得最大值时，根据式(4－4)求得变径单元的支撑力 N_1、N_2的大小相同，为 358.04 N。

如图 4－15(b)，根据变径单元的受力情况，假设受力单元中四根弹簧的受力情况相同，可以得到力平衡方程如下：

$$N_{\mathrm{i}} = 4F_{i1} \tag{4-5}$$

式中　N_{i}——每组变径单元受到的支撑力，其中 $N_1 = N_2 = 358.04$ N；

F_{i1}——变径单元中的单根弹簧的弹力，N。

根据式(4－5)求得变径单元中单根弹簧产生的弹力为 89.51 N，每根弹簧所受到的负载大小也为 89.51 N。弹簧的相关参数关系，可以根据《圆柱螺旋弹簧设计计算》(GB/T 1239.6—92)圆柱螺旋弹簧设计计算：

$$c = \frac{GD}{8C^4 \cdot n}$$

$$L = \frac{8C^3 n}{GD}F \tag{4-6}$$

式中　G——材料切变模量，选取材料为 $60Si_2MnA$，G＝83 160 MPa；

c——弹簧刚度，N/mm；

D——弹簧中径，mm；

C——弹簧的旋绕比，$C = D/d$，一般取 4～14；

d——材料直径，mm；

n——有效圈数，$n \geqslant 2$；

L——工作负荷下变形量，mm；

F——工作负荷，N。

可以根据《圆柱螺旋弹簧尺寸系列》(GB/T 1358—2009)圆柱螺旋弹簧尺寸系列得到弹簧相关参数，见表 4－6。

表 4-6 弹簧尺寸

弹簧材料直径 d/mm	0.6	0.8	0.9	1	1.2	1.6	2	2.5
弹簧中径 D/mm	6	6.5	7	7.5	8	8.5	9	9.5
有效圈数 n	4	4.25	4.5	4.75	5	5.5	6	6.5
自由高度 H/mm	7	8	9	10	11	12	13	14

根据本节设计的隧道掘进模拟系统中喷浆机器人的变径支撑机构主视图和侧视图，如图 4-16 所示，变径支撑机构的适用于模拟隧道直径的变化范围是 196 mm 到204 mm，按照模拟隧道最大直径 204 mm 时进行弹簧的选型计算，假设弹簧的自由高度 $H = 13$ mm，此时弹簧的变形量 $L = 1$ mm，弹簧的外径 $D_1 = D + d \leqslant 12$。

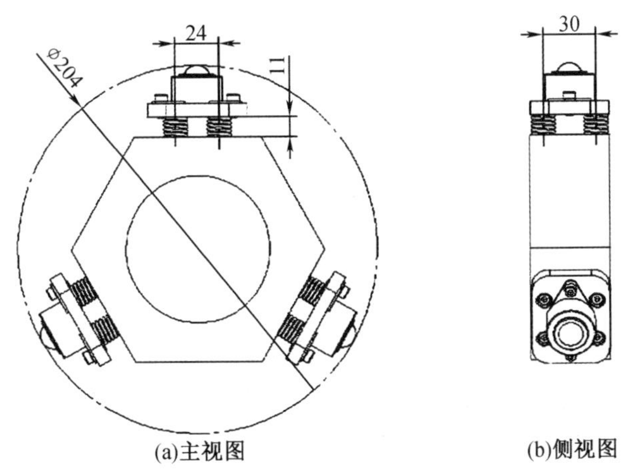

(a)主视图　　(b)侧视图

图 4-15 变径支撑机构主视图和侧视图

根据表 4-7 中弹簧尺寸和实际需求，选取弹簧材料直径 $d = 1.6$，弹簧中径 $D = 9$，根据式(4-6)得到有效圈数 n 与工作载荷的关系，见表 4-7：

表 4-7 有效圈数与工作载荷对应表

有效圈数 n	4	4.25	4.5	4.75	5	5.5	6	6.5
工作负荷 F/N	133.2	125.4	118.4	112.2	106.6	96.9	88.8	82

根据隧道掘进模拟系统中喷浆机器人在工作时对弹簧要求的负荷为 89.51 N，将安全系数设为 1.2，所以选择有效圈数 $n = 4.75$，弹簧工作负荷 $F = 112.2$ N。将相关参数代入式(4-6)，计算得出出弹簧的刚度 $c = 112.2$ N/mm。弹簧变形量与工作负荷的关系，如图 4-16 所示。

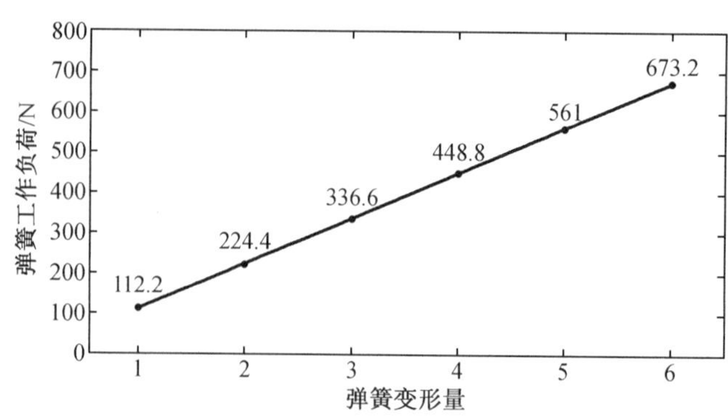

图 4－16　弹簧形变量与工作负荷的关系

当模拟隧道直径变为 204 mm 时，弹簧的形变量 $f=1$，弹簧工作负荷 $F=112.2$ N；当模拟隧道直径变为 200 mm 时，弹簧的形变量 $f=3$，弹簧工作负荷 $F=336.6$ N；当模拟隧道直径变为 196 mm 时，弹簧的变形量 $L=5$ mm，此时弹簧的工作负荷 $F=561$ N。

接下来通过 Adams 动力学仿真分析变径支撑机构经过变径隧道的情况，对弹簧的选择进行验证。

（2）变径支撑机构的动力学仿真

首先，利用 SolidWorks 软件对变径支撑机构进行模型简化，合理的模型简化可以大大减小动力学仿真的工作量并有效提高仿真的效率，将模拟隧道的管道设置为由 204 mm 变化至 200 mm，再由 200 mm 变化至 196 mm 的三段不同直径的管道，通过变径支撑机构通过变径管道模拟喷浆机器人的实际工况，简化后的模型如图 4－17 所示。然后将变径支撑机构的模型格式存为 Parasolid 类型，使用仿真软件 Adams 读取文件数据。

在 Adams 中对模型进行常规参数设置，单位制选取为 mm－K－S。考虑到 Adams 的运行环境，首先对模型中的零部件以英文进行重新命名，之后对模型的材质进行设置，本节所设计的变径支撑机构主要加工件材质为 6061 铝合金，其他外购标准件按照所选用的实际材料进行设置。

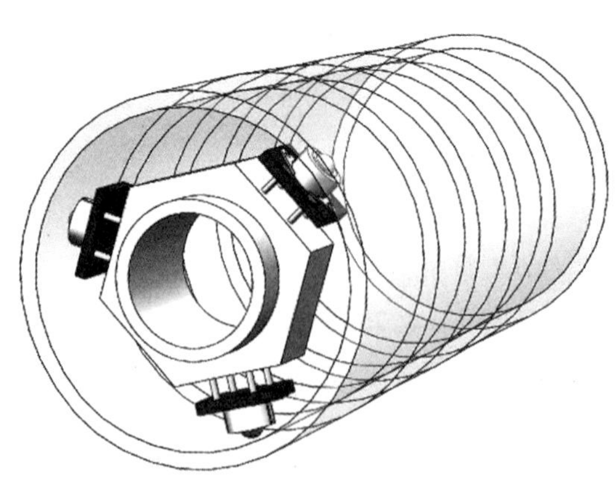

图 4－17　变径支撑机构的简化模型

接下来对模型中的零部件添加约束,包括添加固定副、添加平行轴、添加旋转副、添加平移副。对相对静止的零部件添加固定副,模型中存在固定副的有变径管道与地面之间,导杆与支持座之间,牛眼万向轮与轮底板之间;模型中存在平行轴约束的有变径管道与支撑台之间;模型中存在旋转副的有牛眼万向轮的滚珠与外壳之间;模型中存在平移副的有轮底板与支撑台之间。根据变径支撑机构的运动情况,为了更好地分析变径性能,所以将牛眼万向轮设为驱动,牛眼万向轮的滚珠与外壳之间类型设为位移,方向设为旋转。对变径将支撑机构添加载荷,将变径支撑机构承受的负载力添加到支撑座上,载荷大小为358.04 N,方向为竖直向下。在轮底板与支撑座之间添加弹簧,总共需要添加16根弹簧,根据工作负载添加弹簧的预载荷为89.51 N,弹簧的刚度按照前文的计算设为 $c=112.2$ N/mm。

最后将变径将支撑机构与变径管道之间添加接触,这是为了防止发生机构穿过变径管道,具体方式是将滚珠与变径管道的接触设定为碰撞,同时要对接触添加库伦摩擦,不然会出现滚珠空转而不在变径管道中行进的情况。完成模型的相关参数设置后,得到变径支撑机构的仿真模型,如图4-18所示。

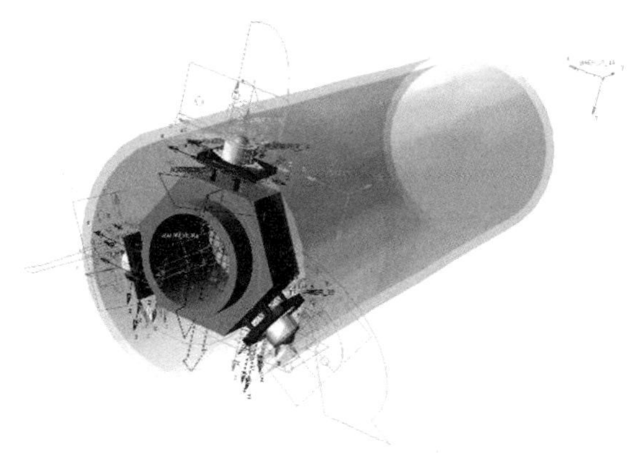

图4-18 变径支撑机构的仿真模型

仿真的工作环境是变径支撑机构首先通过内径由204 mm变化为200 mm的管道前半段,然后又通过内径由200 mm变化为196 mm的后半段管道。变径支撑机构在变直径的管道行进,对位于下部的两个变径单元上8根弹簧的受力情况进行监测,得到弹簧受力随时间的变化图,如图4-19所示。

由图4-19可以看出,变径支撑机构在变直径的管道行进过程中:在机构刚开始起步加速时,弹簧的受力波动较大,经过大约0.5 s,弹簧受力波动减小并渐渐稳定;下部两个变径单元中位于对称位置的弹簧受力变化完全相同,这与式(4-4)的计算结果相一致;变化图中出现了两条相近的折线,说明每组变径单元内弹簧的空间位置对弹簧的受力有所影响;随着管道直径的变小,弹簧的受力呈上升趋势,呈线性变化;在管道直径分别为204 mm、200 mm和196 mm时,弹簧稳定受力最大值分别为110 N、300 N和490 N,均低于上一小节计算出的弹簧工作负荷112.2 N、336.6 N和561 N,所以弹簧的选择是合理的,能够满足设计要求。

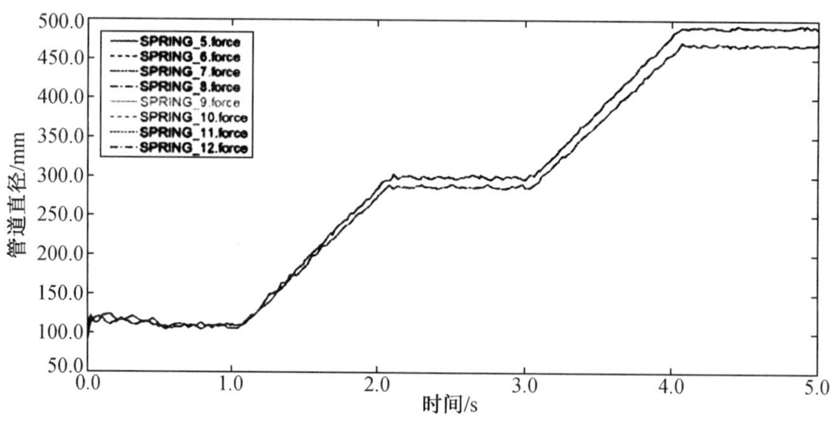

图 4 – 19　弹簧受力随时间的变化图

当变径支撑结构在变直径的管道内行进时，对主体零部件支撑台的行进速度进行监测，得到结构行进速度随时间的变化图，如图 4 – 20 所示。

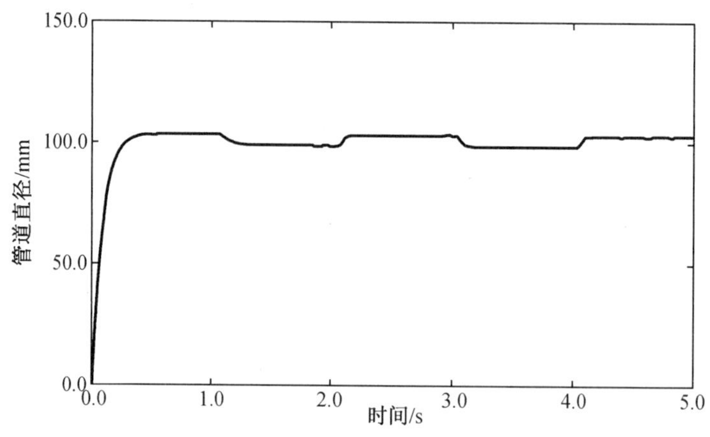

图 4 – 20　行进速度随时间的变化图

由图 4 – 20 可以看出，变径支撑结构在变直径的管道行进过程中：在结构行进刚开始处于加速阶段，经过大约 0.5 s 加速后，运行速度稳定达到 110 mm/s；在管道直径不发生变化时，机构可以保持 110 mm/s 的速度匀速行进，在行进过程中速度的波动很小；图中出现了两段速度下降的区域，与图 4 – 19 对照，这两段区域是管道直径逐渐变化的路段，弹簧在这段区域的受力也在线性增加，对结构的行进产生了阻碍作用；对曲线的整体进行分析，发现虽然在管道变径位置导致了行进速度有所下降，但下降的速度不大，且很快就可以达到新的速度平衡，当结构在承受 358.04 N 负载的情况下在变径管道内运行速度平稳、规律，所以变径支撑结构的设计是合理的，能够满足设计要求的变径能力。

4.3.5　喷浆机器人配套设备的选取

1. 喷涂机设备的选择

本节所设计的隧道掘进模拟系统中喷浆机器人正常工作时，需要通过配套的喷涂机输入泥浆流和压缩空气，合适的喷涂机可以使泥浆充分均匀搅拌后输送到隧道掘进模拟系统中喷浆机器人的喷枪中，能够有效提高涂层的质量。

根据隧道掘进模拟系统中喷浆机器人的技术指标要求选择喷涂机，并且喷浆机需具有质量轻、体积小、易搬运的特点，对市面上的多种喷浆机进行对比，选择奇远公司生产的311型号多功能砂浆喷涂机（图4－21），该机具有均匀出浆、操作简单和低噪稳定的优点，其具体参数见表4－8。

图4－21　311型号多功能砂浆喷涂机

表4－8　311型号多功能砂浆喷涂机参数

外形尺寸	质量	电机功率	气泵功率	输送流量	空气风压
1 600×450×950 mm	150 kg	4 kW	2.2 kW	2 m^3/h	0～1.6 MPa

2. 喷浆机器人电机类型的选择

根据隧道掘进模拟系统中喷浆机器人的工况分析可知，为实现喷浆机器人在模拟隧道内连续喷涂和二次定点补喷，需要两台电机作为动力源，分别实现旋转运动和直线进给运动。

通过关于旋转机构和行进机构的描述可知，旋转电机能够实现喷枪周向连续定速旋转或点动旋转，要求旋转电机的控制精度高、快速启停、性能稳定和可靠性好；进给电机能够实现直线连续定速移动或点动行进，这就要求旋转电机和进给电机的控制精度高、快速启停、性能稳定和可靠性好，考虑到喷浆机器人的实际情况需求电机还应具有转矩大和惯性小的特点。本节选择步进电机作为喷浆机器人的电机类型，考虑到开环步进电机存在丢步问题，因此选择同电机相匹配的全数字式闭环步进驱动器，实现对电机的高精度控制，并能够满足在负载要求和实际情况下的各方面需求。

4.4 喷枪的参数及流体的仿真分析

隧道掘进模拟系统中喷浆机器人要确保在喷涂后隧道内表面上的涂层质量良好,可以对隧道起到支护的作用,本节进行了喷枪的运动学以及喷枪结构稳定性分析,验证了喷浆机器人的整体结构不会对涂层均匀度产生影响;喷枪的各种参数,例如喷枪的喷射仰角、喷头的伸缩长度、喷枪的喷涂速度、运动轨迹间距等因素,都会对涂层的质量产生影响,所以本节将对喷枪的参数进行分析,建立喷枪的数学模型,分别对连续喷涂时涂层厚度积累、喷涂的运动速度和相邻轨道间的涂层重叠进行分析,利用科学计算软件 SCILAB 对喷涂后涂层的状态进行模拟仿真,验证关于涂层方面的数学模型理论分析的结果;最后通过 Fluent 软件对喷枪的流体进行仿真,通过流体仿真结果得到的速度云图和 *XY* 散点图,进一步验证关于喷涂参数方面的理论分析的结果。

4.4.1 喷枪的参数分析

本节将根据隧道掘进模拟系统中喷浆机器人的实际喷涂情况,建立描述涂料沉积过程的喷枪数学模型,分析喷枪参数变化对涂层的影响。

1. 喷枪参数对涂层的影响

本节的喷浆机器人主要是对孔径 200 mm 的模拟隧道的内表面进行喷浆支护,涂层质量是考察喷浆机器人最重要的技术指标之一,良好的涂层质量具有以下的优点:均匀的涂层、较短的喷涂周期以及对涂料的高利用率,其中均匀的涂层是保证涂层质量的基本要求,也是关键要求。影响涂层均匀性的因素有很多,其中喷浆机器人的喷枪相关参数和被喷涂的工件表面形状都会对涂层的均匀性产生影响。由于本节设计的喷浆机器的喷射仰角和喷头的长度可以调节,所以本节主要分析了被喷涂工件表面分别为平面和圆柱曲面时,当喷枪参数变化对涂层形状的影响。

(1)平面上喷枪参数对涂层形状的影响

空气喷涂的工作方式是通过压缩空气使涂料雾化后喷出,涂料在工件表面沉积,产生不间断的涂料漆膜。喷枪进行喷涂工作时,喷嘴喷射出的雾化涂料,在空间中产出类椭圆锥形状的外流场,当喷枪垂直工件表面喷涂时,将会在工件表面生产椭圆形涂层,涂层厚度呈中间凸起向外逐渐变薄的分布。

隧道掘进模拟系统中喷浆机器人的喷枪结构,如图 4-1 所示,在喷嘴的圆周方向上均匀分布 6 个空气孔,空气帽内的压缩空气通过空气孔进入喷射管道中推动水泥浆从喷枪中喷出。由于本节的喷枪结构中没有控形孔,故流场形状不会发生变形,假设喷枪与工件表面垂直则喷雾流场形状为圆锥形,即在喷涂平面上形成圆形的涂层。

喷浆机器人实际工况如图 4-22 所示,喷浆机器人的喷枪的仰角可以根据要求在90°~

150°内变化，喷枪的喷头伸缩长度可以为0～5 mm，由于喷枪倾斜喷涂，所以在喷涂平面形成椭圆形区域，以此建立相应的数学模型，如图4－23所示。

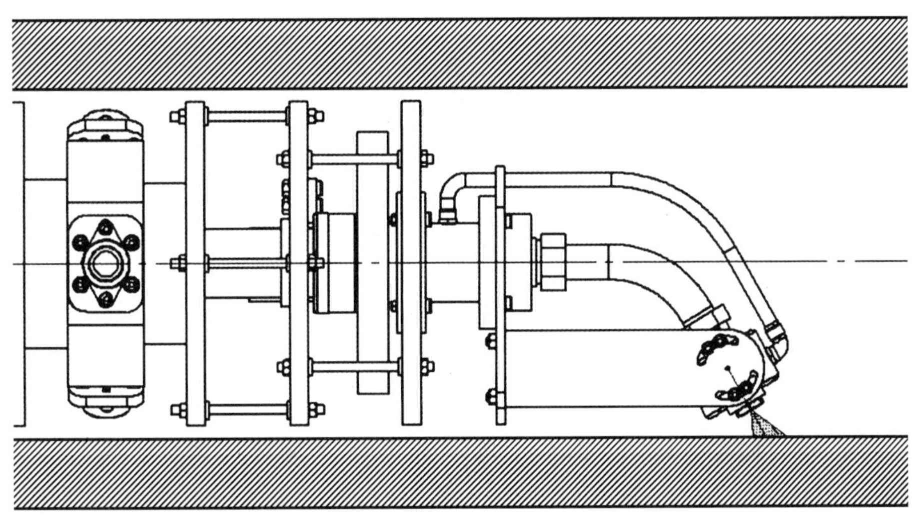

图4－22 喷浆机器人实际工况

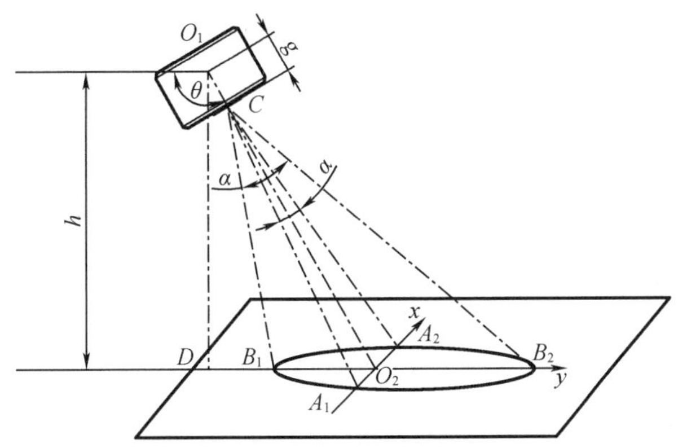

图4－23 平面上的喷涂数学模型

其中：θ 为喷枪的仰角，α 为喷枪喷涂的雾锥角，h 为喷枪旋转中心点 A_1 到平面 xo_2y 的垂直距离，g 为喷枪旋转中心点 O_1 到喷嘴口 C 的距离，点 D 为喷枪旋转中心点 O_1 到平面 xo_2y 的垂点，B_1、B_2 为平面 xo_2y 上形成的椭圆涂层的长轴上两个焦点，A_1、A_2 为平面 xo_2y 上形成的椭圆涂层的短轴上两个焦点。

在三角形 $\triangle O_1DO_2$ 中：

$$\cos\left(\theta-\frac{\pi}{2}\right)=\frac{O_1D}{O_1O_2}$$

$$CO_2=O_1O_2-O_1C$$

在三角形 $\triangle CB_1O_2$ 中：

$$\frac{\sin\left(\frac{\alpha}{2}\right)}{B_1O_2}=\frac{\sin\left(\theta-\frac{\alpha}{2}\right)}{CO_2}$$

在三角形$\triangle CB_2O_2$中：

$$\frac{\sin\left(\frac{\alpha}{2}\right)}{B_2O_2}=\frac{\sin\left(\pi-\theta-\frac{\alpha}{2}\right)}{CO_2}$$

椭圆的长轴可表示为

$$\begin{aligned}B_1B_2&=B_1O_2+B_2O_2\\&=\frac{\sin\left(\frac{\alpha}{2}\right)}{\sin\left(\theta-\frac{\alpha}{2}\right)}CO_2+\frac{\sin\left(\frac{\alpha}{2}\right)}{\sin\left(\theta+\frac{\alpha}{2}\right)}CO_2\\&=\left(\frac{1}{\sin\left(\theta-\frac{\alpha}{2}\right)}+\frac{1}{\sin\left(\theta+\frac{\alpha}{2}\right)}\right)\sin\left(\frac{\alpha}{2}\right)(O_1O_2-CO_1)\\&=\left(\frac{1}{\sin\left(\theta-\frac{\alpha}{2}\right)}+\frac{1}{\sin\left(\theta+\frac{\alpha}{2}\right)}\right)\sin\left(\frac{\alpha}{2}\right)\left(\frac{O_1D}{\sin(\theta)}-CO_1\right)\end{aligned}\tag{4-7}$$

由于喷雾流场形状为圆锥形，故短轴A_1A_2所在的$\triangle A_1CA_2$为等腰三角形

在等腰三角形 $\triangle A_1CA_2$中：

$$A_1O_2=A_2O_2$$

$$\tan\left(\frac{\alpha}{2}\right)=\frac{A_1O_2}{CO_2}$$

椭圆的短轴可表示为

$$A_1A_2=A_1O_2+A_2O_2=2A_1O_2=2\tan\left(\frac{\alpha}{2}\right)CO_2=2\tan\left(\frac{\alpha}{2}\right)\left(\frac{O_1D}{\sin(\theta)}-CO_1\right)\tag{4-8}$$

平面上椭圆的面积可表示为

$$\begin{aligned}S&=\pi\times A_1A_2\times B_1B_2\div 4\\&=\pi\times 2\tan\left(\frac{\alpha}{2}\right)CO_2\times\left[\left(\frac{1}{\sin\left(\theta-\frac{\alpha}{2}\right)}+\frac{1}{\sin\left(\theta-\frac{\alpha}{2}\right)}\right]\sin\left(\frac{\alpha}{2}\right)\left(\frac{O_1D}{\sin(\theta)}-CO_1\right)\right]\div 4\\&=\frac{\pi}{2}\left(\frac{1}{\sin\left(\theta-\frac{\alpha}{2}\right)}+\frac{1}{\sin\left(\theta-\frac{\alpha}{2}\right)}\right]\sin\left(\frac{\alpha}{2}\right)\tan\left(\frac{\alpha}{2}\right)\left(\frac{O_1D}{\sin(\theta)}-CO_1\right)CO_2\end{aligned}\tag{4-9}$$

结论：

①假定喷头中气孔流出的空气压力一定、水泥浆的流速一定，则喷枪喷涂的雾锥角α为定值，喷头长度g保持不变，通过式(4-7)可知，随着喷枪的仰角θ变大，椭圆涂层的长轴长度增加，反之，椭圆涂层的长轴长度减小；通过式(4-8)可知，随着喷枪的仰角θ变大，椭圆涂层的短轴长度增加，反之，椭圆涂层的短轴长度减小。

②假定喷头中气孔流出的空气压力一定、水泥浆的流速一定，喷头仰角θ保持不变，忽

略喷头长度变化对雾锥角 α 的影响，则喷枪喷涂的雾锥角 α 为定值，通过式(4－7)可知，随着喷头长度 g 变大，椭圆涂层的长轴的长度减小，反之，椭圆涂层的长轴增加；通过式(4－8)可知，随着喷头长度 g 变大，椭圆涂层的短轴的长度减小，反之椭圆涂层的短轴长度增加。但结合文献资料可知，一般情况下随着喷头长度变化时雾锥角 α 也会发生变化，当 g 与 α 两个参数都发生改变时，无法通过式(4－7)、式(4－8)判断椭圆涂层的长轴与短轴的变化规律。

③当喷枪在平面上喷涂时，除喷枪的仰角 θ 以外的其他变量保持不变，通过式(4－9)可知，椭圆涂层的面积 S 与喷枪的仰角 θ 呈正相关，即仰角增大涂层面积增大，反之，涂层面积减小。

(2)曲面上喷枪参数对涂层形状的影响

喷浆机器人在管道内的工作情况如图4－24所示，喷浆机器人在曲面和平面上的喷涂情况有所不同，需要对根据平面所建立的数学模型进行修正，建立曲面工作的数学模型。

由图4－25可知，喷浆机器人在管道曲面上的工作情况改变了短轴焦点 A_1、A_2 的位置关系，点 A_1' 与 A_1、点 A_2' 与 A_2 为投影关系。

其中：OO_2 为管道的半径长度为 r，α 为喷枪喷涂的雾锥角，h 为喷枪旋转中心点 A_1 到平面 xo_2y 的垂直距离，g 为喷枪旋转中心点 O_1 到喷嘴口 C 的距离，h 为喷枪旋转中心点 O_1 到平面 xo_2y 的距离，B_1、B_2 为平面 xo_2y 上形成的椭圆涂层的长轴上两个焦点，A_1、A_2 为平面 xo_2y 上形成的椭圆涂层的短轴上两个焦点，A_1'、A_2' 为管道曲面上形成的涂层上对应短轴 A_1、A_2 的两个焦点，O_1 为 $A_1'A_2'$ 的中点。

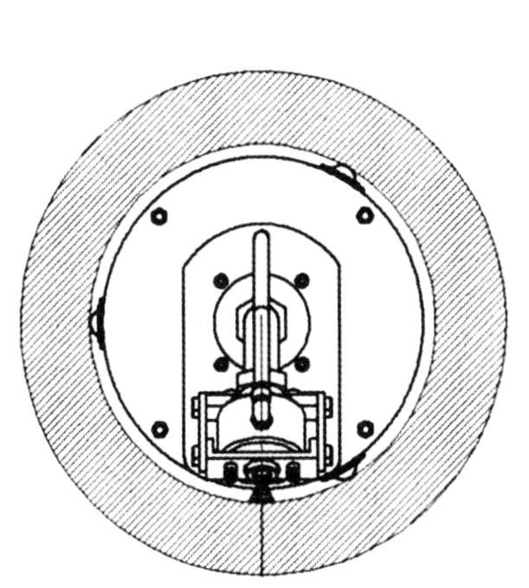

图4－24　喷浆机器人管道内工况

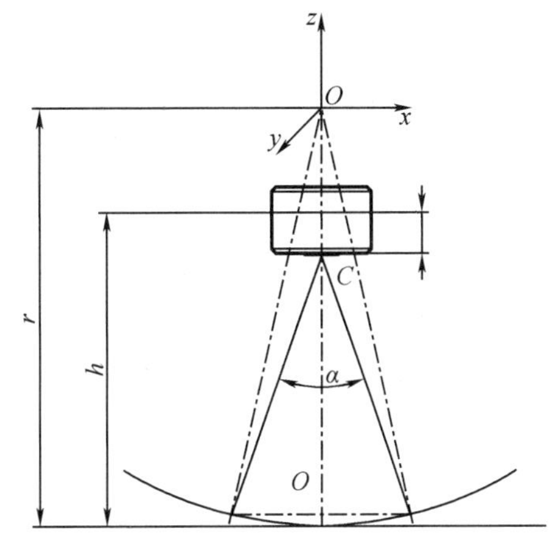

图4－25　曲面与平面模型的关系

在△OCA_1' 中，根据正弦定理和余弦定理可知：

$$\frac{OA_1'}{\sin\angle A_1'CO}=\frac{OC}{\sin\angle OA_1'C}$$

$$\angle OA_1'C+\angle A_1'OC=\angle A_1'CO_2$$

$$A_1'C=\sqrt{OA_1'^2+OC^2-2OA_1'\times OC\times\cos\angle A_1'OC}$$

在直角$\triangle O_3CA_1'$中：

$$\cos\angle A_1'CO_3=\frac{CO_3}{A_1'C}$$

$\triangle CA_1'A_2'$与$\triangle CA_1A_2$相似，则有

$$\frac{A_1'O_3}{A_1O_2}=\frac{CO_3}{CO_2}$$

故曲面上$A_1'A_2'$的长度为

$$\begin{aligned}A_1'A_2' &= 2A_1'O_3=\frac{CO_3}{CO_2}A_1A_2\\ &=\frac{A_1'C\times\cos\angle A_1'CO_3}{CO_2}A_1A_2\\ &=\frac{\sqrt{OA_1'^2+OC^2-2OA_1'\times OC\cos(\angle A_1'CO_3-\angle CA_1'O)}}{CO_2}A_1A_2\\ &=\frac{\sqrt{r^2+(r-h+g)^2-2r\times(r-h+g)\cos\left\{\frac{\alpha}{2}-\arcsin\left[\frac{r-h+g}{r}\sin\left(\pi-\frac{\alpha}{2}\right)\right]\right\}}}{h-g}A_1A_2\\ &=kA_1A_2\end{aligned}$$

式中，k 为相似比例系数，$k=\dfrac{\sqrt{r^2+(r-h+g)^2-2r\times(r-h+g)\cos\left\{\frac{\alpha}{2}-\arcsin\left[\frac{r-h+g}{r}\sin\left(\pi-\frac{\alpha}{2}\right)\right]\right\}}}{h-g}$，因为式中 r、h、g、α 都是不变常数，故相似比例数 k 为常数，根据公式(4－8)可知：

故曲面上$A_1'A_2'$的长度为

$$A_1'A_2'=2k\tan\left(\frac{\alpha}{2}\right)\left(\frac{O_1D}{\sin(\theta)}-CO_1\right)\tag{4-10}$$

结论：

由图4－25可知，喷浆机器人在管道曲面上的工作情况并未改变长轴焦点 B_1、B_2的位置关系，因此关于长轴的变化规律仍为式(4－7)，即随着喷枪的仰角 θ 的变大，类椭圆曲面涂层的长轴的长度增加，反之，类椭圆曲面涂层的长轴的长度减小；由式(4－10)可知，随着喷枪的仰角 θ 的变大，类椭圆曲面涂层的短轴的长度增加，反之，类椭圆曲面涂层的短轴的长度减小。

(3)曲面上喷枪参数对涂层厚度的影响

喷浆机器人在对隧道内表面进行喷涂时，当喷枪和喷涂表面之间距离变化时，受喷表面上涂料的生长速率并不会受到影响，喷浆机器人的喷枪在管道内壁圆柱曲面上的涂层生长速率模型如图4－26所示。假设圆柱曲面的相切平面 B_1 作为参考平面，平面 B_2、B_1 相互平行，在平面 B_2 上存在一点 S，穿过喷枪喷口中心点和点 S 的直线与喷枪轴线的夹角为 θ_s，穿过圆弧圆心 O 和点 S 的直线与喷枪轴线的夹角为 β_s，喷枪的喷口与参考平面 B_1 的垂直距离为 h，喷枪到平面 B_2 的垂直距离为 h_s，点 S 到喷枪轴线的垂直距离为 l_s。

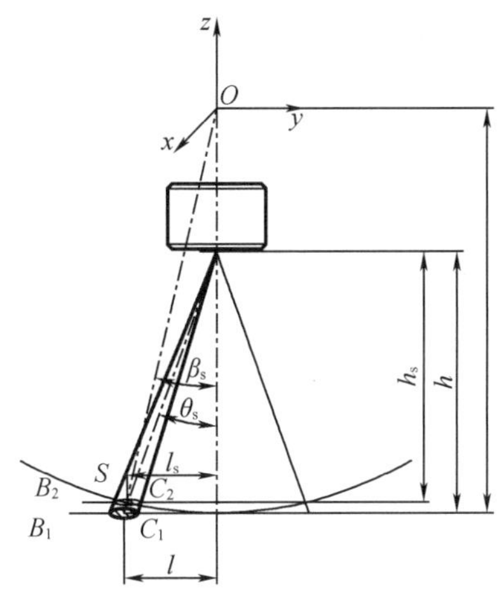

图4-26 涂层生长速率模型

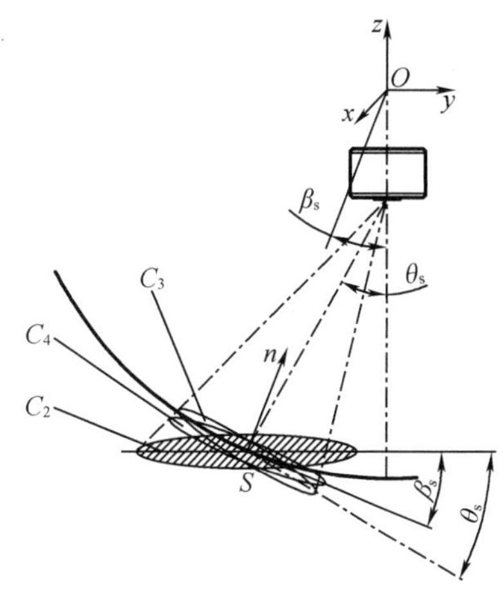

图4-27 不同夹角下各椭圆形面的关系

将圆弧圆心 O 设为坐标原点，圆柱曲面截面的垂直方向为 x 轴，平面 xoz 的垂直方向为 y 轴，喷枪轴线方向为 z 轴，以此创建空间直角坐标系，设定在外形不同表面上喷涂所消耗的涂料量一样，设涂料在平面 B_1 上形成的椭圆形面 C_1，其投影到平面 B_2 上的椭圆形面为 C_2，可知面 C_1 与面 C_2 的面积关系为

$$S_{c2}=S_{c1}\left(\frac{h_s}{h}\right)^2$$

式中 S_{c1}——椭圆形面 C_1 的面积；

S_{c2}——椭圆形面 C_2 的面积。

设 C_1 上的涂层厚度为 q_1，则 C_2 上的涂层厚度 q_2 为

$$q_2=q_1\left(\frac{h_s}{h}\right)^2$$

如图4-27，设喷枪喷涂的圆锥喷射张角保持不变，涂料在过点 S 与喷枪喷射方向垂直的平面上形成椭圆形面 C_3 的涂层，涂料在过点 S 与隧道圆柱曲面相切的平面上椭圆形面 C_4 的涂层，其中 C_3 与 C_2 的夹角为 θ_s，C_4 与 C_2 的夹角为 β_s，C_3 和 C_4 的涂层厚度 q_3、q_s 分别为

$$q_3=\frac{q_2}{\cos\theta_s}$$

$$q_s=q_3\cos\beta_s$$

隧道内壁半径为 r 的圆柱曲面上的涂层生长速率为

$$q_s(x,y,z)=f(r)\left(\frac{h}{h_s}\right)^2\frac{\cos\beta_s}{\cos\theta_s}=A\left(1-\frac{l_s^2}{l^2}\right)\left(\frac{h}{h_s}\right)^2\frac{\cos(\theta_s-\beta_s)}{\cos\theta_s}$$

$$l=h\tan(\theta_s)$$

$$h_s=\frac{l_s}{\tan\theta_s}$$

$$\beta_s=\arcsin\left(\frac{l_s}{r}\right) \tag{4-11}$$

其中：$\theta_s = \arctan\left(\frac{l_s}{h_s}\right)$

$$r_s = \sqrt{x^2 + z^2}$$

$$x^2 + y^2 = r^2$$

$$x^2 + y^2 + z^2 = r^2$$

根据式(4－11)可知在隧道圆柱曲面内表面上的涂层厚度与喷炬锥角 θ_s 以及喷涂距离 h_s 有关，当喷炬锥角 θ_s 不变时，随着喷涂距离 h_s 增加，喷涂涂层厚度减小；当喷涂距离 h_s 不变时，随着喷炬锥角 θ_s 增大，喷涂涂层厚度减小。

2. 涂层的积累速率模型

涂层厚度的均匀性十分重要，是评价喷涂质量的重要指标。在机器人对复杂工件进行喷涂时，往往要根据经验多次调试喷涂参数，并不断修正喷涂轨迹，才会保证涂层均匀。

数学模型的建立主要包括喷枪位姿数学模型和涂层累积速率模型。本课题的喷浆机器人工作时，喷枪以设定的仰角(90°～150°)工作，喷枪倾斜喷涂以此建立喷枪位姿数学模型，由于在平面上形成椭圆形涂层，故本节采用椭圆双 β 分布模型建立相应的涂层累积速率模型，喷枪的数学模型如图 4－28。

如图 4－28 所示，喷涂作业时椭圆形区域内的涂层的厚度分布呈类椭球状，即椭圆中心位置的涂层最厚，其余各处沿 x、y 轴方向变薄，并且在 x 向或 y 向断面上涂层的厚度曲线形状是类似的。因此，假设在 x 轴和 y 轴的垂直平面上，涂层生长速率曲线都服从 β 分布模型，设在平行面上的 β 值相等。

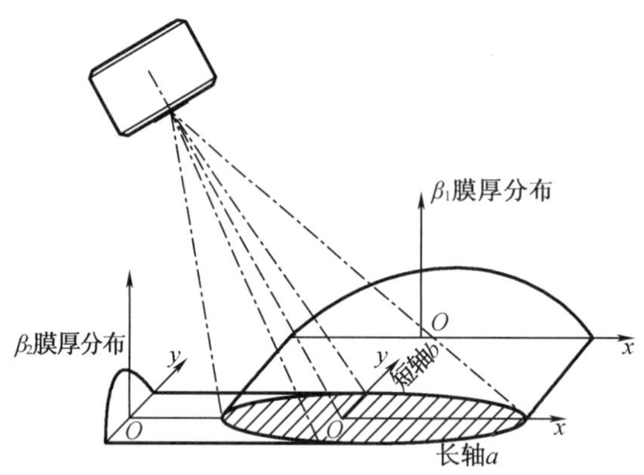

图 4－28　喷枪的数学模型

所以，在 $y=0$ 的 x 向断面上，涂层的生长率分布高度为 $t_{\max}$，其 β 分布为

$$t(x,0) = t_{\max}\left(1 - \frac{x^2}{a^2}\right)^{\beta_1 - 1}, \ -a \leqslant x \leqslant a$$

式中　β_1——x 方向断面上的 β 分布系数；

a——涂层椭圆半长轴，mm；

$t_{\max}$——单位时间内整个椭圆喷涂区域沉积的最大漆膜厚度，μm。

在 $x=k$ 的 y 向断面上,涂层的生长率同样服从 β 分布,设其高度为 $t_{max}^{x=k}$,则该断面上的涂层生长率为

$$t(k,y)=t_{max}\left[1-\frac{y^2}{b^2\left(1-\frac{x^2}{a^2}\right)}\right]^{\beta_2-1}$$

$$\text{s. t.}$$

$$-a\leqslant k\leqslant a$$

$$-b\sqrt{1-(k/a)^2}\leqslant y\leqslant b\sqrt{1-(k/a)^2}$$

式中 β_2——y 方向断面上的 β 分布系数。

实际上 $t_{max}^{x=k}$ 就是 $y=0$ 的 x 向断面上的 $x=k$ 点的涂层生长率,因此椭圆区域内任意一点的生长率为

$$t(x,y)=t_{max}\left(1-\frac{x^2}{a^2}\right)^{\beta_1-1}\left[1-\frac{y^2}{b^2\left(1-\frac{x^2}{a^2}\right)}\right]^{\beta_2-1}$$

$$\text{s. t.}$$

$$-a\leqslant x\leqslant a$$

$$-b\sqrt{1-(x/a)^2}\leqslant y\leqslant b\sqrt{1-(x/a)^2} \tag{4-12}$$

式(4-12)是喷浆机器人喷枪在单点瞬时喷涂作业时,涂层基于椭圆双 β 分布模型的瞬时生长速率函数,假设 $a=10$,$b=7$,$t_{max}=1.5$,$\beta_1=3$,$\beta_2=3$,利用科学计算软件 Scilab 对涂层积累速率模型图形可视化以后,如图 4-29 所示。

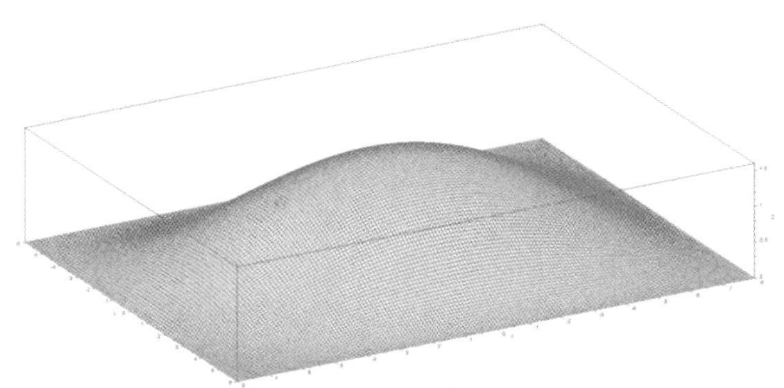

图 4-29 涂层积累速率模型

4.4.2 喷枪的轨迹规划

通过对喷枪的喷涂速度与喷涂轨迹间距的关系进行分析,然后结合喷浆机器人的实际工况,进一步分析了喷枪轨迹变化对隧道圆柱曲面内表面喷涂时对涂层厚度的影响通过 Scilab 模拟涂层的厚度变化验证模型的合理性,对于喷浆机器人的相关参数的设定能否实

现涂层均匀。

1. 涂层厚度累积的分析

喷浆机器人在管道曲面展开平面上的单个喷涂轨迹上连续喷涂情况，实际上是单次点喷形成的椭圆形涂层的涂层厚度不断叠加积累的过程，最后形成长条状的涂层区域，如图4－30所示。

喷浆机器人沿着喷涂轨迹线 y 向匀速运动，假设喷枪仰角、喷头长度、喷头到展开平面距离、喷射压力、涂着效率和喷枪雾化角等参数不变，喷涂过程中椭圆涂层中心由 o' 移动到 o 点，形成了条形的厚度不均的涂层。条形喷涂区域中的任意一点 K 的厚度为喷枪模型在该点的厚度积累。

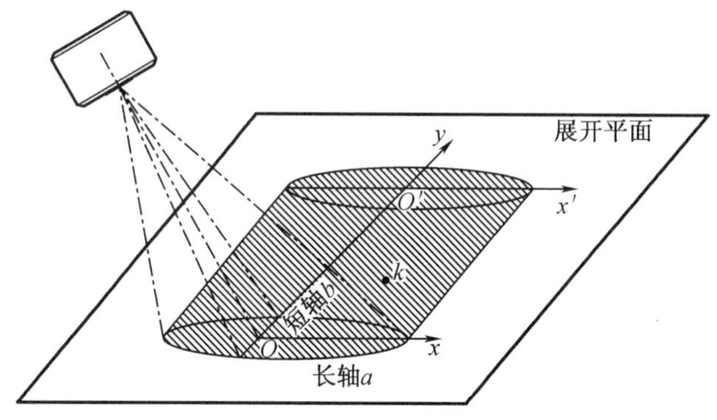

图4－30　涂层厚度积累过程

设椭圆涂层中心点 o 为坐标的原点，将长轴方向作为 x 轴，短轴方向作为 y 轴，创建笛卡尔直角坐标系，设 K 点的坐标为(x_k, y_k)。喷枪喷涂过程中，当椭圆涂层轮廓第一次接触到 K 点即边界点$\left(x_k, -b\sqrt{1-\left(\frac{x_k}{a}\right)^2}\right)$视作涂层积累开始时间，当椭圆涂层轮廓完全离开 K 点即边界点$\left(x_k, -b\sqrt{1-\left(\frac{x_k}{a}\right)^2}\right)$视为涂层积累结束时间，$K$ 点的厚度就是这段时间涂层积累后得到的厚度。

设喷浆机器人匀速运动的速度为 v，则 K 点厚度积累的时间为

$$t = 2b - b\sqrt{1-\left(\frac{x_k}{a}\right)^2}/v$$

结合涂层积累速率模型式(4－11)，在展开平面上单个喷涂轨迹上连续喷涂情况下，K 点厚度为

$$\begin{aligned} h_k &= \int_0^t \int_{-b\sqrt{1-(\frac{x_k}{a})^2}}^{b\sqrt{1-(\frac{x_k}{a})^2}} \left[h_{\max}\left(1-\frac{x_k^2}{a^2}\right)^{\beta_1-1}\left(1-\frac{y^2}{b^2\left(1-\frac{x_k^2}{a^2}\right)}\right)^{\beta_2-1}\right]\mathrm{d}y\mathrm{d}t \\ &= h_{\max}\left(1-\frac{x_k^2}{a^2}\right)^{\beta_1-1}\int_0^t \int_{-b\sqrt{1-(\frac{x_k}{a})^2}}^{b\sqrt{1-(\frac{x_k}{a})^2}} \left(1-\frac{y^2}{b^2\left(1-\frac{x_k^2}{a^2}\right)}\right)^{\beta_2-1}\mathrm{d}y\mathrm{d}t \end{aligned} \quad (4-13)$$

由式(4-13)可知,K点厚度分布仍满足涂层积累速率模型中长轴的β分布;K点厚度与喷涂机器人的喷涂速度大小有关,喷涂速度越快,涂层的积累时间越短,涂层的厚度越小,反之涂层的厚度增加。

2. 喷涂速度的分析

通过对喷涂轨迹间距的分析可知间距的大小会对喷浆机器人喷涂的涂层厚度均匀度产生影响,喷浆机器人喷涂的喷涂轨迹间距主要是通过喷浆机器人的喷涂速度进行控制,喷涂速度包括喷枪的行进速度和旋转速度。

将隧道内表面的曲面展开成为平面,喷涂情况如图4-31所示,其中:a为喷涂区域的宽度(椭圆长轴),T为喷枪的运动轨迹间距,β为喷枪的运动轨迹与展开平面上竖直方向的夹角,v_1为喷浆机器人的水平方向的行进速度,v_2为喷浆机器人的绕轴线旋转的旋转速度。

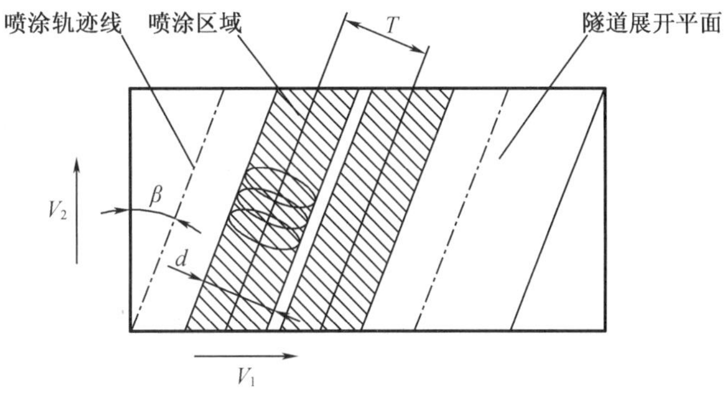

图4-31 展开平面上的喷涂示意图

假设喷浆机器人的喷枪匀速工作,则喷枪旋转一周的时间为

$$t_0 = \frac{2\pi r}{v_2}$$

式中 t_0——喷枪旋转360°花费的时间,s;

r——管道的半径,mm;

v_2——喷枪旋转的速度,mm/s。

喷枪的运动轨迹间距T为

$$T = 2\pi r \sin\beta = 2\pi r \sin\left[\tan^{-1}\left(\frac{v_1}{v_2}\right)\right] \tag{4-14}$$

由上式4-14可推出:

$$v_1 = v_2 \tan\left(\sin^{-1}\left(\frac{T}{2\pi r}\right)\right) \tag{4-15}$$

根据式(4-15)可知,隧道半径r为定值,喷浆机器人行进速度v_1、喷浆机器人旋转速度v_2和运动轨迹间距T三者线性相关。当运动轨迹间距T一定时,喷浆机器人旋转速度v_2增大,喷浆机器人行进速度v_1增大,反之,v_1减小;当喷浆机器人旋转速度v_2一定时,运动轨迹间距T增大,喷浆机器人行进速度v_1增大,反之,v_1减小;当喷浆机器人旋转速度v_2一定时,运动轨迹间距T增大,喷浆机器人行进速度v_1增大,反之,v_1减小。

通过上一节可知,涂层均匀度与喷枪的运动轨迹有关,根据喷枪的喷涂区域调节喷枪运动轨迹的间距 T;通过式(4-15)可知,通过改变喷枪的移动速度可以调节喷枪轨迹线之间的间距 T,所以根据喷枪的喷涂区域,调节喷枪的运动速度,改变喷枪的运动轨迹,提高隧道表面的涂层均匀度。

3. 涂层厚度重叠的分析

在喷浆机器人工作时,喷枪的旋转轴线与隧道中心轴线重合,当喷浆机器人保持匀速运动,喷枪的运动轨迹呈螺旋线时,涂层厚度的计算可以简化为喷涂区域相交部分的数值叠加。

将隧道内表面的曲面展开成为平面,喷涂情况如图 4-32。其中:a 为喷涂区域的宽度(椭圆长半轴),T 为喷枪的运动轨迹间距。喷枪的运动轨迹间距的变化,会影响涂层厚度的叠加规律,从而影响涂层的均匀度。当运动轨迹间距 T 大于喷涂区域宽度 a 时,涂层无法完全覆盖隧道内壁,出现漏喷的空白区域;当运动轨迹间距 T 等于喷涂区域宽度 a 时,涂层虽然可以覆盖隧道内壁,但会出现涂层厚度不均的问题;当运动轨迹间距 T 远小于喷涂区域宽度 a 时,涂层虽然可以覆盖隧道内壁,但会出现涂层厚度偏大,浪费涂料的问题;只有当运动轨迹间距 T 处于合理的范围内,涂层完全覆盖隧道内壁的同时又保证了涂层的厚度均匀。为了能够合理地设定喷枪的运动轨迹间距 T,需要对相邻轨迹的涂层重叠进行分析。

涂料在椭圆圆心区域的厚度最大,厚度沿着长短半轴方向向外逐渐变薄,通过喷涂搭桥的方式确保隧道曲面上涂层厚度均匀性,喷涂搭桥要求在喷涂工作时相邻的涂层需重合一部分[84]。以相邻涂层搭接的情况进行研究,建立如图 4-32 的涂层重叠模型,通过对这一区域的分析可以对整体的喷涂情况更好地了解。

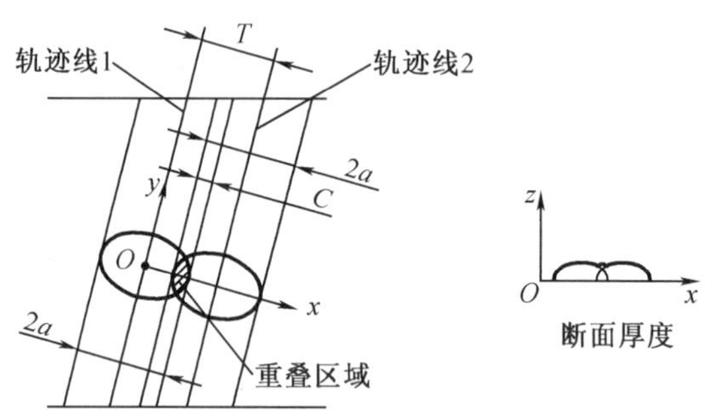

图 4-32　涂层重叠模型

涂层重叠模型中,设 o 为原点,以喷枪的运动轨迹方向为 y 向,以喷枪的运动轨迹方向的垂直方向为 x 向,以平面 xoy 的垂直方向为 z 向,喷涂区域宽度为 $2a$,喷枪的运动轨迹间距为 T,重叠区域的宽度为 c,涂层积累的时间为 t。

结合涂层积累速率模型,式(4-11),设轨迹线 1 和轨迹线 2 之间任意一点的喷涂高度 $H(x,c)$,则喷涂重叠模型如下:

$$H(x,c)=\begin{cases}H_1(x,c)=t\int_{-b\sqrt{1-(\frac{x_k}{a})^2}}^{b\sqrt{1-(\frac{x_k}{a})^2}}z_{\max}\left(1-\frac{x^2}{a^2}\right)^{\beta_1-1}\left[1-\frac{y^2}{b^2\left(1-\frac{x^2}{a^2}\right)}\right]^{\beta_2-1}\mathrm{d}y,0\leqslant x\leqslant a-c\\ H_1(x,c)=H_2(x,c),a-c<x<a\\ H_2(x,c)=t\int_{-b\sqrt{1-\frac{[x-(2a-t)]2^2}{a^2}}}^{b\sqrt{1-\frac{[x-(2a-t)]2^2}{a^2}}}z_{\max}\left\{1-\frac{[x-(2a-c)]^2}{a^2}\right\}^{\beta_1-1}\cdot\\ \qquad\left\{1-\frac{y^2}{b^2\left(1-\frac{[x-(2a-c)]^2}{a^2}\right)}\right\}^{\beta_2-1}\mathrm{d}y,a\leqslant x\leqslant 2a-c\end{cases}$$

(4－16)

根据式(4－16)可知,当重叠区域的涂层厚度和相邻两区域内涂层厚度的差值越小,涂层厚度的均匀性就越好。

4.涂层厚度的仿真分析

通过利用科学计算 Scilab 软件对涂层厚度的变化仿真分析,首先对喷浆机器人在管道曲面展开平面上的单个喷涂轨迹上连续喷涂情况进行模拟,假设涂层积累速率模型(式 4－12)与实际涂层厚度一致,根据喷浆机器人的实际工况设定初始值:喷枪的旋转速度 v_2 为 34.89 mm/s,喷枪的仰角 θ 为 120°,喷枪喷涂的雾锥角 α 为 50°,喷嘴口到展开平面的距离 d 为 15.22 mm,椭圆涂层短半轴 b 的长度为 8.195 mm,椭圆涂层长半轴 a 的长度为 10.205 mm,涂层积累速率模型中长轴满足 β 分布且 β_1 值为 3,喷涂区域的长度为 60 mm,单位时间内整个椭圆喷涂区域沉积的最大涂层厚度 $h_{\max}$ 为 2 mm,则涂层厚度变化规律如图 4－34 所示。

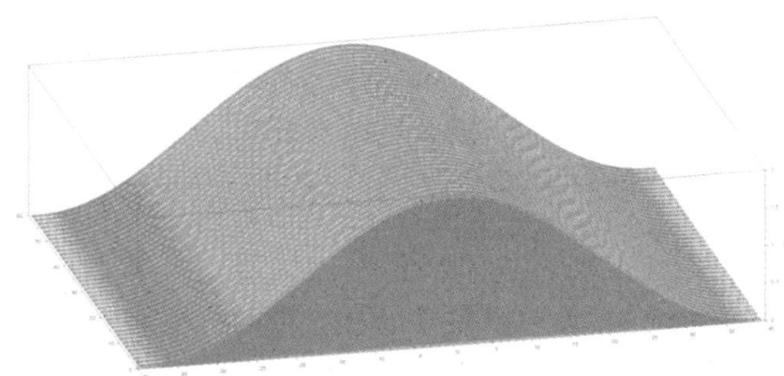

图 4－33 涂层积累模型

根据图 4－33 可知,展开平面上涂层积累的最大厚度为 2 mm,轨迹上的喷涂区域涂层厚度均匀,长轴方向上涂层中间厚并且从中间向两侧逐渐变薄,涂层厚度整体呈 β 分布,在忽略实际的影响因素时,喷枪的参数实现满足单个喷涂轨迹上连续喷涂后涂层厚度均匀。

接下来对喷浆机器人在管道曲面展开平面上的相邻轨迹的涂层重叠情况进行模拟,假设涂层喷涂重叠模型式(4－16)与实际涂层厚度一致,根据喷浆机器人的实际工况设定的初始值与图 4－34 仿真时相同,再假设涂层积累速率模型中短轴满足 β 分布且 β_2 值为 3,喷

枪的行进速度 v_1 分别为 0.67 mm/s、0.64 mm/s、0.61 mm/s、0.6 mm/s、0.58 mm/s、和 0.57 mm/s(即运动轨迹间距为 T 分别为 11.99 mm、11.49 mm、10.99 mm、10.79 mm、10.49 mm 和 10.29 mm),则对应不同行进速度的涂层厚度变化规律如图 4-34 所示。

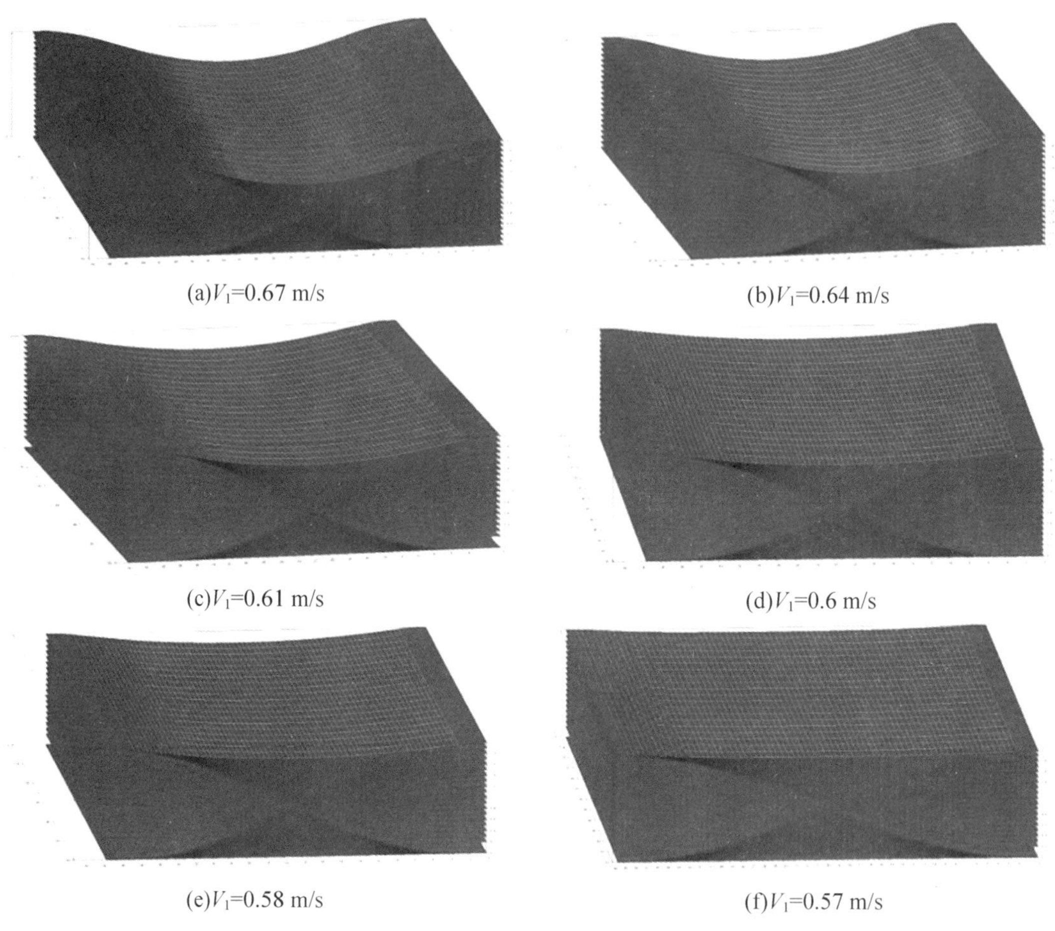

(a)V_1=0.67 m/s　(b)V_1=0.64 m/s

(c)V_1=0.61 m/s　(d)V_1=0.6 m/s

(e)V_1=0.58 m/s　(f)V_1=0.57 m/s

图 4-34　不同行进速度对应的涂层重叠模型

将厚度最大值与最小值的厚度差与最大值的比值定义为厚度偏差,在 13% 以内的厚度偏差视为合理值。如图 4-34,涂层重叠模型在喷枪的行进速度 v_1 分别为 0.67 mm/s、0.64 mm/s、0.61 mm/s、0.6 mm/s、0.58 mm/s、和 0.57 mm/s 时对应的厚度偏差分别为 35%、25%、17%、11%、10% 和 3%,当喷枪的行进速度变小的时涂层的厚度偏差越小,涂层厚度均匀性越好。但考虑到模型成立的取值范围、实际工况下相邻轨迹间距过小将会导致涂层厚度超标和涂层厚度均匀性等因素,故以厚度偏差 10% 作为标准,当 $c = 97.25\% \times a$ 时,将喷枪的行进速度 v_1 设定为 0.58 mm/s 较为合理。

根据 Scilab 对涂层积累模型和涂层重叠模型的仿真分析得出了,当喷枪的仰角 θ 为 120°时合理的喷涂速度即行进速度 v_1 为 0.58 mm/s 和喷枪的旋转速度 v_2 为 34.89 mm/s。因为隧道喷浆机器人喷枪的仰角可以在 90°到 150 °的范围内根据需求调节,所以按照上述的计算当喷枪的旋转速度 v_2 为 34.89 mm/s,$c = 97.25\% \times a$ 时,不同仰角对应的合理行进速

度 v_1，见下表4－9：

根据表4－9的数据对比可知，当喷枪的旋转速度 v_2 为34.89 mm/s，$c=97.25\%\times a$ 时，喷枪仰角在90°到150°范围内，行进速度 v_1 随喷枪的仰角的增大而增大；随着喷射仰角的增大，行进速度 v_1 的增速越来越大，这是因为当喷枪仰角临近155°时，微小的角度增大都会导致椭圆长半轴的长度巨大变化。通过分析可知，在隧道喷浆机器人在实际工况下作业时，适当地选取较大的仰角作业可以有效地提高工作的效率，节约时间与涂料。

表4－9　不同仰角对应的合理喷涂行进速度 v_1

喷射仰角	90°	95°	100°	105°	110°	115°	120°
行进速度 v_1	0.31 mm/s	0.31 mm/s	0.33 mm/s	0.36 mm/s	0.41 mm/s	0.48 mm/s	0.58 mm/s
喷射仰角	125°	130°	135°	140°	145°	150°	
行进速度 v_1	0.73 mm/s	0.96 mm/s	1.33 mm/s	1.99 mm/s	3.4 mm/s	7.94 mm/s	

通过SCILAB的仿真模型得到表4－9中的合理喷涂速度 v_1，可以为后续的实验环节提供理论依据和速度设定参考。但由于影响隧道喷浆机器人喷涂质量的因素众多且复杂，将会导致理论与实际有所差异，需通过调节微调喷头伸缩长度、实验测定相关参数和仿真等方式对表4－9的数据修正，最终得到实际工况下的合理的仰角变化范围与不同仰角对应的合理喷涂速度 v_1 与 v_2。

4.4.3　喷嘴流场仿真与分析

本节首先对隧道喷浆机器人喷嘴的结构进行分析说明，然后建立相应的喷射流动数学模型，通过Fluent软件的 $k-\varepsilon$ 湍流模型和流场体积函数(volume of fluid，简称VOF)多相流模型，对喷浆机器人的喷嘴射流进行数值计算，通过对流场仿真结果进行分析，验证了喷枪参数对涂层质量影响的结论。

1. 喷嘴的结构

本文所使用的喷嘴结构如图4－35所示，为使射流分布均匀故采用水泥浆流道入口和出口直径相同的圆柱形喷嘴，水泥浆从直径为 d 的入口流入，流经空气孔区域，被与喷嘴轴线呈 α 角均布的六个空气孔流入的压缩空气推动，最终从直径为 d 的喷嘴出口喷射出雾化后的水泥浆。

其中 d 为喷嘴水泥浆流道直径，d_1 为压缩空气入口直径，空气孔与喷嘴轴线之间的夹角为 α。

2. 喷射流的数学模型

流体的流动符合物理守恒定律，包括质量守恒定律、动量守恒定律和能量守恒定律，喷浆机器人工作时由于水泥浆喷射前后的温度变化很小故将流场视为等温流场，不考虑能量交换。

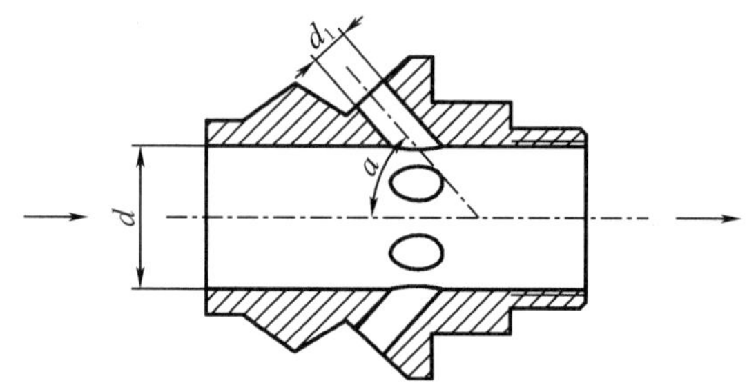

图 4-35　喷嘴的结构示意图

本模型对喷浆机器人的气力式喷嘴的实际物理现象做出如下假设:(1)喷嘴内的流体视为常温不可压缩液体;(2)忽略流场内颗粒之间的相互作用力;(3)忽略流场内流体的表面张力;(4)忽略喷嘴入口和出口的势能差;(4)流场为温度的等温流场,忽略能量交换;(5)忽略质量力的影响。

假设水泥浆通过流道入口的流量为 Q_1,空气通过空气孔的流量为 Q_2,水泥浆在流道流出的流量为 Q_3,可知:

$$Q_1 = \rho_1 v_1 A_1$$

$$Q_2 = \rho_2 v_2 A_2$$

$$Q_3 = \rho_3 v_3 A_3$$

式中　v_1、v_2、v_3——流道入口、空气孔入口、流道出口的流速,m/s;

A_1、A_2、A_3——流道入口、空气孔入口、流道出口的截面积,mm^2;

ρ_1、ρ_2、ρ_3——水泥浆流经流道入口、流道出口与压缩空气流经空气入口的密度,kg/m^3。

根据质量守恒方程可得

$$Q_3 = Q_1 + 6Q_2 \tag{4-17}$$

根据动量守恒方程可得

$$\rho_1 v_1^2 A_1 + 6\rho_2 v_2^2 A_2 - \rho_3 v_3^2 A_3 = p_3 A_3 - p_1 A_1 - 6p_2 A_2 \tag{4-18}$$

式中　P_1、P_2、P_3——流道入口、空气孔入口、流道出口的流体压力,Pa。

3. 几何建模和网格划分

通过三维绘图软件 SloidWorks 建立流体模型,模型的计算域包括内流场的喷嘴流体模型的计算域和外流场的梯台流体模型的计算域,喷嘴流体模型由绕喷嘴中轴均匀分布的六个空气柱和水泥浆流道的泥浆柱这两部分构成。

在梯台流体模型中,当给定喷嘴喷口中心点距离梯台下底面高度时,通过改变梯台上顶面与下底面夹角的大小可以模拟喷浆机器人喷枪喷射时仰角的不同。当喷浆机器人的喷枪喷射仰角为 90°,喷嘴喷口中心点距离梯台下底面高度为 11.5 mm 时建立的几何模型如图 4-36 所示。

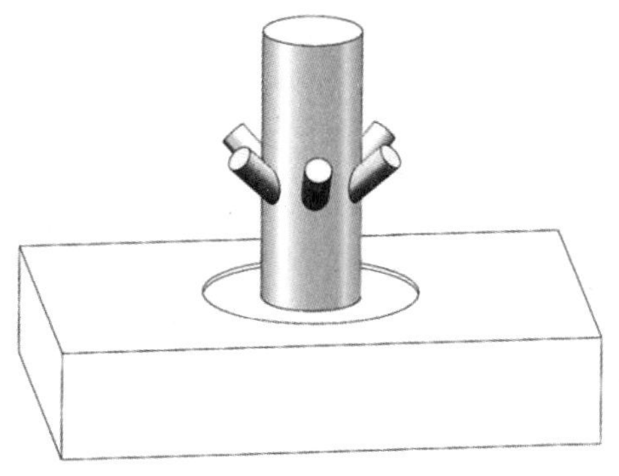

图 4－36 仰角为 90°时流体模型

对喷射仰角为 90°时几何模型进行网格划分，空气柱为单相气体流体，而泥浆柱前部分为单相液体流体，后半部分则属于二相气液混合流体，划分网格如图 4－37 所示，左侧为喷嘴内流场计算域，右侧为梯台外流场计算域。

本节采用网格划分软件 Mesh 对流体模型的计算域进行网格划分，网格质量决定到 CFD 计算结果最终的精度，优秀的网格能够提高计算过程的效率，通常来说网格的数量增加，计算精度会相应地提高，但计算规模也会有所增大。喷浆机器人喷涂作业时，由于内流场的喷嘴流体模型内流体的流动情况复杂因此使用非结构化网格进行划分。考虑到空气柱和泥浆柱边界层问题，在这两部分的圆柱曲面上设置膨胀层，以此提高网格精度。喷嘴出口的附近区域属于仿真的重点，因此对外流场的梯台与喷嘴接触位置生成直径为 24 mm 的柱状区域进行网格局部加密，细化网格，提高计算精度。几何模型的网格数为 808 599 个，节点数为 313 192 个。

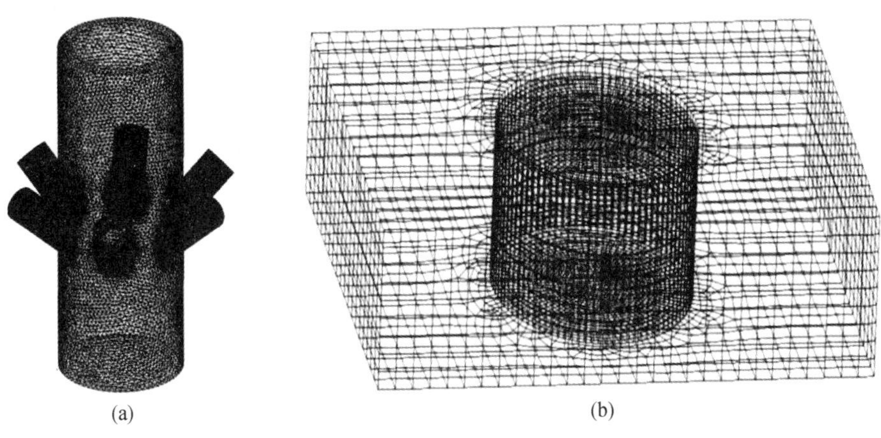

(a) (b)

图 4－37 仰角为 90°时网格划分

4. 数值仿真模型

本节所设计的喷浆机器人的喷嘴为气力式喷嘴，喷嘴在工作过程中涉及气体和液体的混合流体，通过 VOF 方法对模型计算域的内、外流场的流动过程进行模拟，依此来研究喷枪参数对喷涂性能的影响。

VOF 模型假设气液两相既不发生化学反应又不会产生物理相变，忽略相间和相内的热交换，连续性方程如下：

$$\frac{\partial \rho}{\partial t}+\frac{\partial(\rho u_i)}{\partial x_i}=0 \tag{4-19}$$

式中 ρ——流体密度；

u_i——速度矢量在 i 方向的投影；

x_i——流体在 i 方向的坐标位置；

t——时间。

N－S 方程如下：

$$\frac{\partial(\rho u_i)}{\partial t}+\frac{\partial(\rho u_i u_j)}{\partial x_i}=-\frac{\partial \rho}{\partial x_j}+\mu\frac{\partial^2 u_j}{\partial x_j^2}+\rho f_i \tag{4-20}$$

式中 μ——动力黏性系数；

p——流体微元压力；

x_j——流体在 j 方向的坐标位置；

t——时间；

f_i——流体在 i 方向的体积力。

由于喷浆机器人在实际工作时，流体的泥浆流属于湍流，所以在 Fluent 仿真时需要合适的湍流模型，本文采用 k－ε 模型。但由于标准的 k－ε 模型假设流体流动状态为完全湍流，与泥浆流的实际情况不符。而 Realizable k－ε 模型是通过公式对湍流黏性系数进行计算并考虑到了平均应变率与旋度的影响，在喷雾计算中广泛使用，应用于轴对称喷嘴射流时能够给出较好的射流扩张角，因此采用 Realizable k－ε 模型。

Realizable k－ε 模型中的湍动能 k 及其耗散率 ε 方程为

$$k\frac{\partial(\rho k)}{\partial_t}+k\frac{\partial(\rho k u_i)}{\partial_{xi}}=\frac{\partial}{\partial_{xj}}\left[\left(\mu+\frac{\mu_i}{\sigma_k}\right)\frac{\partial k}{\partial_{xj}}\right]+G_k+G_b-\rho\varepsilon-Y_m+S_k$$

$$\frac{\partial(\rho\varepsilon)}{\partial_t}+\frac{\partial(\rho\varepsilon u_i)}{\partial_{xi}}=\frac{\partial}{\partial_{xj}}\left[\left(\mu+\frac{\mu_i}{\sigma_\varepsilon}\right)\frac{\partial\varepsilon}{\partial_{xj}}\right]+C_{1\varepsilon}\frac{\varepsilon}{k}(G_k+C_{3\varepsilon}G_b)-C_{2\varepsilon}\rho\frac{\varepsilon^2}{k}+S_\varepsilon \tag{4-21}$$

式中 G_k——湍能；

G_b——湍动能；

Y_m——可压缩湍流脉动膨胀对总耗散率的影响；

湍流黏性系数——$\mu_1=\rho C_\mu\dfrac{K^2}{\varepsilon}$；

Fluent 默认值——$C_{1\varepsilon}=1.44$，$C_{2\varepsilon}=1.92$，$C_{3\varepsilon}=0.99$；

湍流普朗克数——$\sigma_k=1$，$\sigma_\varepsilon=1.3$。

5. 边界条件

首先对喷浆机器人喷嘴内部的流体进行设定，混合流体为气液两相流，水泥浆设为主相，将空气设为第二相，水泥浆的密度设为 $\rho_1=2\ 050\ \mathrm{kg/m^3}$，黏度设为 $\mu=0.46\ \mathrm{Pa\cdot s}$。设置重力加速度为 $9.8\ \mathrm{m/s^2}$。

设置边界条件，由于水泥浆为不可压缩流体，所以优先选择速度入口，入口速度设为 5.

85 m/s；由于空气属于可压缩气体，所以入口边界条件优先选择压力入口，入口压力设为0.3 atm；出口边界条件同一设置为压力出口，出口压力设为0.1 atm（一个标准大气压强）；外流场壁面边界设置为固定壁面和无滑移边界。

求解设定，设置时间步长（time step size）大小为 1×10^{-4}，时间步数（number time step）为100步，最大迭代次数（max iterations）为200次，得到残差变化图（如图4－38）。

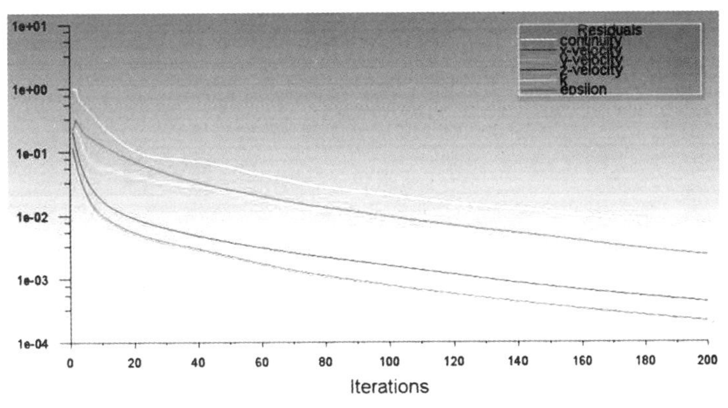

图4－38 残差变化图

如图4－38所示，流体在起始阶段，气流和泥浆之间相互冲击，出现明显的曲线波动，当迭代次数到25次后，曲线开始逐渐光滑平缓下降，当迭代到198次之后，计算结果趋于收敛。

6. 喷嘴流场仿真与分析

（1）喷射仰角为90°时喷枪速度场分析

求解完成后得到的仿真数据通过后处理器 CFD－Post 处理，根据处理后的图像和统计数据分析喷嘴在喷涂时的内外流场变化。通过建立的流体速度云图和 *XY* 散点图，观察流体不同位置时的速度大小，分析在内流场中泥浆流和气体流的流体运动方式，在外流场内部和出口平面上分析喷涂特性和涂层的厚度变化，对前文中的模型内容进行验证。

对喷嘴内外流场中流体进行分析，建立流体的速度云图，如图3－18的左侧所示；分别取空气入口面、水泥浆入口面和喷嘴出口面作为监测平面，绘制 *XY* 速度散点图，如图4－39的右侧所示。

由图4－39可知，喷嘴流道内的水泥浆以5.85 m/s的速度流入，压缩空气以190 m/s的速度从空气入口处流入，当水泥浆流动到空气管道底部区域时，水泥浆的流动速度开始增大，空气与水泥浆成为混合流体一同从喷嘴口位置高速喷射，喷嘴的中心轴区域速度高，越靠近边缘位置速度越低。分析可知喷嘴内空气流的作用，首先高速的空气流可以加快水泥浆的流动速度，使其从喷嘴出口雾化后高速喷出，其次，由均布的六个空气孔流入的压缩空气与水泥浆发生了激烈的碰撞，让水泥浆内部的材料的混合更加充分均匀，提高了喷涂的质量。

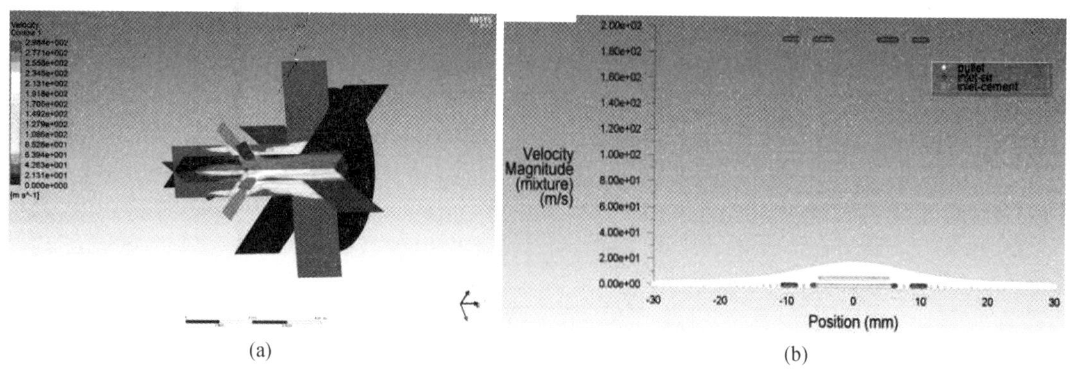

(a)　　(b)

图 4-39　速度云图与 *XY* 散点图

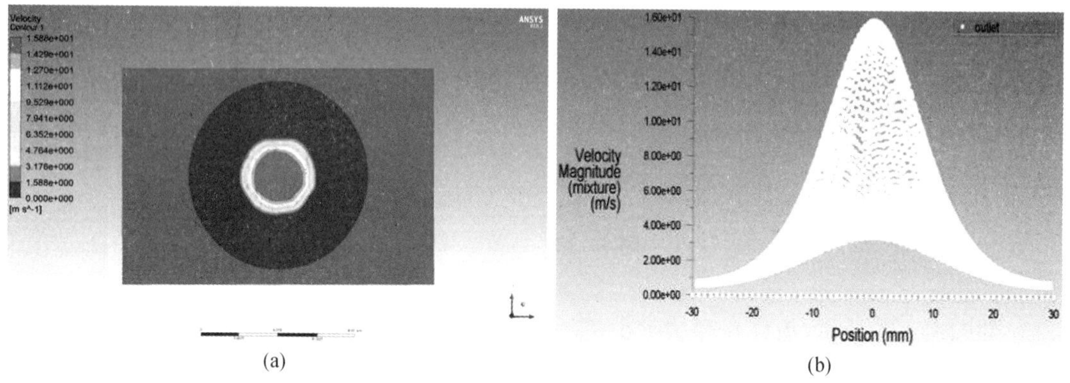

(a)　　(b)

图 4-40　外流场出口的速度云图与 *XY* 散点图

以外流场出口平面建立速度云图和 *XY* 散点图，如图 4-40 所示。通过观察速度云图可以发现，当喷射仰角为 90°时，由喷嘴喷射出的混合流体运动到出口平面时，在平面上形成了类圆形的涂层，并且此区域内混合流体中颗粒的速度降低到了 0~15.88 m/s，该区域的速度分布均匀，分布规律仍是中心速度最高，由中心向边缘逐步降低。对出口平面上速度运动的分析可以很好地解释涂层厚度呈 β 分布的原因，在喷涂时间一定的条件下，被喷涂表面上速度快的区域涂料颗粒积累得多，速度慢的区域涂料涂料颗粒积累得少，涂层厚度分布与该区域的速度分布相一致。结合图 4-39、4-40 的速度云图，可知雾化后的混合流体由喷嘴喷出，高速飞向出口平面，形成具有一定角度的类圆锥流场。这一现象与之前数学模型建立的基础相一致，流场中的角度便是数学模型中的关键参数雾锥角。

(2)当喷射仰角为 90°时影响外流场出口速度的因素分析

外流场出口平面上涂层颗粒的最大速度的大小将会影响到最大涂层厚度 h_{max}，最大涂层厚度 h_{max} 时对喷涂区域沉积的数学模型建立非常重要的参数，外流场出口平面上涂层颗粒的最大速度主要受泥浆流的流入速度和压缩空气进气气压这两个主要因素影响。本书通过控制参量法，在保证其他条件保持不变的条件下，分利用 Fluent 仿真的方式分别通过改变进气孔进入压缩气体压强和泥浆流的流入速度的大小，根据仿真结果数据分析进气压强与流入速度对外流场出口平面上涂层颗粒的最大速度的影响，为后续的实验提供参考。

设水泥浆流入速度分布为 5 m/s、6. 5 m/s、10 m/s，进气气压分别为 2. 5 atm、3 atm、3. 5 atm、4 atm，保证各参数条件一致，通过 Fluent 进行仿真，根据仿真后处理得到外流场出口平面 *XY* 散点图并找出对应的颗粒最大速度，汇总数据后得到表 4 – 10。

表 4 – 10 进气气压、泥浆流速与颗粒最大速度数据汇总

		进气气压/atm			
		2. 5	3	3. 5	4
泥浆流速/m · s^{-1}	5	13. 22	15. 81	18. 24	20. 63
	6. 5	13. 27	15. 89	18. 26	20. 65
	10	14. 12	16. 63	19. 13	21. 43

利用 Scilab 软件对表 4 – 10 中的数据可视化，设 *x* 值为进气气压，*y* 值为泥浆流速，*z* 值为外流场出口上颗粒最大速度，得到图 4 – 41。

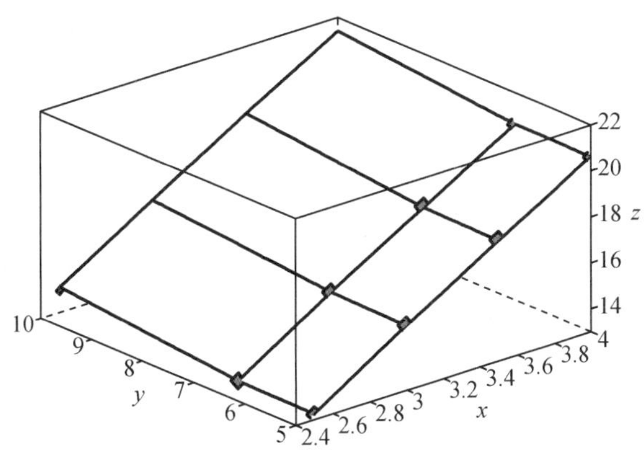

图 4 – 41 进气气压、泥浆流速与颗粒最大速度三者数据可视化

根据图 4 – 41 可知：(1)通过对比泥浆流速可知：当泥浆流变化较小时，对外流场出口平面颗粒最大速度的几乎没有影响；当泥浆流变化较大时，才会对外流场出口平面颗粒最大速度地产生影响且变化不大。(2)通过对比进气压力可知：当进气气压等差增时，对外流场出口平面颗粒最大速度也随之增大且增幅相近。(3)通过对比泥浆流速变化和进气压力的变化对颗粒最大速度的影响可知：进气压力的变化对颗粒最大速度的影响较大。后续实验可采用控制进气压力的方式调节喷涂区域沉积的最大涂层厚度。

(3)不同喷射仰角时喷枪速度场仿真分析

喷浆机器人的喷射仰角在 90°到 150°变化，所以有必要通过 Fluent 仿真进行分析喷浆机器人喷射仰角变化时对涂层的影响情况，按照前文的仿真条件对边界条件进行参数设置，对喷浆机器人喷射仰角分布取 100°、105°、110°、115°和 120°时建立对应的模型并进行仿真，通过求解完成后利用后处理器 CFD – Post 对数据进行图形化显示和统计处理，建立对应的流体速度云图，如 4 – 42 所示。

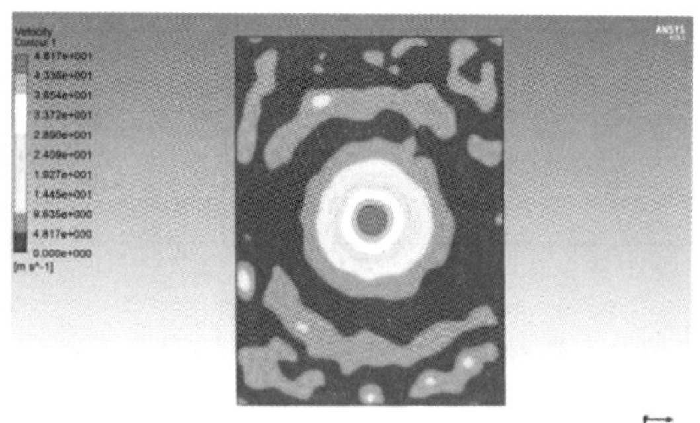

(a)仰角为100°时的模型与速度云图

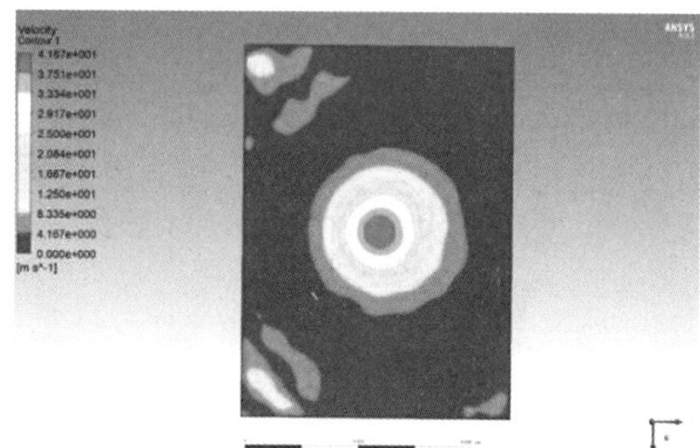

(b)仰角为105°时的模型与速度云图

(c)仰角为110°时的模型与速度云图

(d)仰角为115°时的模型与速度云图

图 **4－42**　不同喷射仰角的模型与外流场速度云图

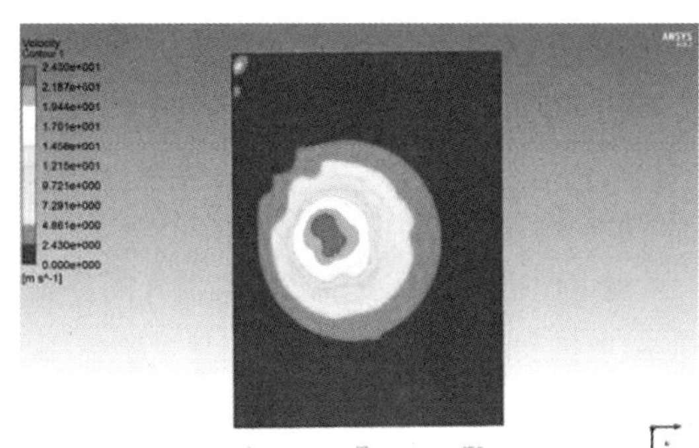

(e)仰角为120°时的模型与速度云图

图4－42(续)

根据图4－42对不同喷射仰角对应的速度云图的进行对比可知:(1)随着仰角的变大,喷头中心点到外流场出口平面距离增大,到达平面的涂料颗粒的最大速度逐渐降低。(2)随着仰角的变大,外流场出口平面上涂料所在区域变大,涂层外形接近于椭圆形状,且椭圆的长轴和短轴都在增大,与之前数学模型中仰角变化对椭圆涂层影响的计算结果相一致。

当其他条件保持不变的时候,喷涂机器人的喷射仰角变化会影响瞬时涂层面积的大小和涂层的最大厚度,当流量一定时瞬时涂层面积过大将会导致涂层的密度下降,因此喷浆机器人的最大仰角需在合理范围之内,后续实验时为保证涂层的密度,可以通过使用增大进气气压、减小喷嘴与被喷涂表面距离或降低旋转速度等方式进行控制。

4.5　喷浆机器人控制系统的设计

对隧道掘进模拟系统中喷浆机器人的喷枪参数和喷涂质量进行了分析,发现喷涂轨迹间距对喷涂质量的影响十分重要,对喷涂喷涂轨迹间距的改变是通过控制旋转电机和步进电机的转速控制实现的。对隧道掘进模拟系统中喷浆机器人的控制系统进行设计,对喷浆机器人直线进给运动和喷枪旋转运动进行控制,使喷浆机器人在连续喷涂阶段和定点喷涂阶段都能够满是设计需求。通过对平移电机和旋转电机的相关计算,确定电机的传递函数,分别采用常规PID控制和模糊PID控制进行仿真对比后,选取较为合适的PID控制算法减少电机的转动误差,提高步进电机的转动精度。

4.5.1　控制系统的设计

根据4.4.1节参数分析及设计可知,喷枪的行进速度和旋转速度会对涂层厚度均匀度产生重要的影响,因此需要搭建合理的电机控制系统,进而提供喷浆机器人的喷涂质量。因为本节所设计的喷浆机器人用于模拟隧道中,工作环境较差,所以要求控制系统的环境适应性强、工作可靠性好能够保证喷浆机器人可以在较差的环境下仍能够平稳有效地运行,在系统运行过程中能够具有很好的反馈能力,综合考虑后选用 PLC 作为控制系统的核心。

1. 控制系统总体方案

隧道掘进模拟系统中喷浆机器人的控制系统由开关电源、PLC、触摸屏、编码器、电机驱动器、电机和 PC 组成,搭建的控制系统框图,如图 4－43 所示。根据控制系统搭建的电控系统控制箱,如图 4－44 所示。

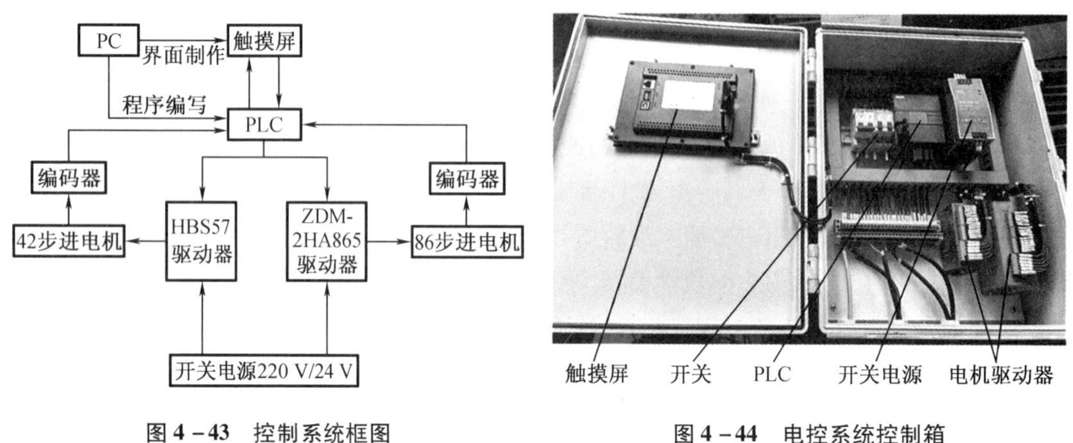

图 4－43　控制系统框图

图 4－44　电控系统控制箱

2. 控制系统硬件设计

(1)PLC 的选型

喷浆机器人的需求如下:

①PLC 控制系统要对两个步进电机进行控制,因此 PLC 的性能要求具有高速脉冲输出端口;

②喷浆机器人可以通过操作员对触摸屏的操作实现电机的启动、停止、调节速度等功能,因此要求 PLC 具有人机界面(human machine interface,HMI)功能,能够自动地处理数据的传送。

③喷浆机器人的喷涂时需要直线行进功能的步进电机和控制旋转运动功能的步进电机具有较高的定位精度,因此 PLC 的性能要求具有高速指令处理功能,并能进行 PID 运算,实现对电机的闭环控制。

根据上述要求,选择德国西门子公司 S7－200 SMART 型号的 PLC 系统。

(2)编码器的选型

隧道掘进模拟系统中喷浆机器人的 PLC 控制系统中,PLC 与编码器的配合可以实现对电机运动位置的精确定位,编码器能够对电机角位移采集并转换,反馈高速脉冲信号,从而实现电机的闭环控制。本节采用闭环步进电机自带的高精度光学增量式编码器,编码器的线数为 1 000 P。

(3)人机界面的选型

人机界面,其主要功能是显示现场设备中开关量的状态和寄存器中数字变量的值,通过监控画面对 PLC 发出开关量命令,并修改 PLC 寄存器中的参数。

本节所采用的触摸屏需要能够输入旋转电机的启停开关、点动左或右旋转、运行方向和运行速度,还有能够输入平移步进电机的启停开关、点动前或后步进、运动速度和运行方向,同时要求能够实时显示行进的位置和当前的运行速度。根据控制系统需求,本文选取深圳昆仑通态公司 TPC7062Ti 型号的嵌入式一体化型触摸屏,并且提前安装了具有数据计算与监测功能的 MCGS 嵌入式组态软件,实现了上位机控制系统的设计开发和隧道掘进模拟系统中喷浆机器人的指令发送,如图 4－45 所示。

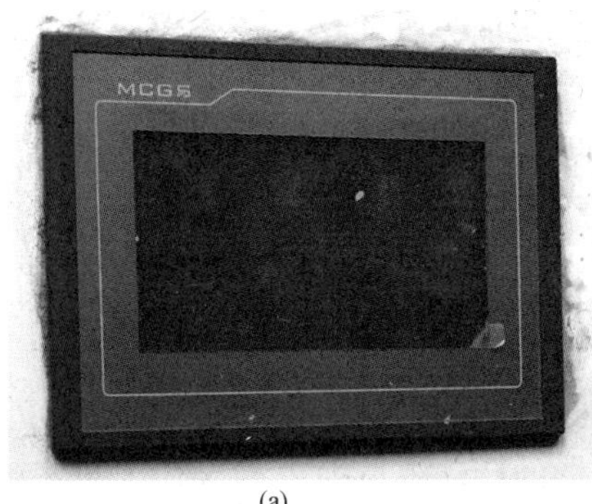

(a)

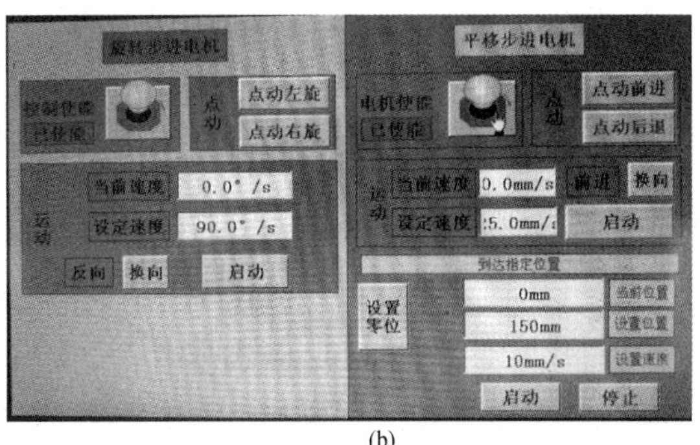

(b)

图 4－45　触摸屏和操作员面板

(4)系统的通信方式

隧道掘进模拟系统中喷浆机器人工作时,需要控制系统中的相关组成设备进行信息的传送,考虑到实际工况控制系统中的设备距离较近且系统组成简单,对通信的要求不高。隧道掘进模拟系统中喷浆机器人的控制系统中,PLC 设备采用 RS－485 串行通信接口,通过 Modbus 串行通信协议与上位机进行通信。

4.5.2　喷浆机器人电机的选型

1. 旋转电机型号的选择

根据 4.3.5 小节选择了步进电机实现喷浆机器人旋转功能和进给功能的动力源,本小节将喷浆机器人的相关参数带入到电机的计算公式中,根据电机的转动惯量和转矩选择步进电机的具体型号。

(1)转动惯量计算

电机轴上的负载转动惯量进行计算,通用的计算公式:

$$J_L = \sum_{i=1}^{M} J_i\left(\frac{w_i}{w}\right) + \sum_{i=1}^{N} m_i\left(\frac{v_i}{w}\right)^2 \tag{4-22}$$

式中　J_L——电机轴上的负载惯量,kg · m^2;

J_i——各转动件的转动惯量，kg · m²；

ω_i——各转动件的角速度，rad/s；

V_i——各转动件的速度，m/s；

ω——伺服电机的角速度，rad/s。

喷枪机构等效视为等质量的实心圆柱体进行计算，其转动惯量为

$$J_1=\frac{\rho\pi D^4L}{32} \tag{4-23}$$

式中 ρ——材料密度，取 304 不锈钢 7.93×10^3 kg/m³；

D——圆柱体直径，取 4.5×10^{-2} m；

L——圆柱体长度，取 0.142 8 m。

将相关参数带入式(4-23)，计算可得到喷枪机构的转动惯量为 4.56×10^{-4} kg/m²。

气腔等效视为中空的圆柱体进行计算，其转动惯量为

$$J_2=\frac{m(R_1^2+R_2^2)}{2} \tag{4-24}$$

式中 m——气腔的质量，取 0.64 kg；

R_1——大气腔的质量的内径，取 1.5×10^{-2} m；

R_2——大气腔的质量的外径，取 2.25×10^{-2} m。

将相关参数带入式(4-24)，计算可得到喷枪机构的转动惯量为 2.34×10^{-4} kg · m²。

齿轮组的转动惯量为

$$J_3=\frac{m_1D_1^2+m_2D_2^2}{8} \tag{4-25}$$

式中 m_1、m_2——大齿轮和小齿轮的质量，取 1.487 kg 和 0.027 kg；

D_1、D_2——大齿轮和小齿轮的直径，取 0.15 m 和 0.027 5 m。

将相关参数带入式(4-25)，计算可得到大齿轮的转动惯量为 4.18×10^{-3} kg · m²和小齿轮的转动惯量为 2.55×10^{-6} kg · m²，由于小齿轮的转动惯量过小，因此对其忽略，齿轮组的转动惯量为 4.18×10^{-3} kg · m²。

将上述喷枪机构、气腔和齿轮组的转动惯量折算到电机轴上，计算公式为

$$J_L=\sum_{i=1}^{3}\frac{J_i}{i^2\eta} \tag{4-26}$$

式中 i——齿轮组的传动比，$i=\frac{\overline{\omega_i}}{\omega}$，根据本文齿轮组结构值为 5；

η——传动效率，取 0.97。

将相关参数带入公式(4-26)，计算可得到折算到电机轴上的总负载转动惯量的大小为 2×10^{-4} kg · m²。

(2)转矩计算

电机轴上的负载转矩进行计算，通用的计算公式：

$$T_L=T_C+J_L\alpha \tag{4-27}$$

式中 T_L——电机轴上的负载转矩,N·m;

T_C——折算到电机轴上的摩擦转矩,N·m;

α——角加速度,取 $2\pi rad/s^2$。

隧道掘进模拟系统中喷浆机器人中可旋转的活动部分包括喷枪机构和部分旋转机构的零部件,根据图4-1可知,机器人可转动部分的重量由两个型号分别为61809和61807的深沟球轴承承担,通过对三维模型中零部件赋予实际材料属性,对各部分机构的质量进行估算,可转动部分的总质量为3.954 kg,喷浆喷涂时产生的喷射压力为31.38 N。

隧道掘进模拟系统中喷浆机器人旋转喷涂时,滚动轴承的摩擦转矩为

$$T_0 = \frac{1}{2}\mu P(D_1 + D_2) \tag{4-28}$$

式中 T_0——摩擦力矩,N·m;

μ——摩擦系数,深沟球轴摩擦系数取0.001 5;

P——滚轴承负荷,N·m;

D_1、D_2——轴承公称内径,m。61809和61807型号的深沟球轴承内径分别为 4.5×10^{-2} m和 3.5×10^{-2} m。

当隧道掘进模拟系统中喷浆机器人竖直向上喷涂时,轴承负荷最大,取值 $P=70.13$ N,根据式(4-28)得到负载的摩擦力矩为 4.21×10^{-3} N·m。

折算到电机轴上的摩擦转矩的计算公式为

$$T_C = \frac{T_0}{i^2\eta} \tag{4-29}$$

将相关参数带入式(4-29),计算可得到负载的摩擦力矩折算到电机轴上的摩擦转矩为 1.74×10^{-4} N·m。

将 J_L 为 2×10^{-4} kg·m^2,T_C 为 1.74×10^{-4} N·m,带入式(4-27)中,计算可得到电机轴上的负载转矩 T_L 的大小为 1.43×10^{-3} N·m。

考虑到理论和实际的差异,实际工况的复杂性,为步进电机能够有效、安全地工作,需引入安全系数,取值为3,则伺服电机的最小驱动转矩计算公式为

$$T'_C \geqslant 3T_C \tag{4-30}$$

将相关参数带入式(4-30),计算得到步进电机的最小驱动转矩为 4.29×10^{-3} N·m。根据北京时代超越公司生产的42列闭环步进电机产品手册,选取闭环步进电机的型号为42EBP79ALC-TF0闭环步进电机,具体参数见表4-11。选取型号为HBS57型号的闭环步进电机驱动器,作为旋转电机的驱动器。

表4-11 42EBP79ALC-TF0闭环步进电机参数

型号	电压/V	转子小齿数	静转矩/N·m	转动惯量/g·cm^2	步距角/(°)	电流/A	质量/kg
42EBP79ALC-TF0	24~36	50	0.65	72	1.8	2.5	0.78

2. 平移电机型号的选择

将隧道掘进模拟系统中喷浆机器人三维模型中零部件赋予实际材料属性，平移电机驱动地对各部分机构的质量进行估算，隧道掘进模拟系统中喷浆机器人的整体结构中除了丝杆底板和支撑台等少数固定不动部件外，其余部分都是在平移电机驱动下实现前后运动，可活动各机构部件的总质量为 62 kg。平移电机的对负载的计算与 4.3.1 旋转电机的计算方法相似，因此简略进行叙述。

(1) 转动惯量计算

平移电机驱动的可动部件，折算到电机轴上的转动惯量为

$$J_1 = m_1\left(\frac{nP}{2\pi}\right)^2 \tag{4-31}$$

式中 m_1——活动部件的质量，取 62 kg；

n——滚珠丝杠线数，取 2；

P——滚珠丝杠线的螺距，取 0.005 m。

将相关参数带入式(4-31)，计算可得到折算到电机轴上的负载转动惯量为 1.57×10^{-4} kg·m²。

将滚珠丝杆视为实心圆柱体，其折算到电机轴上的转动惯量为

$$J_2 = \frac{1}{2}m_2R_2^2 \tag{4-32}$$

式中 m_2——丝杠的质量，以 3.6 kg；

R_2——滚珠丝杠的半径，取 0.01 m。

将相关参数带入式(4-32)，折算到电机轴上的负载转动惯量为 1.8×10^{-4} kg·m²。

联轴器的转动惯量，可通过将联轴器的质量 0.12 kg 和半径 0.013 m 带入式(4-32)，计算可得到折算到电机轴上的负载转动惯量 J_3 为 1.01×10^{-5} kg·m²。将以上转动惯量的数值求和，可得到折算到电机轴上的总负载转动惯量 J 为 3.471×10^{-4} kg·m²。

(2) 转矩计算

隧道掘进模拟系统中喷浆机器人在平移电机驱动下前后直线运动，产生摩擦负载的位置主要有三处，分别是：滚珠丝杆导向面、主轴与轴套和牛眼万向轮与侧壁。根据相关文献，计算得出负载摩擦力的大小为 271.3 N，则折算到平移电机轴上的摩擦负载为

$$T_C = \frac{nPF_0}{2\pi\eta}\cdot i_1 \tag{4-33}$$

式中 F_0——负载摩擦力，取 271.3 N；

i_1——电机轴与丝杠的传动比，取 1；

η——滚珠丝杠的传动效率，取 0.9。

将相关参数带入式(4-33)，计算可得到折算到电机轴上的摩擦转矩为 0.48 N·m。加速度转动惯量，可通过公式计算为

$$T_1 = J\cdot\frac{2\pi n_1}{60t} \tag{4-34}$$

式中 n_1——电机轴的转速，取 60 r/min；

t——电机的加速时间,取 0.05 s。

将相关参数带入式(4-34),计算可得到加速转矩为 0.436 N·m,电机的负载转矩 $T_L = T_C + T_1 = 0.916$ N·m。

考虑到理论和实际的差异,实际工况的复杂性,为伺服电机能够有效、安全地工作,需引入安全系数,取值为 3,将相关参数带入式(4-34),计算可得到伺服电机的最小驱动转矩为 2.748 N·m。

根据北京时代超越公司生产的 86 列闭环步进电机产品手册,选取闭环步进电机的

型号为 86EBP181ALC 闭环步进电机,其具体参数如表 4-12 所示,然后选取型号为 ZDM-2HA865 型号的 DSP 数字式闭环步进驱动器作为平移电机的驱动器。

表 4-12 86EBP181ALC 伺服电机参数

型号	电压 /V	转子小齿数	静转矩 /N·m	转动惯量 /g·cm^2	步距角 /(°)	电流 /A	质量 /kg
86EBP181ALC	24~110	50	12.5	3 000	1.8	6	5.5

4.5.3 步进电机的控制策略与仿真分析

本书在 4.5.2 小节通过电机的选型计算,选取型号分别为 42EBP79ALC-TF0 和 86EBP181ALC 的闭环步进电机,作为实现隧道掘进模拟系统中喷浆机器人喷枪机构旋转功能和直线进给功能的驱动电机,本节首先将建立步进电机的数学模型确定电机的传递函数,然后对电机系统进行仿真分析,最后选择合适的 PID 控制算法来提高电机控制系统的动态稳定性。

1. 步进电机的数学模型

本文所选取的两款步进电机属于两相混合式步进电机,以微分方程形式表示步进电机的数学模型为

$$\begin{bmatrix} u_a \\ u_b \end{bmatrix} = \begin{bmatrix} R_a & 0 \\ 0 & R_b \end{bmatrix}\begin{bmatrix} i_a \\ i_b \end{bmatrix} + \begin{bmatrix} l_{aa} & l_{bb} \\ l_{ba} & l_{bb} \end{bmatrix}\begin{bmatrix} \dfrac{\mathrm{d}i_a}{\mathrm{d}t} \\ \dfrac{\mathrm{d}i_b}{\mathrm{d}t} \end{bmatrix} + \frac{\partial}{\partial\theta}\begin{bmatrix} L_{aa} & L_{ab} \\ L_{ba} & L_{bb} \end{bmatrix}\begin{bmatrix} i_a \\ i_b \end{bmatrix}\frac{\mathrm{d}\theta}{\mathrm{d}t} \tag{4-35}$$

式中 L_{ij}——增量电感,i,j 取值 a 或 b;

I_{ij}——平均电感,i,j 取值 a 或 b;

R_a、R_b——PWM 的周期;

U_a、U_b——PWM 的占空比;

θ——步进电机转子的角位移。

当电源为步进电机提供恒定电流时,步进电机的运动方程可表示为

$$J\frac{d^2\theta_1}{dt^2}+D\frac{d\theta_1}{dt}=T \tag{4-36}$$

式中 J——转动惯量,g · cm²;

D——黏滞摩擦系数,取值0.3;

T——电机转矩,N · m;

θ_1——步进电机控制量的机构角度,单位°,$\theta_1=\varepsilon_1/z_r$,$\varepsilon_1$ 转子实际位置的电角度。

其中 T、θ_1 的表达式为

$$T=N\phi Z_r I_m \sin\varphi$$
$$\theta_i=\varepsilon_i/z_r \tag{4-37}$$

式中 N——相绕组匝数;

ϕ——磁通最大值,Wb;

I_m——电流峰值,A;

φ——步进电机的转矩角,单位°,$\varphi=\varepsilon_i-\varepsilon_1$ 转子定位目标的电度角;

θ_i——步进电机目标量的机构角度。

当步进电机目标量的机械角度 θ_i 趋近于步进电机控制量的机械角度 θ_1 时,将式(4-37)带入式(4-36)可得到

$$J\frac{d^2\theta_1}{dt^2}+D\frac{d\theta_1}{dt}=N\phi Z_r^2 I_m(\theta_i-\theta_1) \tag{4-38}$$

在零初始条件下,对式(4-38)进行拉普拉斯变换,可得到

$$(Js^2+Ds+N\phi Z_r^2 I_m)\theta_1=N\phi Z_r^2 I_m\theta_i \tag{4-39}$$

由此,得到两相混合式步进电机的传递函数为

$$G_1(s)=\frac{\theta_1}{\theta_i}=\frac{Z_r^2 L I_m/2J}{s^2+\frac{D}{J}s+Z_r^2 L I_m/2J}=\frac{\overline{\omega}_n^2}{s^2+2\zeta\overline{\omega}_n s+\overline{\omega}_n^2} \tag{4-40}$$

式中 $\overline{\omega}_n$——无阻尼自振角频率;

ζ——阻尼比。

根据式(4-37)得到步进电机驱动器的传递函数,其表达式为

$$G_2(s)=\frac{\theta_i(s)}{K(s)} \tag{4-41}$$

根据式(4-40)和(4-41)可以得到表达式为

$$G_3(s)=G_1(s)G_2(s)=\frac{\theta_i(s)}{\theta(s)}\frac{\theta_i(s)}{K(s)} \tag{4-42}$$

对步进电机采用单位负反馈时,控制系统的闭环传递函数表达式为

$$G(s)=\frac{G_3(s)}{1+G_3(s)} \tag{4-43}$$

2. 旋转电机的控制方案

(1)旋转电机的传递函数

42系列步进电机的参数表4-11带入式(4-40),分别得到旋转电机具体的传递函数

表达式：

$$G_{1a}(s)=\frac{86.81}{s^2+4.17s+86.81} \tag{4-44}$$

旋转电机的驱动器为 *HBS*57 型号的闭环步进电机驱动器，其可以细分 16 档设定(400－51 200)，根据喷浆机器人的实际需求选取细分数为每转 3 200 步，根据式(4－41)和(4－42)得到

$$G_{3a}(s)=\frac{9.77}{s^2+4.17s+86.81} \tag{4-45}$$

将式(4－45)带入式(4－43)，得到旋转电机采用单位负反馈时，控制系统的闭环传递函数具体表达式：

$$G_a(s)=\frac{9.77}{s^2+4.17s+96.58} \tag{4-46}$$

对控制系统的闭环传递函数进行仿真，通过控制系统的单位阶跃响应曲线来判断步进电机控制系统的稳定性，单位阶跃响应曲线如图 4－46 所示。

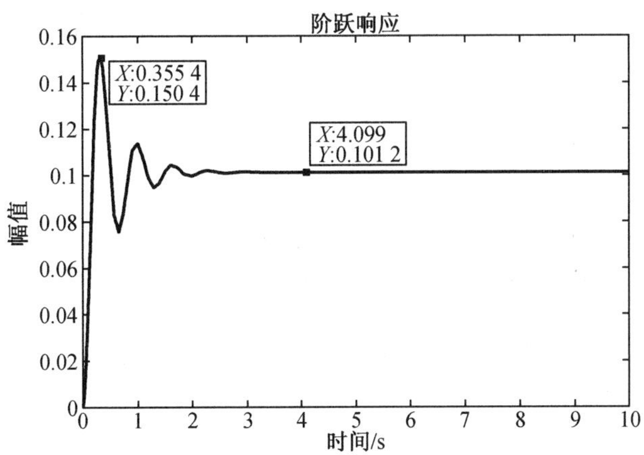

图 4－46　控制系统的单位阶跃相应曲线

由图 4－46 可知，系统中的上升时间 $t_r=0.091$ s，峰值时间 $t_p=0.355$ s，超调量为 48.62%，此时旋转电机的闭环控制系统达到稳态时间过长、响应速度慢和超调量过大等问题，无法满足喷浆机器人的工作需求。目前应用最广泛的控制策略是 PID 控制，因此引入 PID 控制改善系统的性能。

(2) PID 控制策略

PID 控制是通过参数整定的方式实现设计目的，PID 控制的原理图，如图 4－47 所示。

在时域上，$u(t)$ 与 $e(t)$ 之间的关系表达式为

$$u(t)=K_p\left[e(t)+\frac{1}{T_i}\int_0^t e(t)\,dt+T_d\frac{de(t)}{dt}\right] \tag{4-47}$$

式中　K_p——比例系数；

T_i——积分时间常数；

T_d——微分时间常数。

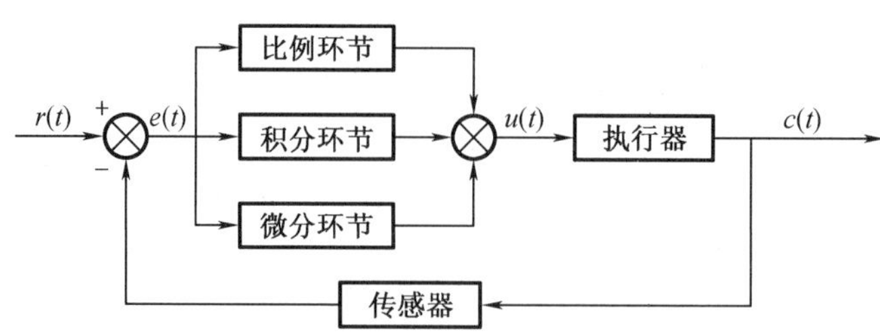

图 4-47　PID 控制原理图

式中　$c(t)$——实际输出量；

$r(t)$——系统的给定值；

$e(t)$——控制偏差；

$u(t)$——PID 控制器的输出。

因为应用在计算机控制领域，因此需要对模拟 PID 离散化得到数字 PID。实现原理是在采样周期内使用数字计算方法逐渐逼近，当采用周期很短时，逼近的结果就会足够精确。位置型数字 PID 的表达式为

$$u(k)=k_p e(k)+k_i\sum_{k}^{j=0}e(j)+k_d[e(k)-e(k-1)] \tag{4-48}$$

式中　$u(k)$——第 k 时刻的输出；

k——采样序号；

k_p、k_i、k_d——比例系数、积分系数、微分系数，其中 $k_i=k_p/T_i$，$k_d=k_iT_d$。

本节采用经验数据法对控制系统中的参数 k_p、k_i、k_d 进行整定，具体的调节顺序：首先调节比例环节，然后调节积分环节，最后调节微分环节。旋转电机采用 PID 控制的仿真。

(1) 比例环节参数整定

采用纯比例控制对参数调节，逐渐增大的参数 k_p 数值，直到响应曲线的响应速度达到需求并且要求超调量处于一定的范围内，比例环节参数整定过程如图 4-48 所示。

如图 4-48 所示，随着参数 k_p 数值的逐渐增大，响应速度随之变快，超调量逐渐增大。当 $k_p=10$ 时，峰值时间 $t_p=0.22$ s，超调量较大，$M_P=60.43\%$，并且稳态误差较大。单独依靠比例环节参数整定无法达到控制要求，需引入积分环节。

(2) 积分环节参数整定

如图 4-49 所示，进行积分环节参数整定时，保证 $k_p=10$，将积分参数 k_i 数值的逐渐增大，系统峰值逐渐增大，出现较为明显振荡的现象，稳态误差逐渐减小。PI 调节无法达到理想的控制效果，需引入微分环节。

(3) 微分环节参数整定

进行微分环节参数整定时，保证 $k_p=10$，$k_i=60$，将微分参数 k_d 数值的逐渐增大，减少超调和调节时间，微分环节参数整定过程如图 4-50 所示。

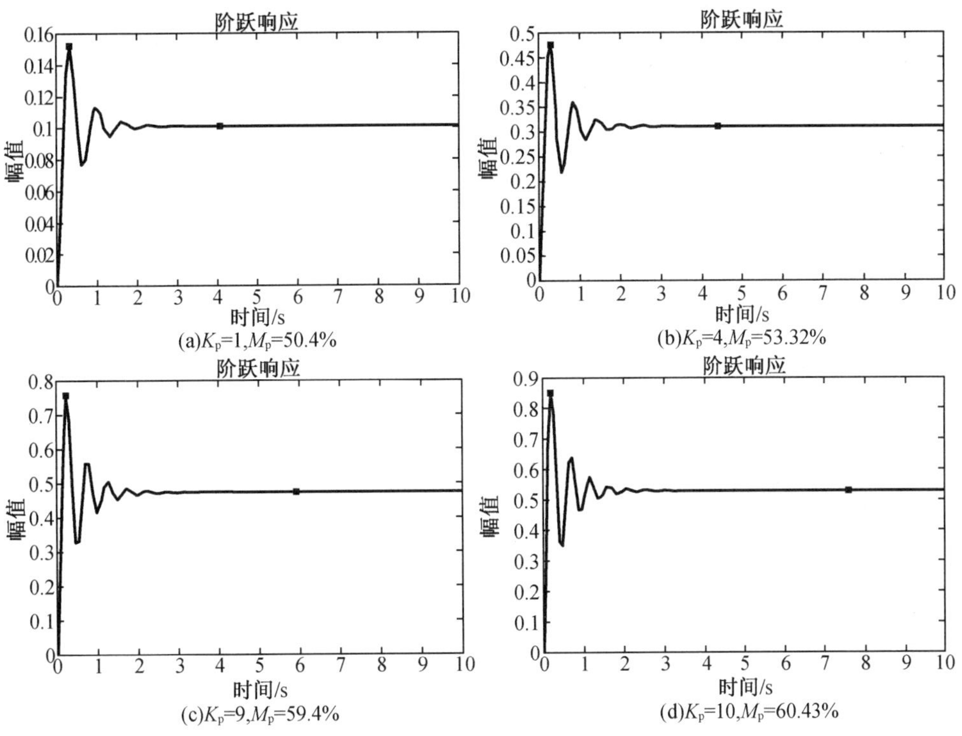

图4-48 比例环节阶跃响应参数调节

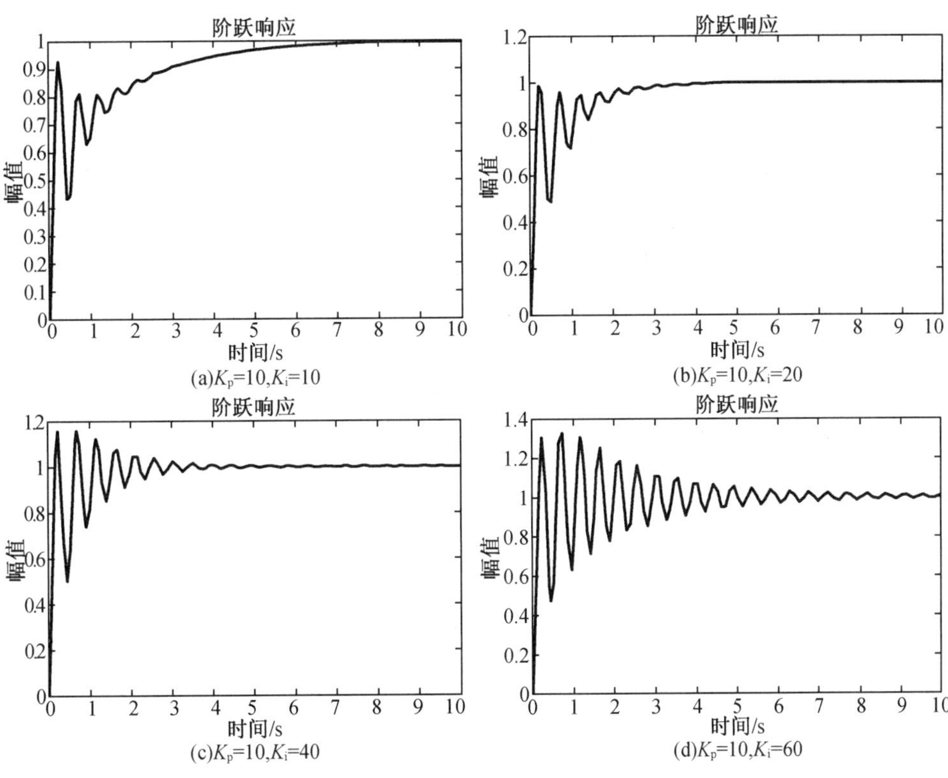

图4-49 积分环节阶跃响应参数调节

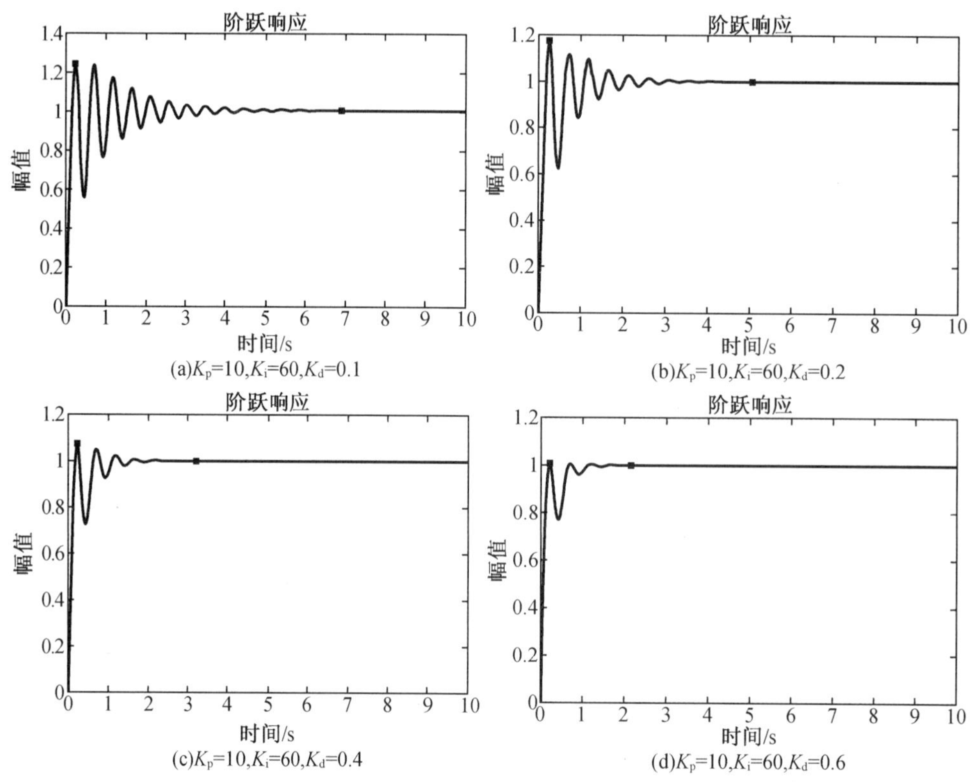

(a) $K_p=10, K_i=60, K_d=0.1$　(b) $K_p=10, K_i=60, K_d=0.2$

(c) $K_p=10, K_i=60, K_d=0.4$　(d) $K_p=10, K_i=60, K_d=0.6$

图 4－50　微分环节阶跃响应参数调节

如图 4－50 所示，保证 $k_p=9.5$，$k_p=60$，随着 k_d 的增大，系统的超调量逐渐减少，振荡也逐渐减小，响应速度也随之加快。当 $k_d=0.6$ 时，控制系统仍未达到最佳状态，因此按照上述方式继续对参数 k_p、k_p、k_d 进行调节。当 $k_p=11.2$，$k_i=295$，$k_d=3.3$ 时，控制系统达到较为良好的状态，响应速度快、超调量很小、稳态误差为零，因为旋转电机在正常工作运行时不可避免地会受到外界环境的影响，为了更好地模拟电机控制实际情况，因此对常规 PID 控制增加扰动，假设在 6 s 时受到 0.5 s 的随机扰动，得到的扰动下的响应曲线如图 4－51 所示。

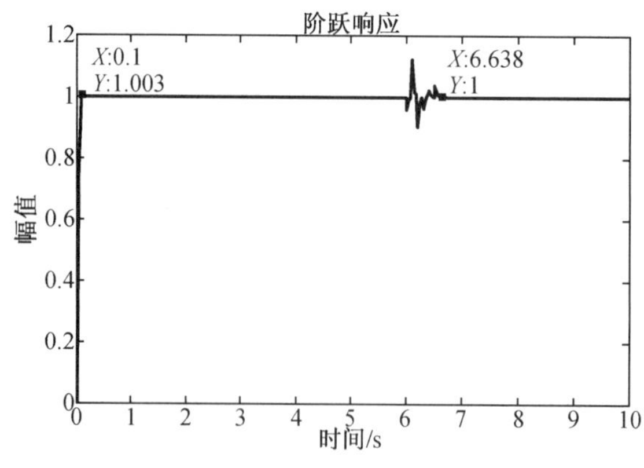

图 4－51　干扰下的响应曲线

可见，使用常规 PID 控制策略受到干扰时，产生较小幅值的波动，并且大约经过 0.1 s 后系统回归稳态，说明系统的抗干扰能力较强，有较好的鲁棒性，因此本文步进电机的控制策略采用常规 PID 控制。

3. 平移电机的控制方案

平移电机与旋转电机的控制策略相似，因此本节简略叙述平移电机采用常规 PID 控制策略的过程。86 系列步进电机的参数表 4－11 带入式（4－40），分别得到平移电机具体的传递函数表达式：

$$G_{2b}(s)=\frac{18}{s^2+0.1s+18} \tag{4-49}$$

平移电机的驱动器为 ZDM－2HA865 型号的闭环步进电机驱动器，其可以细分 16 档设定（400～51 200），根据喷浆机器人的实际需求选取细分数为每转 3 200 步，根据式（4－41）和（4－42）得到：

$$G_{2b}(s)=0.1125$$
$$G_{3b}(s)=\frac{2.03}{s^2+0.1s+18} \tag{4-50}$$

将式（4－50）带入式（4－43），得到旋转电机采用单位负反馈时，控制系统的闭环传递函数具体表达式：

$$G_b(s)=\frac{2.03}{s^2+0.1s+20.03} \tag{4-51}$$

在平移电机的控制策略方面仍选用常规 PID 控制策略，具体过程与上一小节相同，此处不做过多赘述，同样依靠经验数据法对控制系统中的参数进行整定，当 $k_p=5$，$k_i=500$，$k_d=28$ 时，确定了平移电机控制系统最终的响应曲线如图 4－52。

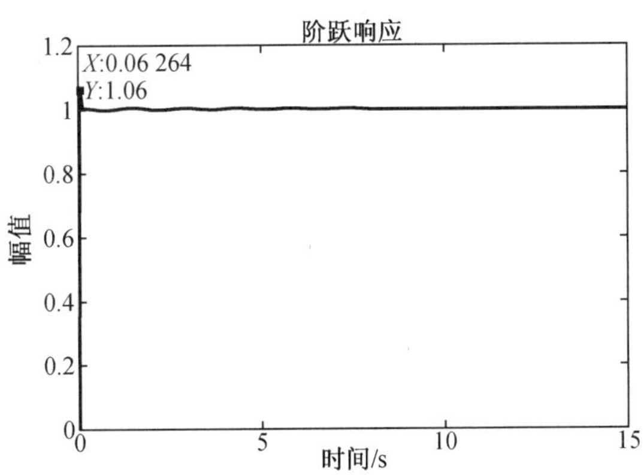

图 4－52　平移电机的常规 PID 控制

4.6 喷浆机器人的实验研究

本节将对隧道掘进模拟系统中喷浆机器人进行实验分析，验证喷浆机器人的样机能否满足实验要求。根据第4.3、第4.4和第4.5节的相关设计与研究内容制定了实验方案，主要包括喷浆机器人视觉实验、弹簧变径实验、运动控制实验和喷涂实验。隧道掘进模拟系统中喷浆机器人的样机，如图4－53所示。

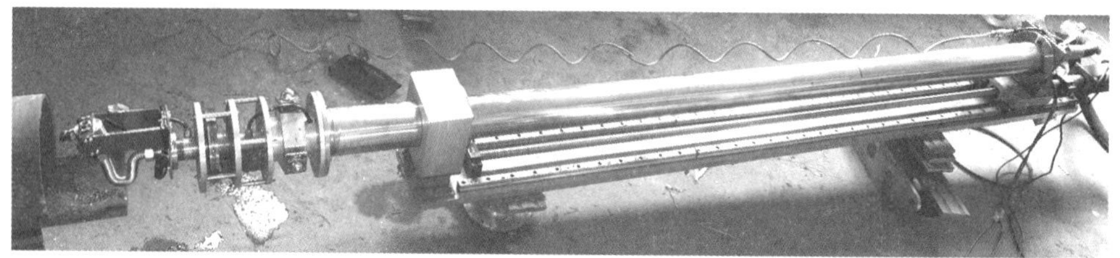

(a)喷浆机器人的实验样机

(b)电控箱

(c)前端执行器

图4－53　喷浆机器人的样机系统

4.6.1　喷浆机器人的视觉实验

喷浆机器人在隧道中进行喷涂工作，需要具有照明与实时摄像监控的功能，并且要求可以通过监控的画面确定因岩石缺口、凹坑等缺陷导致的涂层不良区域，帮助操作人员对机器人喷涂后涂层质量和设备自身状态进行远程监控。

1. 监控设备的选用

本节选用工业内窥镜作为喷浆机器人的监控设备，工业内窥镜由带有WiFi热点生成功能的电源和防水镜头组成，将其安装到喷枪机构上，如图4－54所示。

工业内窥镜的镜头内置6颗LED照明灯，因此可为喷浆机器人在黑暗的隧道工作时提供光亮，帮助实时监控喷浆机器人的状况；工业内窥镜的镜头还具有IP67级防水能力，喷浆机器人喷出的水泥浆不会对镜头造成损害；工业内窥镜的镜头为720 P高清镜头，拍摄画面清晰，操作人员可以通过图像判断涂层的质量，也能够保证二次补喷时精确定位；工业内窥镜自带电源和WiFi热点生产功能，可以通过WiFi远程传输影像数据，传输距离为5～10 m，符合喷浆机器人的技术要求。

(a)

(b)

图4－54　喷浆机构与工业内窥镜

2. 视觉实验

设计以下实验来检查工业内窥镜的能否满足喷浆机器人的工况需求，实验包括照明实验、观察能力实验和传输距离实验。

(1)照明实验

实验方案：在圆筒底部涂有直径为2 mm的实心圆，保证工业内窥镜距离圆筒距离为10 mm(喷浆机器人工作时镜头与隧道内壁的实际距离)，将圆筒封闭使内部成为黑暗空间，调节镜头照明灯的亮度，观察接收到的图像。照明实验图像如图4－55所示。

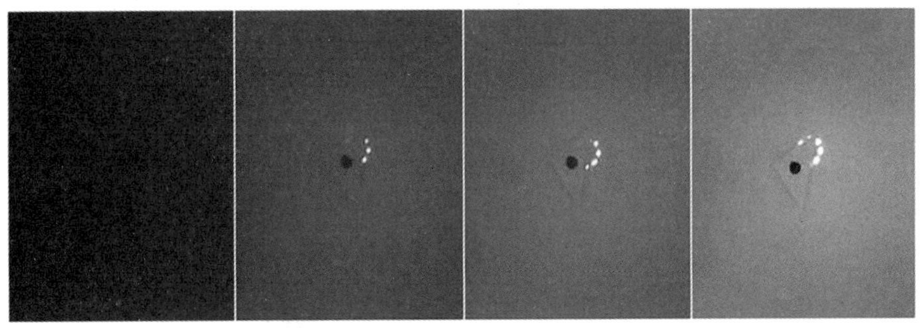

图4－55　照明实验

通过图4－55可知，从左向右依次对应镜头照明灯亮度的增加，得到的图像逐渐清晰，可以通过图像清晰地看清2 mm的实心圆，由此验证了工业内窥镜的照明能力能够满足喷浆机器人的实际需求。

(2)观察能力实验

工业内窥镜的镜头观察能力包括两部分,分别是观察范围的能力和镜头清晰度的能力,镜头的观察能力对喷浆机器人二次补喷涂十分重要。

实验方案:在纸板上绘制多个同心圆,相邻同心圆的直径相差4 mm,同心圆的直径范围由10 mm到50 mm,将纸板放到圆筒底部,保证工业内窥镜距离圆筒距离为10 mm(喷浆机器人工作时镜头与隧道内壁的实际距离),观察接收到的图像,通过观察到圆圈的最大直径确定工业内窥镜的区域大小;通过在纸板最内侧的圆圈区域内,用针分别扎出直径为0.5 mm、0.7 mm、1 mm的圆孔,再划出0.1 mm、0.2 mm和0.3 mm的划痕,观察接收到的图像,通过圆孔和划痕来确定工业内窥镜的画面清晰度的能力,实验图像如图4-56所示。

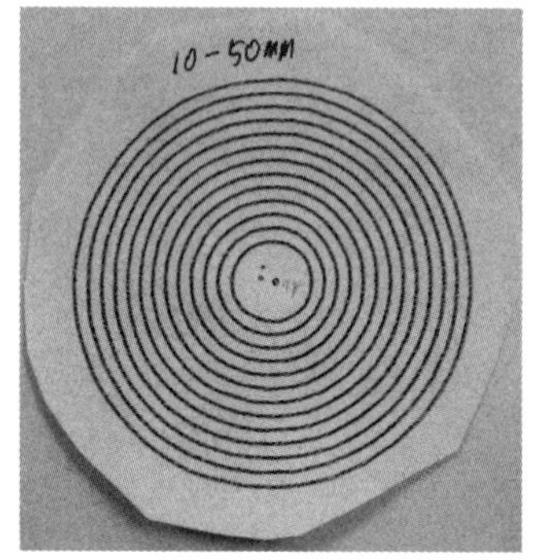

(a)检查镜头观察能力的纸板

(b)工业内窥镜的图像

图4-56 观察能力实验

通过图4-56(b)可知,在10 mm距离时镜头每次捕捉的画面区域尺寸大概是,长15 mm和宽12 mm的矩形区域;能够看清画面中三个圆孔或两道划痕,说明镜头能够捕捉最小的不良尺寸为0.2 mm。通过尺寸对比前面小节数学模型计算出当喷射仰角为120°时,涂层短半轴为8.2 mm,长半轴为15.22 mm,说明了工业内窥镜的观察能力能够满足喷浆机器人的实际需求。

(3)传输距离实验

实验方案:在圆筒底部放置一枚硬币,保证工业内窥镜距离圆筒距离为10 mm(喷浆机器人工作时镜头与隧道内壁的实际距离),将镜头对准硬币,WiFi接收远距离传输的图像,不断提高接受图像的距离,期间穿越距离在3 m和6 m位置的两道水泥墙面,根据实验情况得到表4-13。

表4-13 图像传输距离实验

距离/m	1	2	3	4	5	6	7	8	9	10	11
传输图像	能	能	能	能	能	能	能	能	能	能	否
图像质量	清晰	清晰	清晰	清晰	清晰	清晰	清晰	清晰	清晰	清晰	无图像

根据表4-13可知,图像传输的距离并不影响接受到图像的清晰度,两道水泥墙面无法阻隔图像信号的传输,当传输距离超过10 m时,WiFi断开连接,此时无法接受到图像。隧道掘进模拟系统中喷浆机器人在工作时,深入隧道的距离为2 m,深入长度远小于10 m的图像传输距离,因此说明了工业内窥镜的远距离传输图像能力能够满足喷浆机器人的实际需求。

4.6.2　喷浆机器人的弹簧变径实验

前面通过弹簧的理论计算选择了可以满足喷浆机器人变径需求的弹簧,本小节将通过进行实验验证所选择的弹簧能否实际达到设计需求。

1. 实验过程

喷浆机器人的弹簧变径实验设备包括变径单元、指针式推力计和游标卡尺,弹簧变径实验如图4-57所示。实验过程:指针式推力计的推力杆上安装平头帽,选取一根变径单元的一根弹簧,用平头帽同时抵住弹簧和游标卡尺的外测量爪,逐渐加大推力,读取并记录弹簧的变形量。

(a)变径单元

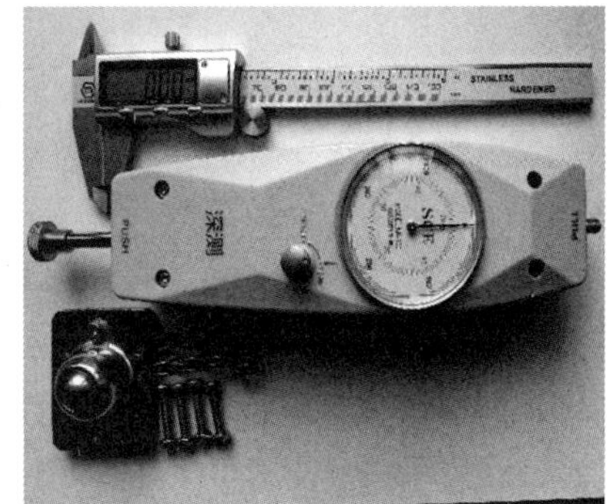

(b)实验设备

图4-57　弹簧变径实验

2. 实验数据与分析

将实验测得的推力与弹簧长度形变量汇总后,得到推力与形变量关系表4-14。将实验数据、弹簧理论计算数据和喷浆机器人变径的需求汇总,整理后的利用Scilab绘制折线图,如图4-58所示。图4-58中,最上方的蓝线表示实验得到的弹簧长度形变量与载荷力的关系,中间的绿线表示理论计算得到的弹簧长度形变量与载荷力的关系,下方的红线表示喷浆机器人在实际工况时弹簧长度形变量与载荷力的关系。

表4-14　推力与形变量关系表

形变量/mm	1	1.5	2	2.5	3	3.5	4	4.5	5
推力/N	112.5	169.6	225.4	280.5	339.2	395.7	452.6	508.8	565.3

根据图 4－58 可知，其中蓝线代表弹簧实际承载力，绿线代表理论承载力，红线代表工况需求承载力，图像中蓝线略高于绿线，表明在弹簧形变量相同时实际上弹簧能够承担的载荷力略高于理论计算值；蓝线明显高于红线，随着弹簧长度形变量越大，蓝线与红线的差距越大，表明实际选用的弹簧完全能够满足喷浆机器人的实际需求。

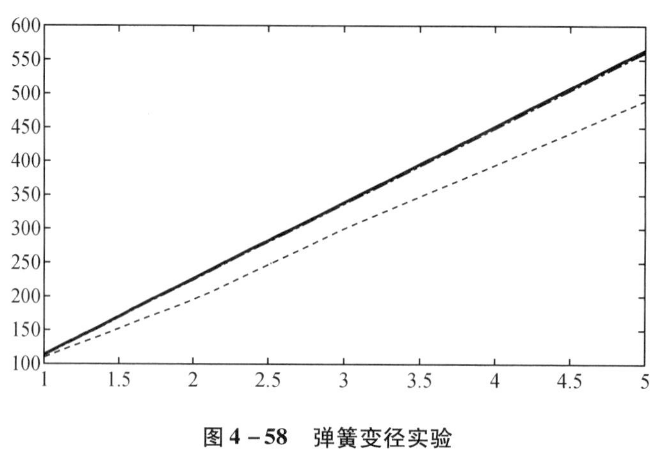

图 4－58　弹簧变径实验

4.6.3　喷浆机器人的运动控制实验

隧道掘进模拟系统中喷浆机器人在模拟隧道内进行的喷涂工作有两个阶段，分别是连续喷涂阶段和定点补喷阶段，喷浆机器人在连续喷涂阶段要求通过旋转电机和平移电机设定恒定速度运行后可以将水泥浆管道内壁全部覆盖，喷浆机器人在定点补喷阶段要求通过对旋转电机旋转角度和平移电机进给量的调节后可以实现精确定位喷涂。在第 4.5 节制定了步进电机的控制策略，本节通过设计关于连续喷涂阶段和定点补喷阶段电机控制的实验，验证试验样机能否满足设计要求。

1. 连续喷涂阶段

本实验通过在触摸屏的操作员面板中设定旋转电机旋转速度和平移电机的行进速度，通过编码器反馈的速度与理想速度进行比较分析。

(1) 平移电机连续运动

在触摸屏的操作员面板中平移电机连续运动的控制界面，如图 4－59。

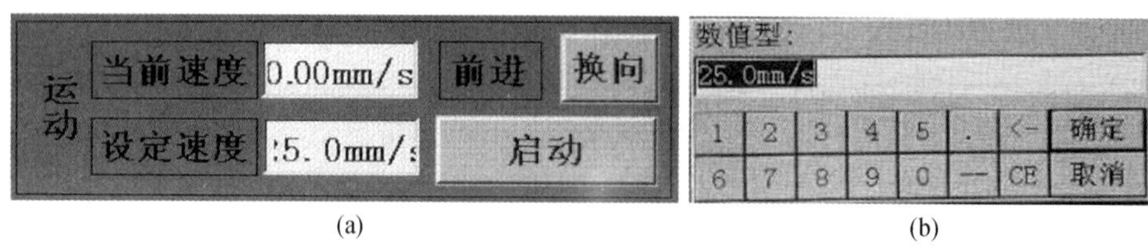

(a)　　(b)

图 4－59　平移电机连续运动的控制界面

如图 4 – 59 所示,通过控制界面可以控制平移电机的行进方向(前进或后退)、进给速度和电机启动或停止,并且可以通过“当前速度”读取编码器反馈的实时速度数据。

实验方案:设定样机行进距离为 200 mm 时,行进方向设为前进和后退两组,设定不同的平移电机的运行速度,读取电机稳定运动时的“当前速度”,为了数据准确每组速度对应的数据各统计三次,实验数据如表 4 – 15 所示。将表 4 – 15 中当前速度与设定速度的速度偏差,利用 Scilab 绘制平移速度偏差分布图,如图 4 – 60 所示。

表 4 – 15　平移电机连续运动实验数据　　单位:mm/s

测量次数	第 1 次		第 2 次		第 3 次	
设定速度	前进速度	后退速度	前进速度	后退速度	前进速度	后退速度
5	+4.95	−4.96	+4.96	−4.94	+4.93	−4.98
10	+9.99	−9.95	+9.94	−9.98	+9.98	−9.96
15	+14.97	−14.97	+14.98	−14.92	+14.99	−14.96
20	+19.98	−19.96	+19.97	−19.95	+19.97	−19.96
25	+24.94	−24.96	+24.91	−24.94	+24.97	−24.98

根据表 4 – 14 可知,平移电机在运行时编码器反馈的“当前速度”全部都略低于“设定速度”。

根据图 4 – 63 可知,样机无论是前进还是后退的平移过程中,平移速度的偏差均处于 0.09 mm/s 的范围之内,统计的平移速度偏差最大值为 0.09 mm/s,平移速度偏差很小处于合理范围之内。平移速度偏差的出现,是由于设备机械结构或零部件生产加工时的精度误差、实际安装产生的装配误差和测量误差等因素导致的。平移速度偏差均处于 0.09 mm/s 的范围之内,因此说明平移步进电机的控制策略是满足设计要求的,可以实现喷浆机器人按照设定的速度在隧道内连续平移运动。

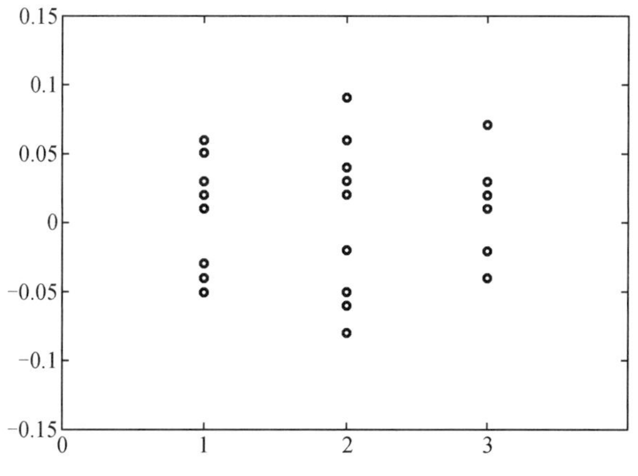

图 4 – 60　平移速度偏差分布图

(2)旋转电机连续运动

在触摸屏的操作员面板中旋转电机连续运动的控制界面如图 4－61,通过界面可以控制旋转电机的旋转方向(正向或反向)、旋转速度和电机启动或停止,并且可以通过“当前速度”读取编码器反馈的实时速度数据。

实验方案:设定样机旋转角度为 180°时,旋转方向为正向和方向两组,设定不同的旋转电机的运行速度,读取电机稳定运动时的“当前速度”,为了数据准确每组速度对应的数据各统计三次,实验数据如表 4－16 所示。

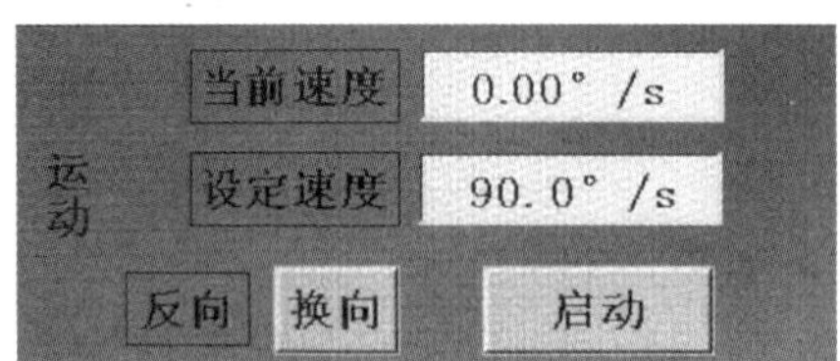

图 4－61 旋转电机连续运动的控制界面

将表 4－16 中当前速度与设定速度的速度偏差,利用 Scilab 绘制旋转速度偏差分布图,如图 4－62 所示。

表 4－16 旋转电机连续运动实验数据 单位:°/s

测量次数	第 1 次		第 2 次		第 3 次	
设定速度	正向速度	反向速度	正向速度	反向速度	正向速度	反向速度
2	+1.97	－1.96	+1.96	－1.94	+1.98	－1.98
4	+3.99	－3.95	+3.94	－4.00	+3.98	－3.96
6	+5.98	－5.97	+5.98	－5.96	+5.99	－5.97
8	+8.00	－7.96	+7.97	－7.95	+7.97	－7.96
10	+9.97	－9.96	+9.98	－9.95	+9.99	－10.00
12	+11.98	－11.98	+11.97	－11.98	+11.97	－11.96
14	+13.99	－13.96	+13.95	－13.97	+13.99	－13.99

根据表 4－16 可知,旋转电机在运行时编码器反馈的“当前速度”全部都不高于“设定速度”。

根据图 4－62 可知,样机不论是正向或反向的旋转运动过程中,旋转速度的偏差均处于 0.06 °/s 的范围之内,统计的旋转速度偏差最大值为 0.06 °/s,旋转速度偏差很小处于合理范围之内。旋转速度偏差的出现,是由于设备机械结构或零部件生产加工时的精度误差、实际安装产生的装配误差和测量误差等因素导致的。旋转速度偏差均处于 0.06 °/s 的范围之内,因此说明旋转步进电机的控制策略是满足设计要求的,可以实现喷浆机器人按照设定的速度在隧道内连续旋转运动。

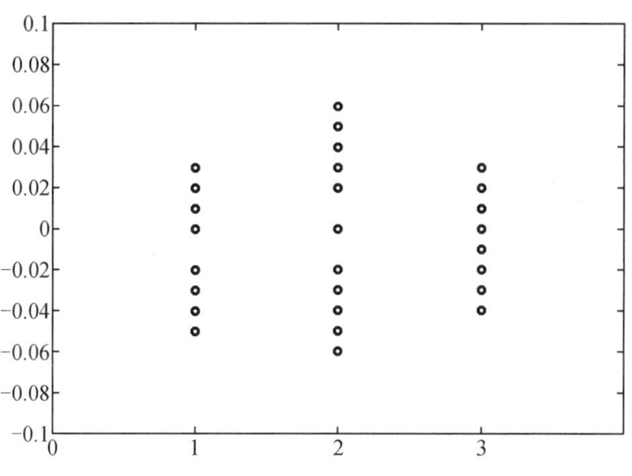

图 4-62 旋转速度偏差分布图

平移步进电机和旋转步进电机的连续运动时的速度偏差均在合理范围内,可以实现喷浆机器人按照设定的运行速度在隧道内进行连续喷涂工作,使水泥浆完全覆盖隧道内表面,对隧道起到支护作用。

2. 定点补喷阶段

在定点补喷阶段,需要控制平移步进电机使喷浆机器人平移进给到指定位置,然后控制旋转步进电机使喷浆机器人的前部喷枪机构旋转指定角度,通过平移步进电机和旋转步进电机的配合实现喷浆机器人的喷头对准涂层不良处,接下来对涂层不良处进行二次补喷。

(1)平移电机运动定位实验

在触摸屏的操作员面板中平移电机运动定位的控制界面如图 4-63。

图 4-63 平移电机运动定位的控制界面

通过对控制界面中图标“点动前进”和“点动后退”操作实现对平移电机的运动进行控制,首先按住图标(“点动前进”或“点动后退”)实现连续运动,之后再通过点按图标对位置进行微调。

搭建的喷浆机器人平移运动的位置测量平台如图 4-64 所示,将直尺固定到丝杆滑台的底部外表面,确保直尺零点基准面与滑台前截面重合,当平移电机运动停止后使用直角尺与直尺配合读取位移距离。

(a)位移初始位置

(b)位移终止位置

图 4-64 平移电机运动定位的测量

实验方案：设定样机行进距离分别为 50 mm、100 mm、150 mm、200 mm、250 mm 和 300 mm 时，行进方向设为前进和后退两组，首先通过连续运动到指定位置附近，之后通过多次点动微调，读取直尺上的位移数据，为了数据准确每组位置对应的数据各统计三次，实验数据见表 4-17。将表 4-17 中指定位移与终止位置的位移偏差，利用 Scilab 绘制平移速度偏差分布图，如图 4-65 所示。

表 4-17 位移实验数据

测量次数	第 1 次		第 2 次		第 3 次	
指定位移	前进位移	后退位移	前进位移	后退位移	前进位移	后退位移
50	+49.9	-50.1	+49.5	-49.2	+49.6	-50.2
100	+99.5	-99.8	+100.2	-99.9	+99.6	-99.5
150	+150.2	-149.7	+149.8	-149.3	+149.7	-149.7
200	+199.8	-200.4	+199.7	-199.8	+200	-199.9
250	+249.8	-249.5	+250.3	-249.7	+250.1	-249.8
300	+299.6	-300.1	+299.9	-299.8	+299.5	-299.7

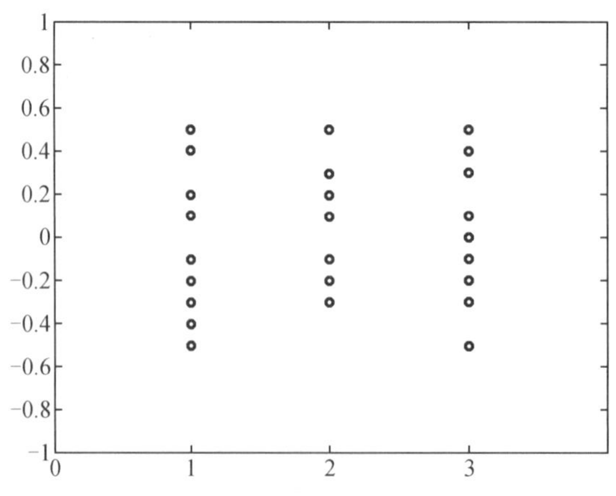

图 4-65 位移偏差分布图

根据表4－16可知，喷浆机器人经过点动微调的终止位置处于指定位移的附近。根据图4－65可知，样机不论是点动前进或点动后退的平移过程，终止位置的位移偏差均处于1 mm的范围之内，统计的位移偏差最大值为0.5 mm，位移偏差很小处于合理范围之内。位移偏差的出现，是由于设备机械结构或零部件生产加工时的精度误差、实际安装产生的装配误差和测量误差等因素导致的。位移偏差均处于1 mm/s的范围之内，因此说明平移步进电机的控制策略是满足设计要求的，可以通过点动方式实现喷浆机器人运动到隧道内的指定位置。

(2)旋转电机运动定位实验

在触摸屏的操作员面板中旋转电机运动定位的控制界面如图4－66，通过图标“点动左旋”和“点动右旋”对旋转电机的运动进行控制，首先按住图标(“点动左旋”和“点动右旋”)实现连续运动，之后再通过点按图标对旋转角度进行微调。

搭建的喷浆机器人旋转运动的角度测量平台如图4－67所示，首先在旋转机构中的固定构件挡板的表面用记号笔提前标注好实验指定的六个角度，分别为0°、60°、120°、180°、240°、300°，并将中心对称的角度用直线两两连接，然后在旋转机构中的活动构件气腔外表面与角度0°直线对应的位置用记号笔标注0，并水平画出辅助直线。当旋转电机运动时构件气腔随之转动，气腔上辅助直线与挡板0°对应直线的夹角即为实际的旋转角度。当旋转电机停止运动通过记号笔在挡板上标注记号，然后使用量角器测量出实际旋转角度。

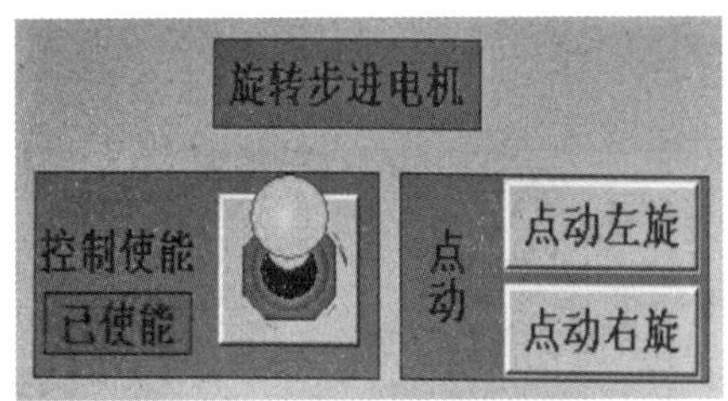

图4－66 平移电机运动定位的控制界面

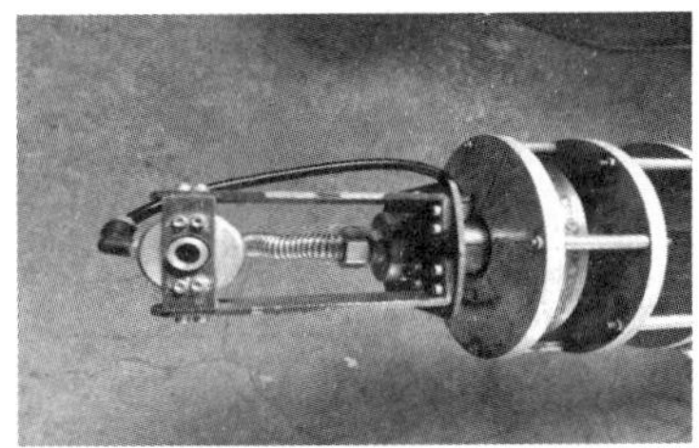

图4－67 旋转电机运动定位的测量

指定旋转角度为60°、120°、180°、240°、300°、360°时，样机的转动定位实验如图4－68所示。

(a)转角60°

(b)转角120°

(c)转角180°

图4－68 旋转电机运动定位的测量

(d)转角240°

(e)转角300°

(f)转角360°

图 4－68(续)

实验方案:设定样机旋转角度分别为 60°、120°、180°、240°、300°、360°时,旋转方向设为左旋和右旋两组,首先通过连续运动到指定位置附近,之后通过多次点动微调,使用量角器测量出实际旋转角度,为了数据准确每组位置对应的数据各统计三次,实验数据见表4－18。将表 4－18 中指定角度与实测的角度偏差,利用 Scilab 绘制旋转角度偏差分布图,如图 4－72 所示。

表 4－18　旋转实验数据

单位:°

测量次数	第 1 次		第 2 次		第 3 次	
指定角度	左旋角度	右旋角度	左旋角度	右旋角度	左旋角度	右旋角度
60	+59.7	－60.3	+59.8	－59.1	+60.6	－60.2
120	+119.7	－119.5	+120.4	－119.7	+120.2	－119.5
180	+180.1	－179.5	+179.8	－179.2	+180.6	－179.7
240	+239.5	－240.3	+239.7	－239.7	+240.3	－239.5
300	+300	－299.6	+300.4	－299.3	+300.2	－299.7
360	+359.6	－360.2	+359.3	－359.8	+360.1	－359.4

根据表 4－17 可知,喷浆机器人经过点动微调的终止旋转角度处于指定旋转角度的附近。根据图 4－69 可知,样机不论是点动左旋或点动右旋的转动过程,实际旋转角度的偏差均处于 1°的范围之内,统计的角度偏差最大值为 0.9°,角度偏差很小处于合理范围之内。角度偏差的出现,是由于设备机械结构或零部件生产加工时的精度误差、内啮齿轮实际安装产生的装配误差和量角器测量或记号笔标注误差等因素导致的。角度偏差均处于 1°的范围之内,因此说明旋转步进电机的控制策略是满足设计要求的,可以通过点动方式实现喷浆机器人旋转到隧道内的指定位置。

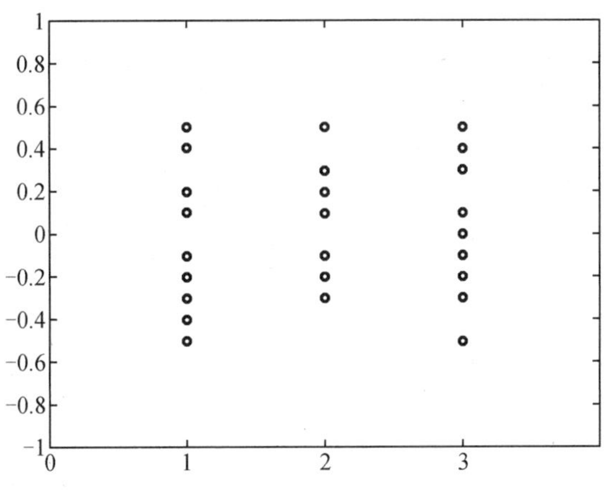

图 4－69　角度偏差分布图

平移步进电机和旋转步进电机的点动运动时的定位偏差均在合理范围内，可以实现喷浆机器人按照实际需要移动到指定位置，对涂层不良区域进行定点补喷。

4.6.4　喷浆机器人的喷涂实验

第 4.4 节研究了喷浆的参数及流体的仿真分析，本实验为了验证喷枪的参数分析和喷嘴流场仿真的理论计算结果搭建合适实验环境，实验相关设备模型如图 4－70。喷涂实验原理：首先按照一定的水灰比制作水泥浆，然后将水泥浆放入水泥浆存储罐中，通过控制进气管一的进气压力调节水泥浆流入喷枪机构的液体流速，通过控制进气管二的进去压力调节喷嘴的雾化能力。通过该实验平台，可以对喷枪机构喷射仰角角度变化和喷浆长度变化对涂层质量影响进行分析，并验证第 4.4 节相关的理论仿真结果。

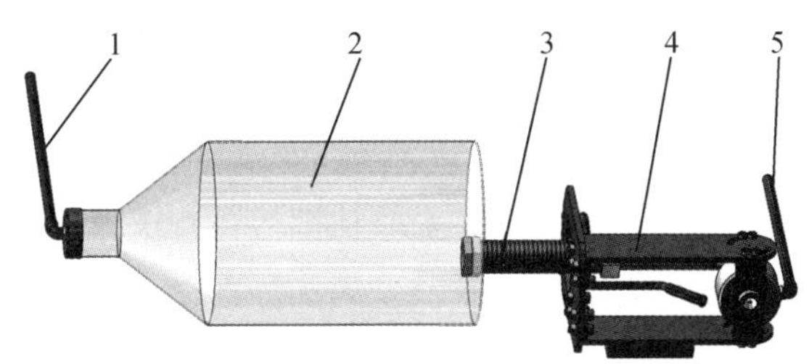

1—进气管一；2—水泥浆存储罐；3—进液管道；4—喷枪机构；5—进气管二。

图 4－70　喷涂实验平台模型

1. 搭建实验平台

根据喷涂实验原理搭建实验平台，如图 4－71 所示。

如图 4－74 所示，将喷枪机构固定到实验桌面上，两台气泵机的压缩气体经过红色气管和蓝色气管分别控制水泥浆液体流速和进气气压，使用细密的铜丝纱网作为喷涂的受体，通过控制纱网与喷枪机构的距离模拟喷涂机器人在隧道内的实际工作情况。

(a)整体实验平台

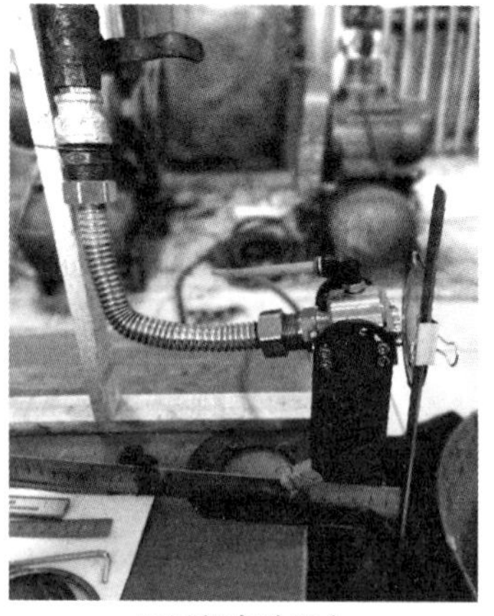

(b)局部实验平台

图 4-71　喷涂实验平台

在开始正式喷涂实验前,首先进行基础参数实验:将水泥浆的水灰比设为 1∶1,调制成体积为 2 L 的水泥浆,将水泥浆放置到水泥浆储蓄罐内,控制雾化效果的进去气压设为 0.3 MPa,改变红色管道内压缩气体气压控制水泥浆的流速。记录将 2 L 水泥浆全部喷出的时间,通过水泥浆液体的体积和时间数据可以计算出水泥浆流速,并得到压缩气体气压与水泥浆流速的关系,见表 4-19 所示。

表 4-19　压缩气体气压与水泥浆流速关系

气压/MPa	0	0.1	0.2	0.3	0.4
第一次耗时/s	11.8	5.3	5	4	3.3
第二次耗时/s	12	5.4	4.6	3.2	3.2
第三次耗时/s	12.2	5.4	4.8	3.6	3.4
平均流速/(m^3/h)	0.6	1.34	1.5	2	2.18

根据表 4-18 可知,红色进气管内的压缩气体的气压越大水泥浆的流速越快。由于影响喷浆机器人喷涂效果的参数较多,本节喷涂实验部分设定水泥浆流速为 2 m^3/h 即设定红色管道内压缩气体气压为 0.3 MPa。

2. 喷射仰角的喷涂实验

实验方案:保证喷枪机构回转中心距离纱网距离为 100 mm,水泥浆流速为 2 m^3/h,雾化气压为 0.3 MPa,喷浆机构中喷嘴的喷射仰角分别以 90°、100°、110°和 120°进行喷涂实验,如图 4-72 所示。喷涂实验后,取下纱网,得到喷射仰角为 90°、100°、110°和 120°时对应的涂层,如图 4-73 所示。

(a)喷射仰角90°　(b)喷射仰角100°　(c)喷射仰角110°　(d)喷射仰角120°

图 4-72　喷射仰角实验

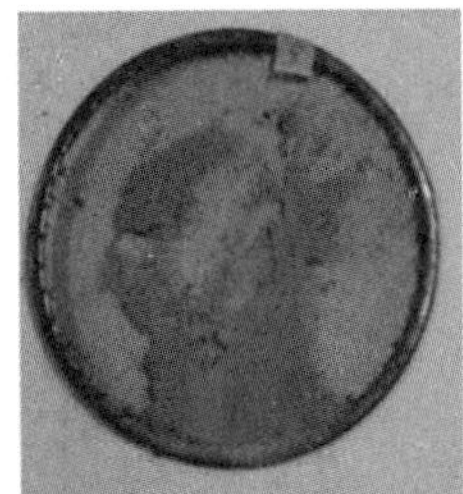
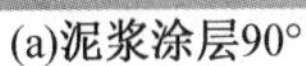
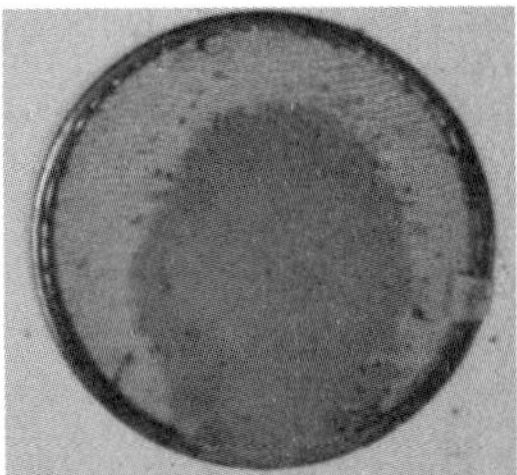
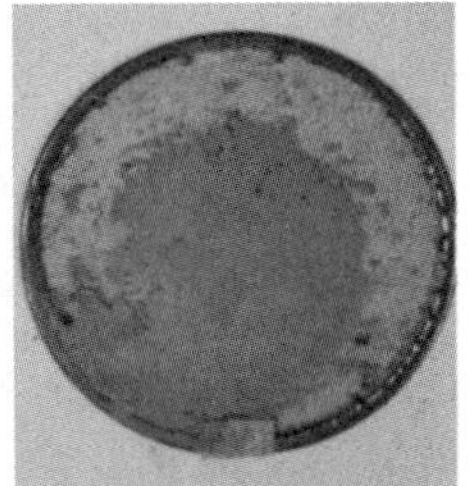
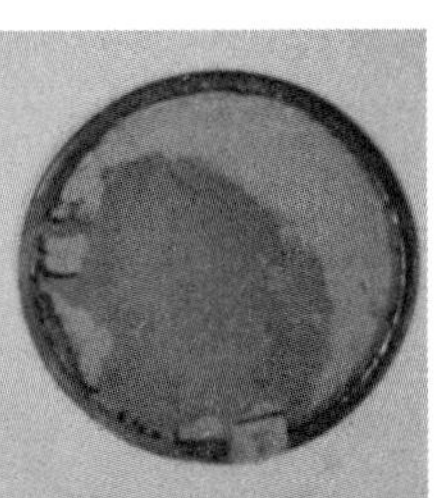

(a)泥浆涂层90°　(b)泥浆涂层100°　(c)泥浆涂层110°　(d)泥浆涂层120°

图 4-73　不同喷射仰角的涂层

待纱网上的水泥浆干燥凝固后，使用游标卡尺对涂层的外形尺寸进行测量，使用千分尺对涂层的厚度进行测量，数据汇总后得到表 4-20。

表 4-20　不同喷射仰角的涂层参数　　单位：mm

喷射仰角		90°	100°	110°	120°
涂层长轴	理论值	10.76	11.62	14.35	20.41
	实测值	11.5	12.3	14.8	22.2
涂层短轴	理论值	10.76	11.36	13.1	8.2
	实测值	11.4	11.2	14	9.1
涂层中心平均厚度		2.34	2.26	2.24	2.23

根据表 4-19，在进行喷涂实验时保持其他参数不变分析可知：(1)随着喷射仰角角度的增大，喷涂所形成类椭圆形涂层的长轴与短轴的长度随之变大，与前述模型理论分析结论相一致；(2)涂所形成类椭圆形涂层的中心平均厚度在 2.23 ~2.34 mm，满足喷浆机器人的设计指标；(3)对椭圆形涂层进行厚度测量时发现，涂层中心的厚度最厚，厚度随离中心距离的增大逐渐变小，边缘厚度最薄，与前述涂层厚度积累的理论分析结论相一致；(4)涂层长轴和短轴的实测值小于理论值，原因是水泥浆液受重力、运动阻力、设备精度和测量误差等多方面因素导致。

3. 喷嘴长度变化的喷涂实验

实验方案：喷浆机构中喷嘴的喷射仰角为 150°不变，喷枪机构回转中心距离纱网距离为 100 mm，水泥浆流速为 2 m^3/h，将雾化气压设为 0.1 MPa，喷角伸长的长度分别为 1 mm、2 mm、3 mm 和 4 mm 进行喷涂实验，如图 4－74。喷涂实验后，取下纱网，得到对应的涂层，如图 4－75 所示。待纱网上的水泥浆干燥凝固后，使用游标卡尺对涂层的外形尺寸进行测量，数据汇总后得到表 4－21。

根据表 4－21，在进行喷涂实验时保持其他参数不变分析可知：随着喷嘴伸长长度的增大，喷涂所形成类椭圆形涂层的长轴与短轴的长度随之减小，与前述的模型理论分析结论相一致。

(a)喷嘴伸长1 mm

(b)喷嘴伸长2 mm

(c)喷嘴伸长3 mm

(d)喷嘴伸长4 mm

图 4－74　喷嘴长度变化实验

(a)伸长1 mm

(b)伸长2 mm

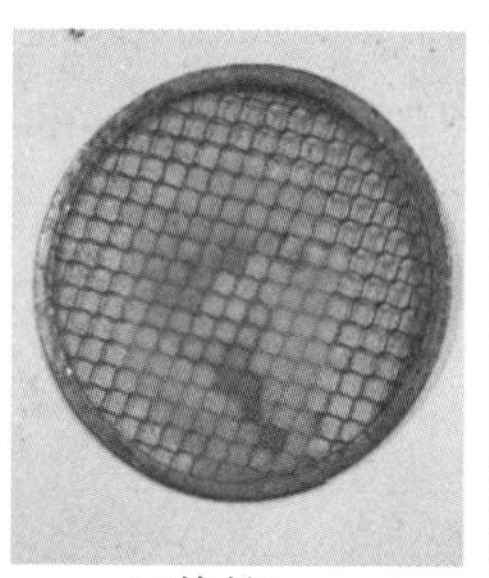
(c)伸长3 mm

(d)伸长4 mm

图 4－75　不同喷嘴长度的涂层

表 4－21　不同喷嘴长度的涂层参数

单位：mm

喷嘴伸长长度	1	2	3	4
涂层长轴	25.6	22.3	19.7	17.3
涂层短轴	12.2	11.9	11.2	10.6

4. 喷涂速度的喷涂实验

上面的喷涂实验分别验证的不同喷射仰角和不同喷嘴的伸长长度对涂层参数的影响，

通过调节喷嘴的伸长长度对表4-20中理论值和实测值进行修正,以涂层长轴的理论值作为实测值的目标,通过多次试验后得涂层短轴的理论值与实测值偏差最小时,不同喷射仰角的涂层参数,见表4-22。

隧道掘进模拟系统中喷浆机器人在隧道内连续喷涂阶段,根据表4-22中涂层参数的实测值,设定喷浆机器人的旋转速度 v_2 为 20°/s, $c=97.25\% \times a$ 时,按照式(4-15)计算喷涂行进速度 v_1,对4.4.2小节中表4-9进行修正,得到实际工况下喷浆机器人的不同仰角对应的喷涂速度行进速度 v_1,见表4-23。当喷浆机器人工作的喷涂仰角一定时,设定不同的旋转速度 v_2 时,可以按照同样的方式计算出相匹配的喷枪行进速度 v_1,确保涂层质量,达到对隧道的喷浆支护作用。

表4-22 不同喷射仰角的涂层参数

单位:mm

喷射仰角		90°	95°	100°	105°	110°	115°	120°
喷嘴伸长长度		1.2	2.1	2.1	2.6	2.9	3	3.1
涂层长轴	理论值	10.76	10.96	11.62	12.67	14.35	16.82	20.41
	实测值	10.8	11.3	12.4	13.1	15.2	17.2	21.6
涂层短轴	理论值	10.76	10.9	11.36	12.05	13.1	14.52	16.39
	实测值	10.7	11.2	11.5	12.2	13.3	14.8	16.6
喷射仰角		125°	130°	135°	140°	145°	150°	
喷嘴伸长长度		3.3	3.3	3.6	3.8	4	4	
涂层长轴	理论值	25.69	33.68	46.67	69.72	118.44	271.15	
	实测值	26.8	35.3	47.8	72.5	121.7	275.3	
涂层短轴	理论值	18.8	21.87	25.82	30.98	37.8	47.13	
	实测值	19.3	22.2	26.5	31.1	38.2	47.5	

表4-23 不同仰角对应的喷涂行进速度 v_1

单位:mm/s

喷射仰角	90°	95°	100°	105°	110°	115°	120°
行进速度 v_1	0.31	0.32	0.35	0.37	0.43	0.49	0.62
喷射仰角	125°	130°	135°	140°	145°	150°	
行进速度 v_1	0.77	1	1.37	2.07	3.49	8.06	

参 考 文 献

[1] 周辉,孟凡震,张传庆,等.岩爆物理模拟试验研究现状及思考[J].岩石力学与工程学报,2015,34(5):915－923.

[2] 姚成林.深埋长隧洞岩爆灾害机理及判据研究:以齐热哈塔尔水电站引水隧洞为例[D].北京:中国地质大学,2014.

[3] 张忠林,周雪鹏,周辉,等.一种岩石全断面加载装置:CN201610309168.X[P].2018－07－31.

[4] 张忠林,杨恩程,周辉,等.一种岩石全断面自动化加载实验装置:CN201710347614.0[P].2020－01－17.

[5] LI X B, GONG F Q, TAO M, et al. Failure mechanism and coupled static－dynamic loading theory in deep hard rock mining: A review[J].岩石力学与岩工程学报(英文版),2017,9 (4): 767－782.

[6] MA H S, GONG Q M, WANG J, et al. Study on the influence of confining stress on TBM performance in granite rock by linear cutting test[J]. Tunnelling undergr space technol, 2016(57):145－150.

[7] LI X B, LI C J, CAO W Z, et al. Dynamic stress concentration and energy evolution of deep－buried tunnels under blasting loads[J]. International Journal Rock Mechanics and Ming Sciences,2018(104):131－146.

[8] 张忠林,洪维,周辉,等.一种隧道支护钻孔机器人:CN05781436B[P].2017－11－21.

[9] 钱七虎.地下工程建设安全面临的挑战与对策[J].岩石力学与工程学报,2012,31(10):1945－1956.

[10] 李永芳.全断面岩石隧洞掘进机在特殊地质洞段的施工[J].水利水电工程设计,2012,31(3):19－21.

[11] ZHAO Y R, YANG H Q, CHEN Z K, et al. Effects of Jointed Rock Mass and Mixed Ground Conditions on the Cutting Efficiency and Cutter Wear of Tunnel Boring Machine [J]. Rock Mechanics and Rock Engineering,2019,52 (5):1303－1313.

[12] JI F, SHI Y C, LI R J, et al. Modified Q－index for prediction of rock mass quality around a tunnel excavated with a tunnel boring machine (TBM) [J]. Bulletin of Engineering Geology and the Environment, 2019, 78 (5):3755－3766.

[13] RASTGAR H, NAEIMI HR, AGHELI M. Characterization, validation, and stability analysis of maximized reachable workspace of radially sy mmetric hexapod machines[J]. Mechanism and Machine Theory,2019(137):315－335.

[14] MAZARE M, TAGHIZADEH M. Geometric Optimization of a Delta Type Parallel Robot

Using Harmony Search Algorithm[J]. Robotica,2019,37(9):1494-1512.

[15] UFUK G,METIN A. Vibration analysis of Love nanorods using doublet mechanics theory [J]. Journal of the Brazilian Society of Mechanical Sciences and Engineering, 2019, 41 (8):1-12.

[16] AIPLE M, SMISEK J, SCHIELE A. Increasing Impact by Mechanical Resonance for Teleoperated Hammering[J]. IEEE transactions on haptics,2019,12 (2):154-165.

[17] SELCUK E. Determining power consumption using neural model in multibody systems with clearance and flexible joints[J]. Multibody System Dynamics,2019,47 (2):165-181.

[18] XIANG W L. Su mmary of Mechanical Vibration Analysis and Research Methods[J]. Technology Outlook, 2016, 26(13): 59-61

[19] SAESSI M, ALIZADEH A, ABDOLLAHI A. On the analysis of fracture mechanisms and mechanical behavior of AA5083-based tri-modal composites reinforced with 5 wt.% B4C and toughened by AA5083 and AA2024 coarse grain phases[J]. Advanced Powder Technology,2019,30(9): 1754-1764.

[20] LUNDBERG B, HUO J. Biconvex versus bilinear force-penetration relationship in percussive drilling of rock[J]. International journal of impact engineering, 2016(100): 7-12.

[21] 王毅，邵磊. 管道检测机器人最新发展概况[J]. 石油管材与仪器，2016,2(4): 6-10.

[22] Beer F P, Jr. E. Russell Johnston, Dewolf J T, et al. Mechanics of Materials[M]. 机械工业出版社，2015.

[23] 豆斌，马红亮，陈晓旭. 镶嵌自润滑石墨铜套在采煤机上的设计与应用[J]. 煤矿机械，2017,38(8):122-123.

[24] Panfilov D A, Pischulev A A, Romanchkov V V. The Methodology for Calculating Deflections of Statically Indeterminate Reinforced Concrete Beams (Based on Nonlinear Deformation Model)[J]. Procedia Engineering, 2016(153):531-536.

[25] 熊有伦，李文龙，陈文斌，等. 机器人学建模、控制与视觉[M]. 武汉：华中科技大学出版社，2018.

[26] MANOCHA D, CANNY J F. Efficient inverse kinematics for general 6R manipulators [J]. IEEE Transactions on Robotics and Automation, 1994, 10(5):648-657.

[27] HUSTY M L, PFURNER M, SCHRÖCKER H. A new and efficient algorithm for the inverse kinematics of a general serial 6R manipulator[J].

[28] 程贤福. ANSYS Workbench 16.0 基础教程及实例分析[M]. 武汉：华中科技大学出版社，2017.

[29] DSSOLIDWORKS，胡其登，戴瑞华. SOLIDWORKS Simulation 高级教程：2020 版[M]. 北京：机械工业出版社，2020.

[30] 丁艳宝，郭鑫，王晨. 转子式混凝土喷射机试验探讨及应用[J]. 煤矿机械，2015(9):

132 - 133.

[31] 苏学成,樊炳辉.地下作业机器人与喷浆机器人[J].机器人技术与应用,2003(3):46 - 49.

[32] 苏学成,朱苏宁,张志献,等.喷浆机器人的研发与产业化[J].工程机械,2002(5):7 - 9.

[33] 王国磊,伊强,缪东晶,等.面向机器人喷涂的多变量涂层厚度分布模型[J].清华大学学报(自然科学版),2017,57(3):324 - 330.

[34] 张思敏,王国磊,于乾坤,等.基于图像处理的喷涂雾锥角影响因素分析[J].清华大学学报(自然科学版),2019,59(2):103 - 110.

[35] HANSBO A , PER N. Models for the simulation of spray deposition and robot motion optimization in thermal spraying of rotating objects[J]. Surface and Coatings Technology, 1999, 122(2/3):191 - 201.

[36] ANDULKAR, MAYUR V, CHIDDARWAR, et al. Incremental approach for trajectory generation of spray painting robot[J]. Industrial robot,2015,42(3):228 - 241.

[37] 王海平.机器人喷涂仿形技术及喷涂工艺的优化[J].上海涂料,2015,53(4):32 - 35.

[38] 李斌权.材料组成对水泥净浆流变性能和流动性的影响[J].广东建材,2018,34(5):17 - 20.